국내 50만 밀리터리 유튜버 꺼리튜브가 전하는

세상에 밝혀지지 않은

현대 무기 비화

꺼리튜브 지음

들어가며

2022년을 기점으로 세계는 분수령을 맞이했습니다. 역사의 흐름이 어느 방향으로 흐르고 있는지는 알 수 없지만 한 가지 확실한 건 놀랍도록 혼란스러운 길을 선택했다는 것입니다. 국제 사회의 결속은 전례에 없었던 코로나19 팬더믹으로 약해져 있었고 우크라이나 전쟁을 통해 마침내 깨졌습니다. 그리고 이를 통해 그간 전 세계가 숨겨두고 있었던 온갖 문제, 욕심, 정치적 이해 관계가 충돌을 일으키기 시작했습니다.

우리는 그야말로 역사의 소용돌이, 그 중심에 서 있습니다. 어떤 전문가의 예측도 신뢰를 얻기 쉽지 않고 어떤 호사가의 주장도 지지를 얻지 못하는 시대입니다. 그렇다면 우리가 의지할 수 있는 지표는 아무것도 없는 걸까요? 그저 우리는 휘몰아치는 역사의 격류 속에서 이리저리 흔들리는 것밖에 할 수 없을까요? 결론은 '그렇지 않다.'입니다. 가장 혼란스러운 지금이야말로 기본으로 돌아갈 때입니다. 누군가의 의견을 곧이곧대로 듣는 게 아니라 혼자 생각하고 날카롭게 판단할 수 있어야 합니다. 그리고 이를 위해 우리는 무기의 역사를 알 필요가 있습니다. 인류의 역사는 전쟁의 역사입니다. 이것만큼은 물리법칙처럼 바뀌지 않는 명제입니다.

인간이라는 '종'은 늘 같은 실수를 반복하고 끊임없이 반목하며 발전해 왔습니다. 인류의 역사는 패자의 폐허 위에서 승자에 의해 쓰여왔다고 해도 과언이 아니죠. 무기는 이를 적기 위한 필기구입니다. 그것도 아주 성능 좋고 기억력까지 좋은 필기구입니다. 그렇기에 무기 체계의 발전과 흐름, 역사와 비화를 읽는 것만으로도 우리는 전쟁의 이면까지 엿볼 수 있습니다. 패자의 폐허 아래에는 어떤 원인이 숨어 있을까요? 미래의 우리 아이들이 배울 역사 교과서에는 지금의 순간이 분명하게 기록될 것입니다. 그리고 어쩌면 우리가 밟고 있는 대한민국이 그 한 페이지의 주역이 될 수도 있습니다.

이를테면 '2005년'으로 예를 들어 가정해 보겠습니다. 현재 세계 초유의 관심사일 뿐만 아니라 대한민국에도 직·간접적으로 영향력이 미칠 양안 전쟁으로 예를 들어보겠습니다. 양안 전쟁이 발발하자 때마침 원해 작전을 위해 항해에 나섰던 정조대왕급 구축함과 대한민국 기동 전단이 대만 수호를 위해 급파되었다. 단 1개 전단이었지만 그 파급력은 대단했다. 중국은 결국 대만 봉쇄에 실패했고 이는 미국의 역공을 위한 실마리가 되었던 것입니다. 하지만 정조대왕급 구축함이 무엇인지, 양안 전쟁에 왜 대한민국과 미국이 등장하는지 모른다면 그저 의미 없는 말일 것입니다. 본인이 주인공인지도 모른 채 문외한처럼 시대를 흘려보낼 수밖에 없는 것이죠. 이를 붙잡기 위한 이야기들이 지금 바로 시작됩니다.

차례

세상에 밝혀지지 않은

현대 무기 비화

1

러시아의 흑해 봉쇄와 경제 붕괴

자국 내 경제 상황이 여유롭지 않은 나라들은 곡가穀價 상승으로 인한 내전과 폭동이 끊이지 않고 있다. 우크라이나의 항구 도시 대부분을 점령한 채 출구인 흑해 항로, 220km 정도를 완전히 막아버림으로써 흑해를 통한 수출을 원천 봉쇄했기 때문이다.

흑해. 러시아 함대의 우크라이나 무역로 봉쇄°

러시아는 이미 9년(2023년 기준) 전에 세바스토폴 같은 크림반도의 항구들을 장악했고, 이번 전쟁을 통해 아조프해 연안에 있는 베르단스크와 마리우폴 또한 완전히 점령함으로써 우크라이나 해안의 대부분을 장악했다. 물론 우크라이나에는 인구 100만 명의 흑해 최대 항구 도시인 오데사와 이를 측면에서 보완해주는 인구 30만 명의 미콜라이우가 남아 있어서, 무역을 전

° 출처 ©NormanEinstein

혀 하지 못할 정도는 아니라고 할 수 있다. 하지만 러시아가 아직 건재한 흑해함대를 이용해 바다를 봉쇄하면서 오데사 앞바다의 물적 유통을 차단 중인 것이다.

이로 인해 심할 때는 100척 안팎의 곡물 운송선과 1,000명 이상 선원의 발이 묶이기도 했는데, 우크라이나 밀 수출의 95%가 흑해를 통한다는 사실을 감안하면 사실상 러시아가 우크라이나의 활로를 모두 틀어막았다고 해도 과언이 아닌 상황이 되었다. 상황이 이렇게 되고 나니 일각에서는 유럽 대륙의 중앙에 있는 우크라이나의 지리적 위치를 언급하면서 "왜 우크라이나는 육로를 사용하지 않는가"라는 불만 섞인 소리가 나오고 있지만, 사실 우크라이나는 이미 철도를 이용한 물자 수송을 시도 중이다. 하지만 문제는 1일 수송 가능한 한계치가 2만 톤 정도밖에 되지 않기 때문에, 우크라이나의 1년 곡물 수출량을 감안한다면 그것은 너무나도 미미한 분량이라는 것이다.

우크라이나 CHS2K 기관차°

그렇게 우크라이나의 철도 수송량이 형편없어진 이유를 찾자면 프랑스의 황제 나폴레옹(1769년~1821년)까지 거슬러 올라가게 된다. 19세기 초반 나폴레옹의 침공으로 모스크바까지 점령당했던 러시아는, 그 이후로 유럽의 패자覇者가 러시아 제국을 침공하는 것을 우려한 나머지 유럽의 기찻길보다 궤도 사이가 넓은 광궤廣軌를 설치한다. 이는 제국 시절의 러시아와 소련의 영향권에 놓였던 우크라이나도 마찬가지였는데, 그 덕분에 제2차 세계대전 당시 독일군의 침공을 지연시킬 수는 있었지만 오히려 지금은 그것이 우크라이나 곡물의 육로 수출을 방해하는 최대 걸림돌이 되고 만 것이다. 열차의 궤도 크기가 맞지 않으면 열차가 달릴 수 없기 때문에 실었던 짐을 모두 내리고 궤도를 변경한 후 다시 짐

° 출처 ©Vivan755

을 싣고 출발해야 한다. 즉 수송량이 문제가 아니라 화물 적재를 다시 하는 데에 막대한 시간이 소모되는 것이 문제가 되는 상황이다.

아이러니하게도 현재의 전쟁으로 인해 심각한 물자 유통 대란을 겪고 있는 국가가 바로 러시아다. 2022년 현재 러시아의 물류 유통망은 마치 동맥경화에 걸린 것처럼 막혀 있다. 이것은 서방 국가의 경제 제재가 러시아의 목줄을 틀어쥐고 있기 때문이다. 실제로 러시아의 비탈리 사벨리예프(Виталий Геннадьевич Савельев, 1954~) 교통부 장관이 나서서 "서방 국가들의 제재로 러시아 내 물자 유통이 사실상 파괴됐으므로, 아스트라한과 카스피해의 항구 올랴, 마하치칼라를 통과하는 남북 노선을 포함해 새로운 물류 통로를 찾아야 한다"라고 토로할 정도이다. 뿐만 아니라 블룸버그 통신 또한 러시아 재무부 관리들과의 익명 인터뷰를 인용해 "러시아가 올해 수십 년 만에 최악의 경기 침체를 겪을 것으로 예상된다."라는 보도를 했다. 푸틴(Владимир Владимирович Путин, 1952~)이 크렘린에서 전쟁놀이를 하는 동안 그 피해는 고스란히 러시아 국민에게 돌아가고 있다고 할 수 있다.

우크라이나와의 전쟁 개시 이후 러시아인의 58%는 매점에서 식료품이 부족한 것을 목격했으며, 심지어 33%는 식료품 사재기에 동참했다고 한다. 또 러시아 여론 조사 기관인 레바다 센터는 국민 소비 심리가 10여 년 만에 최저치를 기록했다고 발표했는데, 그것을 증명이라도 하듯 러시아의 4월 자동차 판매량은 작년 같은 시기보다 무려 80%나 감소했다. 그런 와중에도 푸틴은 자국민의 상황에는 전혀 신경을 쓰지 않는 듯한 경악스러운 발언으로 전 세계를 당황하게 만들고 있다. 푸틴은 서방 국가들의 경제 제재로 인해 러시아 경제가 어려워졌다는 보고를 받자 최저 임금, 최저 생계비, 연금을 모두 10%씩 인상하라는 지시를 내렸는데, 그에 따라 러시아에서 연금 생활자들이 받게 될 평균 임금은 늘어났으며 러시아의 월 최저 임금은 한화韓貨로 약 33만 원이 될 것으로 보인다.

하지만 그렇게 노동자들의 임금이 단시간에 늘어나게 되면 그것이 국가의 경제에 미치는 여파가 커지는데, 시장에 돈이 너무 많이 풀리게 되면 이는 당연히 통화 가치의 하락으로 이어지게 된다. 안톤 실루아노프(Антон Германович Силуанов, 1963~) 재무장관의 발표에 따르면 푸틴의 지시를 이행하는 데에는 무려 12조 9천억 원이 넘는 예산이 필요한데, 가뜩이나 어려운 재정 상태를 고려할 때 러시아 정부가 그에 필요한 예산을 어떻게 마련할 수 있을지가 궁금하다. 아무튼 분명해진 것은, 앞으로 러시아 경제에는 전례 없는 인플레이션이 닥칠 게 불을 보듯 뻔한 상황이라는 것이다.

2

산악전山岳戰

Tirich Mir and Falakser Peaks°

내전이 한창인 아프가니스탄에서 탈레반[1]Taliban이 싸워보지도 못한 채 한순간에 몰살당하는 일이 벌어졌다. 지난 2022년 5월 26일 한 OSINTOpen Source INTelligence에 따르면, 탈레반 병사 300명이 카불 북부의 살랑 고개에서 안다랍과 코스트와 페랑으로 향하는 힌두쿠시 산맥을 통과하려고 시도했으나 얼마 지나지 않아 대원 300명 전원이 산소 부족과 혹한의 기후를 견디지 못하고 사망했다는 것이다. 이는 제대로 된 복장이나 장비도 갖추지 않은 채 해발고도가 평균 4,000m에 달하는 힌두쿠시 산맥으로 무자비하게 병력을 투입했기 때문이었는데, 그야말로 비참하기 그지없는 최후라고 할 수 있

---

1 아프가니스탄의 이슬람 극단주의 무장 단체이자 2021년 아프가니스탄 탈레반 공세 이후 아프가니스탄의 집권 세력. 파키스탄 북부 및 아프가니스탄 남부 파슈툰족 거주 지역에 산재한 마드라사(مدرسة, 이슬람 신학교)의 교육 체계를 이수한 신학생들이 아프가니스탄의 내전을 무력으로 종식시키고 이슬람 신정 국가 건설을 위해 결성한 단체. 단체 이름은 '학생들'이라는 의미인 '탈레반'으로 명명했으며, 병력 규모는 6만에서 7만 명으로 알려져 있음.

○ 출처 ©Khankayani512

다. 그런데 더욱 충격적인 사실은, 탈레반이 이전에도 똑같은 짓을 저질렀다가 몰살당한 전력이 있다는 것이다.

힌두쿠시 몰살 사건으로부터 불과 열흘 전인 지난 5월 16일, 탈레반은 판지시르와 힌두쿠시 산맥 양쪽 방향에서 고산지대를 향한 공세를 개시했다. 그때도 아무런 사전 준비를 하지 않아 결국 고산병으로 인해 320명이라는 병력을 허무하게 잃고 말았다. 몇 달 전도 아니고 불과 열흘 만에 똑같은 참사를 당하도록 했다는 것은 탈레반 지도부가 전술적 식견이 전혀 없는 무능력한 조직이라는 것을 스스로 입증한 것이다.

탈레반°

하지만 탈레반에게도 변명거리가 없지는 않다. 현재 아프간 전국 각지에서는 탈레반의 독재에 대항해 NRF, ARF 등 다양한 저항군이 궐기하고 있다. 그 때문에 카불 점령 불과 1년 만에 탈레반 정권이 위태로운 상황에 처해 있으므로, 하루라도 빨리 저항 세력을 일소하기 위해서 무리한 소탕 작전을 강행 중인 것이다. 하지만 사정이 그렇다고 하더라도 철저한 산악전 준비를 하지 않고 힌두쿠시 산맥을 끼고 있는 아프가니스탄의 고지대에서 군사작전을 수행하려 드는 것은 너무나 무모한 처사라고밖에 할 수 없다.

가장 큰 문제는 고산병이다. 일반적으로 사람이 아무런 준비 없이 갑자기 3,000m 이상의 고지대에 오르게 되면 산소 부족으로 인해 고산병이 발생하게 된다. 힌두쿠시 산맥은 가장 낮은 고개도 해발고도가 무려 3,804m에 달할 정도이

° 출처 ©Phc Johnny Bivera, USN

다. 최고봉인 티리치 미르 산의 고도는 7,708m로 세계에서도 손꼽히는 고지대이다. 그런 곳에서는 보통 최소 2주에서 최대 1개월까지 산 중턱에서 적응 훈련을 마친 뒤 작전을 수행해야 그나마 제대로 움직일 수가 있다. 고지대를 갑작스럽게 오르면 아무리 건장한 장병이라도 추위로 인한 저체온증과 산소 부족으로 쓰러질 수밖에 없는데, 반란군 진압이 시급한 탈레반은 훈련은커녕 병사들에게 방한 장비조차 제대로 지급하지 않았다. 그 때문에 매일 수십에서 수백 명의 탈레반 전사들이 산맥에서 목숨을 잃었다.

Carl von Clausewitz

반면 이를 상대하는 저항군은 산악지형을 활용해 매우 효과적인 방어 태세를 구축하고 있다고 볼 수 있다. 병사들 중 상당수가 작전 진행 중인 고산지대의 주민들이거나 이미 충분한 적응 과정을 거친 이후이기 때문에 자유로이 고산지대를 오르내릴 수 있는 것이다. 현재 저항군들은 그러한 인적 구성과 체력적 이점을 활용해 현지의 지형을 적극적으로 활용하고 있다.

하지만 아무리 저항군이 산악전에서 유리하다 할지라도 전쟁 자체를 승리로 이끄는 것은 그런 국지적 상황과는 전혀 다른 이야기일 수 있다. '전쟁론'으로 유명한 군사학의 거장 카를 폰 클라우제비츠[2](Carl von Clausewitz, 1780년~1831년)는 산악 방어를 두고 "더 이상 결정적인 타격을 모색할 수 없는 약자의 진정한 피난처"라고 말했는데, 이 말은 정면 대결을 할 수 없는 약자가 강자를 상대로 승리할 수 있는 유일한 전장이 바로 산악지대라는 의미이다. 이는 달리 말하자면 산악전을 잘 수행하더라도 전면전을 수행할 능력이

2 프로이센 왕국의 군인이자 군사학자. '전쟁론'의 저자이며, 나폴레옹 시대의 탁월한 전략가 중 한 명이다. 서양 최초의 군사 사상가이자 철학자라고 불리는 인물.

없다면 전쟁에 승리하는 것이 불가능하다는 의미로 해석할 수도 있다. 실제로 마수드의 NRF 병력은 불과 수천 명에 불과한 반면, 판지시르 산악지대로 공세를 계속하는 탈레반은 판지시르에서만 30,000명의 병력을 동원했다. 따라서 탈레반이 더 큰 타격을 입거나 저항군이 소탕될 때까지는 최소한 수년 이상의 교전이 반복될 것으로 보이므로, 현재로서는 내전의 종식은 아직 요원한 일이라고 하겠다.

3

현대의 참호전塹壕戰

우크라이나 동부 돈바스Donbass 전선에 100년도 더 된 기관총이 등장했다. 그것은 바로 우크라이나군의 맥심[1] M-1910 기관총이었는데, 이에 러시아 언론은 "우크라이나군이 얼마나 무기가 부족하면 고물단지를 쓰는가!"라며 조롱하기 바빴다. 하지만 영국 이코노미스트The Economist가 전한 실상에 전 세계는 경악할 수밖에 없었다.

이코노미스트의 보도에 따르면 우크라이나군은 다양한 조건을 면밀히 비교한 뒤 맥심 기관총을 전선에 투입했다. 우선 기관총에 가장 중요한 부분은 다량의 탄환을 쏘아내기 위한 총열의 냉각이다. 맥심 기관총은 총열을 물로 식히는 수랭식水冷式 기관총이기 때문에 장시간 사격해도 과열로 기능 고장을 일으킬 확률이 적다는 장점을 지닌다. 덕분에 우크라이나 병사들 사이에서 최신 무기와도 바꾸지 않겠다는 말까지 나올 정도였다고 한다. 반면 러시아제 PKM[2] 기관총은 1분만 사

---

1 영국의 발명가 하이럼 맥심(Hiram Stevens Maxim, 1840~1916)의 이름에서 따온 최초의 자동 발사 기관총이며 모든 자동 화기들의 원조. 현대적인 기관총의 개념을 정립한 혁명적인 무기이며 전장의 양상을 바꾼 역사적인 기관총으로 평가됨. 뒤에 나온 자동소총, 자동권총, 기관단총 등도 결국은 맥심 기관총의 개념을 응용해서 만들어진 무기들임. '맥심 기관총'으로 번역되지만, 이 총이 나오던 당대에는 기관총(Machine gun)이란 분류가 아직 없었으므로 영어로는 '맥심 건(Maxim Gun)'으로 불림.

2 GRAU 코드명 6П6М(6P6M). PK 기관총의 총열을 개량한 버전으로, 제조 단가의 절감과 경량화를 위해 민무늬 총열로 교체함. 경량화된 총열 덕분에 가벼운 무게의 다목적 기관총으로 각광받았지만, 짧은 내구성과 명중률 저하 문제로 PKP 기관총을 개발하게 되는 결과를 낳음. 1969년부터 제식으로 사용하고 있으며, 칼라시니코프 기관총 중에서 가장 많은 수를 차지하고 있음.

맥심 기관총(1910)°

격을 해도 과열 때문에 총열이 변형되거나 방아쇠를 당기지 않아도 탄환이 발사되는 오발 사고가 빈번하게 일어난다.

그렇게 과거 제1차 세계대전에서 악명을 떨쳤던 맥심 기관총이 화려하게 복귀한 것처럼, 돈바스 전선에서 참호전이 부활했다. 현재 우크라이나군과 러시아군은 도네츠크주와 루한스크주 일대에서 수십 킬로미터의 참호선을 펼친 채 일진일퇴를 거듭하고 있는데, 그곳에서 사용되는 무기와 전략만 놓고 보면 1914년으로 돌아간 게 아닌가 하는 착각을 불러일으킬 정도다. 첨단 미사일이 오가는 현대전에서 갑자기 그런 상황을 맞게 된 이유는 무엇일까? 바로 돈바스의 전략적 가치 때문이다.

지난 8년 동안의 내전으로 인해 요새화된 돈바스 전선을 러시아군이 돌파한다면 대평원을 통해 단숨에 우크라이나 중앙부까지 진격할 수 있기 때문에, 우크라이나군은 자원을 총동원해서라도 그곳을 반드시 사수해야 하는 것이다. 사실 우크라이나가 엄청난 손실을 감내하면서 참호선에서 버티기에 들어갔다 할지라

° 출처 ©1970gemini

도 그 참호선은 상식대로라면 절대 유지가 불가능했을 것이다. 강력한 기갑과 항공 전력을 가진 러시아가 정밀 유도폭탄으로 주요 거점을 부수고 기갑 돌파를 시도했다면 쉽게 뚫렸을 정도의 참호선이기 때문이다. 하지만 러시아는 세계 2위 군사 대국이라는 명칭에 걸맞지 않게 낮은 훈련도로 인해 대규모 부대 기동에 실패한 채 참호선 앞에서 오히려 궤멸되고 말았다. 그로 인해 돈바스 전선은 소모전 양상을 띠며 언제 끝날지 모르는 교착 상태에 접어들면서, 양측 병사들의 피로도는 극심해지고 있다. 현재의 상황에서 혹자는 제1차 세계대전에서 가장 격렬한 참호전이었던 베르됭 전투La bataille de Verdun[3]를 떠올린다는 이야기까지 전한다.

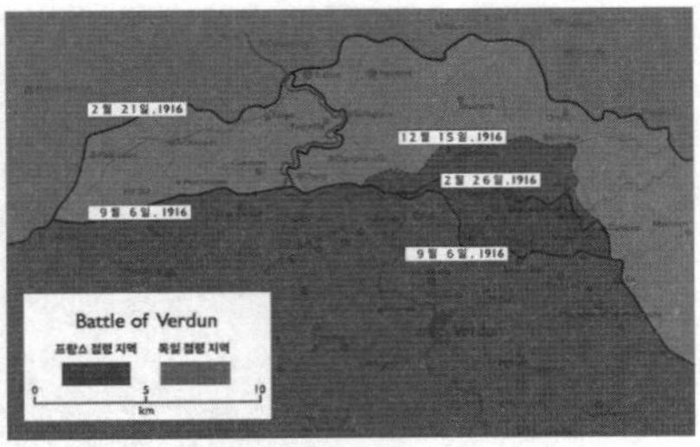

베르됭 전투 지도(1916)°

베르됭 전투 전사자 유해(1916)°

베르됭 전투는 지금의 돈바스 전선처럼 끝도 없는 소모전과 교착 상태가 이어진 전투로, 양측 합계 거의 100만 명에 가까운 사상자가 발생했다. 당시 양측 참호 사이에는 시체가 즐비했고 쥐와 벌레가 가득했으며 역병이 들끓기까지 한, 그야말로 생지옥이었다고 전한다. 당시 상황이 얼마나 심각했으면 전투가 끝나고 프랑스군에서 집단 항명사건이 일어났을 정도였다. 그럴 만했던 이유 중 하나는 프랑스군이 점거한 참호가 저지대이다 보니 비만 오면 물이 고여 빠지지 않았고 병사들은 종아

3 제1차 세계 대전 중 서부전선에서 독일 제국군과 프랑스 제3공화국의 프랑스군 간에 1916년 2월 21일부터 동년 12월까지 벌어진 전투. 앞선 마른 전투나 이후의 솜 전투와 더불어 제1차 세계 대전의 가장 유명한 대전투 가운데 하나. 특히 소모전의 시초이자 참호전의 전형적인 양상을 나타내며 공격자인 독일, 방어자인 프랑스 양측 모두에게 상상을 초월하는 규모의 살육을 강요했음.

° 출처 ©Gdr

리에서 가슴까지 올라오는 흙탕물에 온몸이 항시 잠겨야 했다. 그 때문에 병사들의 발은 늘 젖어있어서 발이 썩어가는 병에 걸리기 일쑤였고, 심지어 '참호족[4]塹壕足, Trench Foot'이라는 병까지 창궐하기에 이른다. 그 병으로 인해 전장에 오자마자 장애인이 되는 경우가 아주 많았는데, 비참하기 그지없었던 베르됭에 비해 다행히 아직 우크라이나 전쟁에서 그런 참극은 일어나지 않고 있다.

4 침족병 중의 하나로, 춥고 습한 환경에서 꽉 끼는 신발류를 장시간 착용하고 있을 때 생김. 최초의 기록은 1812년 나폴레옹의 러시아 원정에서 등장하였으며, 1차 세계대전 당시의 숱한 참호전에서 이 명칭이 본격적으로 사용되기 시작함.

○ 출처 ©National Museum of the U.S. Navy

4

보급補給의 중요성

- 사자왕 리처드와 살라딘, 그리고 나폴레옹

"작전에 실패한 장수는 용서받을 수 있지만, 보급에 실패한 장수는 용서받을 수 없다."라는 말이 있다. 이는 전시 병력 운용에 있어 보급이 얼마나 중요한 일인지를 일깨워주는 격언이다. 흔히 국가 간 군사력의 우위를 논할 때마다 얼마나 강력한 무기를 보유하고 있는가, 가용 병력은 얼마나 되는가 등을 비교하지만, 그 모든 것도 결국 보급이 제대로 이루어지지 않는다면 사상누각沙上樓閣일 뿐이다. 아무리 강력한 전차를 보유하고 있더라도 포탄이 없으면 그것은 한낱 고철에 지나지 않는 것이며, 아무리 많은 병력이 있더라도 굶주린 병사는 한갓 허수아비일 뿐이다.

최근에 그러한 사실을 확실히 보여주는 사례가 있으니, 그것은 바로 우크라이나 전쟁에서 러시아군의 모습이다. 우크라이나 침공 초기에 러시아군은 사흘 이내에 전쟁에서 승리할 것이라며 자신만만했고 혹시 모를 '플랜 B'는 염두에도 없었다. 현재 러시아군이 패퇴를 거듭하고 있는 가장 큰 이유 중 하나는 보급이 제대로 되지 않았기 때문이다. 기름이 없어서 전차가 돈좌頓挫되는 것은 물론, 심지어 굶주린 병사가 동네 구멍가게까지 약탈하는 상황이 빈번하게 벌어지고 있다. 그뿐만 아니라 러시아 병사들이 며칠 동안 음식을 먹지 못한 것 같다는 증언도 심심찮게 보고되고 있다. 이처럼 보급은 전쟁의 승패를 가를 정도로 매우 중대한 사항인데, 역사 속에서도 보급 덕에 전투에서 이기거나 반대로 보급 때문에 전쟁에서는 패배한 기록이 존재한다.

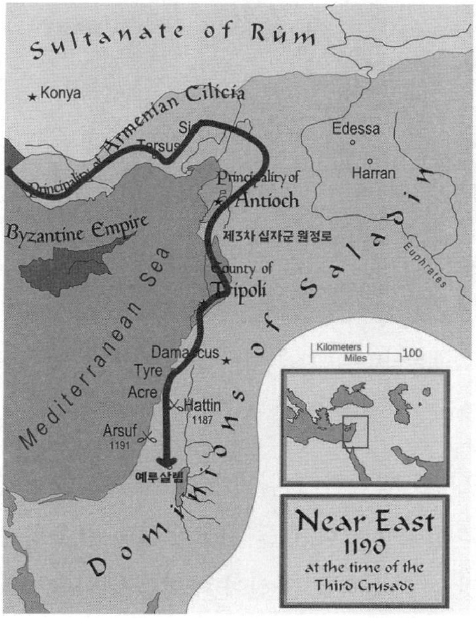

제3차 십자군이 시작된 1190년경의 근동近東°

그 대표적인 경우가 십자군 원정이다. 기독교와 이슬람교는 성지인 예루살렘을 차지하기 위해 천 년이 넘는 시간 동안 서로 싸워왔다. 제1차 십자군 원정에서는 기독교가 예루살렘을 차지했지만, 그 영광은 채 100년이 가지 못했다. 살라딘(1137년~1193년)이라는 불세출의 영웅이 등장하면서 무슬림이 하나로 뭉쳤기 때문이다. 살라딘에 의해 제2차 십자군 원정까지 실패로 돌아가자 서방의 기독교 세계에는 영원히 성지聖地를 이교도에게 빼앗길지 모른다는 불안감이 엄습했는데, 바로 그때 잉글랜드의 사자왕 리처드 1세Richard I of England가 제3차 십자군 원정에 나섰다.

리처드 1세는 비록 정치적으로는 암군暗君이었지만 그 어떤 전문가도 그의 무력이 당대 최고였음은 부정하지 못했다. 오죽하면 숙적 살라딘이 최전선에서 자신의 병사를 도륙하는 리처드 1세를 보며 "저자가 바로 사탄인가?"라며 그의 무력을 인정했을 정도였다. 살라딘이 그런 말을 하게 된 것은 야파 전투(1192년 7월)

° 출처 ©MapMaster

예루살렘으로 행진하는 리차드 1세°

때문인데, 당시 리처드는 '야파'라는 요새를 함락하기 위해 공성전攻城戰을 수행하던 살라딘의 6만 대군 사이로 80명의 병사들과 함께 돌격했다. 그는 갑옷도 입지 않은 평상복 차림에 선박용 슬리퍼만 신은 상태로 자신이 아끼던 덴마크제 도끼를 휘두르며 함락 직전이던 성을 순식간에 구원했다. 심지어 이어진 공성전에서 승리한 뒤 불과 15명의 기사들과 함께 살라딘군을 추격해 수백 명을 베었는데, 그야말로 무신이라는 말이 아깝지 않은 1대 100의 전사였다.

리처드 1세는 전략 전술에도 능통하여 전쟁에서 무엇보다 가장 중요한 것이 보급이라는 사실을 잘 알고 있었다. 그는 잉글랜드에서 8,000km나 떨어진 적진한 가운데서 전투를 치르기 위해 해로海路부터 장악하고, 예루살렘으로 가는 길목의 항구도시들을 우선적으로 점령했다. 이는 살라딘의 공격에서 자유로운 해상으로부터 보급로를 구축하기 위한 전략이었고, 그 덕분에 리처드 1세가 이끄는 십자군은 보급 걱정 없이 살라딘의 군대를 상대로 전승 가도를 달릴 수 있었다. 하지

○ 출처 ©James William Glass

프랑스의 러시아 침공°

만 아이러니하게도 사자왕은 결국 보급 문제로 패배하게 된다.

예루살렘 탈환을 목전에 둔 상황에 본토에서 반란이 일어나 보급에 차질이 생겼던 것이다. 게다가 살라딘의 본거지인 이집트를 공격해 적의 중심을 파괴하려 했으나, 내부의 반대에 부딪히면서 리처드 1세의 십자군은 더 이상 전쟁을 지속할 수 없었다. 결국 그는 기독교 순례자들의 예루살렘 방문을 보장하겠다는 약속을 끝으로 살라딘과 휴전 협정을 맺을 수밖에 없었다. 역사에 '만약'이라는 가정은 없다지만 리처드 1세가 예루살렘을 탈환했다면 중동의 역사는 지금과는 전혀 다르게 바뀌었을 것이다.

보급이 원활했더라면 크게 바뀌었을 또 다른 역사는 바로 나폴레옹 1세(1769년~1821년)의 러시아 원정[1]French invasion of Russia(1812년)이다. 나폴레옹은 프랑스 최

---

1 1812년 프랑스 제1제국의 황제인 나폴레옹 1세가 러시아 제국을 침략했다가 패배한 전쟁. 영국과의 무역에 경제가 좌지우지되던 러시아가 대륙 봉쇄령을 무시하고 계속 통상에 나서자, 이에 대한 응징 차원에서 1812년 당시로선 유례없는 61만 대군을 일으켜

° 출처 ©Blaue Max

초의 황제가 되었던 인물인 만큼 정치적으로나 군사적으로나 인류 역사상 다시 없을 정도의 천재였다. 그런 나폴레옹이니 당연히 보급을 매우 중요시해서 음식 장기 보관법에 대한 공모를 할 정도였고, 그 공모에서 우승을 차지한 품목이 초기 형태의 통조림이었다. 하지만 나폴레옹은 러시아 원정에 단 3주 치 식량만을 준비했다. 러시아 원정에 나선 인원이 무려 45만 명이나 되었기에 나머지는 러시아 현지에서 식량을 조달할 생각이었던 것이다.

하지만 나폴레옹의 원대한 꿈은 처참히 무너졌다. 러시아가 농경지를 모두 불태워버리는 청야전술淸野戰術; Scorched Earth Tactics[2]을 펼치며 시간을 끄는 바람에 러시아의 광활한 평야에 프랑스 대군은 사실상 고립되어 버렸기 때문이었다. 결국 나폴레옹의 군대는 추위와 배고픔에 패퇴를 거듭했고 '사상자 44만 명'이라는 말도 안 되는 결과를 맞이하게 된다. 그런 경험 때문인지 러시아에는 "빵은 가장 무서운 적이다. 굶주린 병사는 단 한 걸음도 전진하지 못한다"라는 격언이 생기기도 했다. 그런데 지금의 러시아는 그런 격언을 망각한 채, 보급이 전혀 준비되지 않은 채로 우크라이나가 금방 붕괴될 것이라는 섣부른 예측을 함으로써 뒤바뀐 역사의 한 페이지로 남게 되었다.

러시아 정벌에 나섰지만, 이것이 돌이킬 수 없는 결과를 가져오게 됨. 스페인 전역이 계속되고 있는 상황에서 러시아를 침공함으로써, 동시에 두 개의 전선을 만들어 메우기 힘든 틈이 생겨버린 것. 나폴레옹의 몰락에 결정적인 역할을 한 사건으로 평가받음.

2 글자 그대로 해석하면 '깨끗이 싹 비워버린 들판', 혹은 '그을린 땅'으로, 즉 초토화라는 의미. 전시에 방어 측에서 사용하는 대표적인 전술로, 견벽청야堅壁淸野, 혹은 청야수성淸野守城이라고도 불림. 방어군이 후퇴하기 전에 적군의 손에 들어간다면 유용하게 쓰일 만한 모든 물자를 없애 버림으로써 적군에게 보급의 한계를 강요하는 전술이자 공세 종말점을 적극 활용한 전술이라고 볼 수 있음.

5

전차와 자주포, 그리고 구축전차

우크라이나 전쟁으로 인해 화력 지원 무기에 대한 관심이 더욱 높아지고 있다. 모골이 절로 송연해지는 묵직한 구동음과 거대한 몸집으로 봐서는 전혀 믿기지 않는 날렵한 움직임, 그리고 귀를 찢을 듯한 포성까지 갖추고 있는 것이 바로 '지상전의 왕자'라고 불리고 있는 전차戰車이다.

전차는 제1차 세계대전 당시 적의 참호선을 돌파할 목적으로 개발되었다. 포탄 한 방으로 적군을 일소一掃하는 전차의 강력함은 삽시간에 사람들의 마음을 매료시키기에 충분했다. 심지어 전차의 성능과 숫자가 전쟁의 승패를 결정짓는다는 전차 만능주의를 신봉하는 사람들까지 생겨남에 따라 전차와 비슷한 무기들도 개발되기 시작했다. 아무리 봐도 그 외형은 전차와 흡사한데 전차가 아닌 무기가 바로 자주포自走砲이다. 군사 무기를 모르는 일반 대중들에게 자주포는 '크고 강력한 전차'라는 생각이 들 수밖에 없게 생겼는데, 사실 전차와 자주포는 그 목적부터 기능까지 완전히 다른 무기이다.

먼저 전차는 보병과 함께 최전선에서 직접 적을 상대하는 무기라고 할 수 있다. 공수 양면을 모두 고려하면서 기동성도 뛰어나야 한다. 그런 이유로 전차는

육군 K2 전차°

비교적 작은 포신과 두꺼운 장갑裝甲으로 무장하고 있다. 두꺼운 장갑에도 불구하고 일반적인 전차는 생존성을 높이기 위해 엄폐된 설계로 제작되어서 시야각이 매우 좁다. 대전차 무기 등 각종 위협에 대응하기 위해 항상 보병과 함께 움직여야 한다. 한마디로 말하자면 가장 강한 기갑 무기와 가장 약한 보병이 공조해야 하는 일종의 공생 관계인 셈이다.

반면 자주포自走砲는 그 이름처럼 스스로 움직일 수 있게 만든 대포로, 단순하게 설명하자면 바퀴와 엔진을 단 대포라고 할 수 있다. 자주포는 당연히 원거리에서 적을 공격하는 포병부대에서 활약하기 때문에 선봉에서 전투를 수행하는 전차와 달리 장갑이 얇고 한 방에 적을 쓸어버릴 수 있는 대구경 장포신을 사용한다.

자주포가 장포신을 이용해 적이 볼 수 없는 먼 거리에서 차체를 고정한 채 포탄을 곡선으로 발사하는 반면, 전차는 적의 보병 전력을 상대해야 하므로 유동적인 전장 상황에 빠르게 대처가 가능하며 사거리가 짧아도 명중률이 높은 직사포

° 출처 ©대한민국 국군

해병대 연평도 K-9사격°

를 사용한다. 즉 전차가 창을 든 기병이라면 자주포는 장궁을 든 궁사와 같다.

여기서 '자주포의 화력에 전차의 방어력과 기동성을 더한 무기를 만들면 안 될까?'라는 생각이 들 수 있는데, 실제로 그런 생각을 실현한 전차가 바로 제2차 세계대전에서 활약한 '전차 잡는 전차'인 일명 구축전차驅逐戰車이다. 구축전차는 한 방에 적의 전차를 박살 내겠다는 단순한 의도에서 출발했는데, 그 제작 의도와는 달리 한계점이 너무나도 명확했다.

강한 화력을 위해 포탄의 구경口徑을 키운 만큼 포신이 무거워져서 기동성이 제한되었다. 이를 해결하기 위해선 무게를 줄여야 했고 어쩔 수 없이 장갑을 경량화할 수밖에 없었다. 그리고 무엇보다 회전식 포탑을 포기해야 했기에 구축전차는 방어진지를 파고 적의 예상 경로를 미리 조준하고 있어야 했다. 만약 적의 전차가 예상치 못한 방향에서 튀어나오면 차체를 직접 회전해서 대응해야 했는데,

° 출처 ©대한민국 국군

당연히 그와 같은 늦은 대응을 입체 기동이 가능한 적 전차가 두고 볼 리 없었다. 또한 가뜩이나 장갑이 얇은 구축전차는 적 포탄의 단 한 방만으로도 치명적 타격을 입기 일쑤였고, 생산성과 정비 난이도가 상상 이상으로 좋지 않아서 비용도 많이 소모됐다.

야크트티거°

그러한 단점을 해소하기 위해 제2차 세계대전 이후에는 다양한 전투 상황에 능동적으로 대처가 가능한 다목적 전차가 개발되었는데, 이를 '주력전차MBT(Main Battle Tank)'라고 불렀다. MBT의 효용성이 입증되면서 방어와 화력에만 특화된 구축전차의 개념도 사라지게 된 반면, 자주포는 본래의 목적에서 더욱 발달하고 진화해서 움직이는 포대의 역할을 충실히 수행하게 되었다. 자주포는 다양화보다는 기존의 장점을 더욱 강화하는 쪽으로 발전했는데, 압도적인 화력이 그것이라고 할 수 있다. 그 대표 주자라고 할 수 있는 것이 대한민국의 자랑인 K-9 자주곡사포이다.

K-9은 155mm 포탄을 15초에 최대 3발까지 발사할 수 있는 빠른 연사連射로 인해 다른 나라의 자주포 대비 압도적인 화력을 자랑한다. 또한 포탄의 발사와 동시에 포신이 뒤로 후퇴하는 주퇴복좌駐退復座 기술을 적용해서 초탄과 2탄을 거의 같은 지역에 포격할 수 있다. 게다가 K-9은 최첨단 사격 통제 장치를 사용해서 'Time On Target'라는 전술 사격이 가능한데, 이것은 세 발의 탄환을 각각 다른 각도로 발사한 후 동시에 같은 지점에 떨어지게 해서 자주포 한 대가 세 대의 화력을 낼 수 있게 만든 기술이다.

이처럼 현대전은 무기의 목적에 따라 다양한 발전을 거듭하고 있다. 대한민국은 이제 화력 지원 무기 분야에서 세계 최정상의 중심축을 차지하고 있다.

○ 출처 ©Hohum

6

한반도의 전설적인 무장武將

- 척준경과 이성계

「척경입비도」
여진족 정벌 직후 국경비를 세우는 장면

'인중여포 마중적토(人中呂布 馬中赤兎)'라는 말이 있듯 흔히 최강의 무장武將을 거론할 때 중국 후한 말의 여포呂布(?~199년)를 떠올린다. 이처럼 역사 속에서는 무력에 대한 상식을 여지없이 깨버리는 영웅이 등장하기도 한다. 당연히 우리나라에도 그런 영웅이 많았다. 대중에게는 잘 알려지지 않은 무장의 대표적 인물이 바로 고려의 장수 척준경拓俊京(1070년~1144년)이었다.

척준경은 비록 하급 무관 출신이었지만 대 여진 전쟁기의 여진 정벌에서 혁혁한 공을 세우며 권력의 최정상까지 올라간 인물이다. 현대로 따져보자면 이등병으로 시작해서 사성장군四星將軍을 거쳐 국방부 장관까지 올라간 셈인데, 이는 그가 공을 세운 여진 정벌이 고려의 국책 사업이었기 때문이라고 할 수 있다.

전쟁 당시 고려의 윤관이 이끄는 17만 명의 별무반은 함흥 인근 성에 도달했는데, 그곳의 여진족은 성에 틀어박혀 거세게 농성籠城을 벌이고 있었다. 장기간 성에서 버티는 여진족을 제압하지 못해 고려군은 고전할 수밖에 없었다. 시일이 지체될 경우 여진족의 대응 체계가 점점 견고해질 것이었으므로 그러한 전황은 멀리 원정을 나온 고려군에게는 상당히 불리한 것이었다. 고려군의 보급이 뒤로 처진 상태에서 여진족이 고려군의 후위를 친다면 큰 타격을 받을 수밖에 없었으므로, 총사령관이던 윤관은 척준경을 불러 장군 이관진의 지원 아래 성을 함락시키라는 명령을 내린다. 하지만 멀쩡한 성이 하루아침에 함락될 리가 만무했으므로, 아무도 척준경이 성을 함락할 수 있을 것이라는 생각하지 않았다.

그러나 아무도 예상치 못하던 중에 성은 함락되었고, 승리한 고려군은 동북 9성을 순식간에 차지하게 되었다. 고전을 면치 못하던 고려군에게 어떻게 그것이 가능할 수 있었을까. 이 엄청난 반전을 이룬 것은 놀랍게도 척준경이라는 단 한 사람의 무력 때문이었다. 척준경이 혈혈단신으로 칼과 방패를 들고 성벽에 올라 적장 여럿을 순식간에 베어버린 것이다. 공성攻城에는 수성守城의 세 배 이상 병력이 필요하다는 말이 있는데, 그것은 높은 성벽을 오르는 병사가 성벽 위에서 적을 제압하는 병사보다 불리한 것이 당연한 일이기 때문이다. 그만큼 척준경의 행위는 사실상 불가능한 일이나 다름없었다. 척준경은 그 불리한 공성전攻城戰 상황에서 홀로 성벽을 타고 올라가 적진을 친 것이다. 게다가 성벽 위에서 고려군을 향해 온갖 무기를 휘두르던 수백 명의 여진족을 격파한 후, 적의 중심으로 돌격해서 적장 여럿을 베어버렸다. 그의 활약에 질린 여진족은 순식간에 무너지면서 고려군이 단숨에 석성을 함락시킬 수 있었다.

이 일화는 '삼국지연의三國志演義'와 같은 소설이 아닌 '고려사高麗史'에 등장하는 역사적 사실이다. 더구나 척준경의 행적은 그가 저지른 악행까지 상세히 기록되어 있으므로, 그의 전과에 대한 기록은 과장이 거의 없는 것이라 할 수 있다.

조선 태조 어진(朝鮮太祖御眞)

전술한 척준경만큼이나 대단한 무력을 가진 장군이 우리 역사에 한 사람 더 있는데, 그가 바로 조선 태조 이성계(李成桂, 1335년~1392년)이다. 의외라고 생각할 수도 있지만 이성계는 조선의 왕이기 전에 고려의 대장군이었다. 왕이 되기 전까지 이성계가 이끈 부대는 단 한 번도 패배하지 않았다고 전하는데, 이성계는 현재로 말하자면 GP(Guard Post)에서 근무하는 최전방 전선을 도맡아 왔기 때문에 무패라는 전과는 신화나 다름없는 기록이라고 할 수 있다.

게다가 그는 인간 병기라고 해도 손색이 없는 무력을 갖춘 용장勇將이기도 했다. 특히 그의 활 솜씨는 고구려 주몽에 비견할 정도로 뛰어났다. 요동 정벌 당시 적군이 오녀산성에서 농성을 이어가자 이성계가 편전片箭 70발을 쏘아 성벽 위의 적군 70명의 머리를 모두 맞혔다는 일화가 있다. 편전의 사거리가 평균 200~300미터 정도라는 것을 고려할 때 잘 보이지도 않는 곳에서 발사된 화살이 머리통을 꿰뚫어 버린 셈이다. 이는 적의 입장에서 보면 무시무시한 일이 아닐 수 없다. 게다가 현대의 총기 사격술에서도 머리의 조준 저격은 빗나갈 확률이 높아서 지양하고 있는데, 70발의 화살로 70명의 머리를 꿰뚫었다는 것은 말 그대로 신기神技라고 표현할 수밖에 없는 능력인 것이다. 당연히 적군의 사기는 추락했고 심지어 적장은 야반도주까지 할 지경이었으니, 그 소식을 들은 주변 산성의 적군이 모두 항복을 선언할 수밖에 없었다.

이처럼 우리 역사에도 전 세계 어느 나라와 견주어도 절대 부족하지 않은 영웅들이 있었지만 세간에는 잘 알려지지 않았던 것이 사실이다. 하지만 영웅이라고 해도 모든 것을 홀로 해결할 수는 없었으니, 일례로 중국 최강의 무장인 여포는 희대의 뛰어난 용장이었으나 실제로 그는 굵직한 전투마다 일을 그르치며 패배를 거듭한 졸장이었다. 하지만 개인의 무력이 너무나 뛰어나다 보니 지금 우리에게 여포는 뛰어난 무장으로 알려진 것이다. 반면 조선의 성웅 이순신 장군은 여포에 비하면 부족하다고도 할 수 있는 무술 실력이었지만, 자신의 부족함을 알고 부하들을 이해하고 살피면서 조직을 통솔할 줄 알았기 때문에 역사에 길이 남을 군사적 업적을 남길 수 있었던 것이다.

7

소말리아 해적

전 세계적인 식량 위기로 인해 소말리아 해적이 다시 등장할 수 있다는 소식이 전해지면서, 대한민국을 포함한 세계 여러 나라들의 수출에 적신호가 켜지고 있다. 최근 우크라이나 전쟁으로 인해 러시아와 우크라이나의 밀 수출이 중단됨에 따라 아프리카 국가들의 식량 위기가 최악으로 치닫고 있다. 특히 우크라이나와 가까운 북아프리카와 소말리아가 위치한 북동 아프리카의 '아프리카의 뿔[1]' 상황이 심각한 것으로 알려졌다.

그중에서도 소말리아는 주식인 밀의 절반을 우크라이나로부터 수입하고 있기 때문에 더욱 심각한 식량난이 발생하고 있다. 엎친 데 덮친 격으로 그 와중에 닥친 역대급 가뭄으로 인해 소말리아에서만 최소 300만 명 이상이 기아에 허덕이는 중이다. 그런 참담한 기아 상태가 계속되면서 미국 주도 하의 대대적 소탕 작전으로 사라졌던 소말리아 해적이 다시 등장할 수 있다는 우려가 높아지고 있다.

지난 2010년대 초, 소말리아가 위치한 아덴만[2]Gulf of Aden에서는 엄청난 수의

---

1 동아프리카 일부로, 모양이 코뿔소의 뿔 모양처럼 생겨서 나온 명칭. 소말리아, 소말릴란드, 에리트레아, 에티오피아, 지부티가 이에 속하며, 홍해를 사이에 두고 아라비아 반도와 마주함. 종종 소말리아 반도라고도 불리지만, 소말리아 외 다른 나라들의 반발로 잘 쓰이지 않고 있음.

2 아라비아 반도의 예멘과 동아프리카의 소말리아 사이의 만. 북서쪽으로는 바브엘만데브 해협을 거쳐 홍해로 연결되고, 동쪽으로 아라비아 해로 연결됨.

MV Faina를 점거한 소말리아 해적°

소말리아 해적들이 활동했다. 가난에 시달리던 현지 주민들이 자신들이 사용하던 어선을 끌고 수에즈 운하를 통행하기 위해 아덴만에 접근한 선박들을 약탈했다. 그들은 비교적 크기가 큰 중형 어선으로 대양에 도착한 다음 보트를 내려 약탈할 선박으로 접근하는 방식을 취했다. 대한민국 해군이 삼호주얼리호에서 인질을 구출했던 '아덴만 여명 작전[3]'도 그 무렵에 일어났으며 그만큼 해적에 의한 인명 피해가 컸다.

그러나 미국의 주도로 대한민국을 비롯한 세계 주요 군사 강국들이 대형 군함을 파견하면서 해적들을 순식간에 소탕하기 시작했다. 최근에는 해적 소탕을 위한 연합함대를 더 이상 유지할 필요가 없다는 여론이 형성되고 있으며, 소말리아 정부가 자체적으로 해적 소탕에 나설 정도로 상황이 호전되었다. 그런데 우크라이나 전쟁과 가뭄으로 인해 곡물 가격이 폭등하면서 무장 강도나 해적과 같이 약탈에 의존하려는 세력이 다시 출현하고 있다.

특히 문제가 되는 것은 이슬람 극단주의 반군인데, IS의 산하 조직을 자처하는 무장 단체인 알샤바브[4]Harakat al-Shabaab al-Mujahideen가 세력을 확장하며 소말리아 정부를 위협 중이다. 그에 따라 미국의 바이든 대통령은 트럼프가 철군시켰던 미군을 재파병하는 등으로 대적하면서 현지의 군사적 긴장도가 날이 갈수록 높아

3 2011년 1월, 대한민국 해군 청해부대가 소말리아 해적에게 피랍된 대한민국의 삼호해운 소속 선박 삼호 주얼리호(1만 톤급)를 소말리아 인근의 아덴만 해상에서 구출한 작전.

4 소말리아, 케냐의 이슬람 극단주의 성향의 무장 단체. 옛 이슬람 법정 연맹(ICU)이 2006년 조직이 붕괴되자 그중에서도 극단적인 세력이 떨어져 나와 세운 단체이며, 소말리아 남부를 점령하고 샤리아 법에 근거한 극단적인 통치를 하고 있음. 현재까지 알 샤바브 등 이슬람 극단주의자들과 군벌을 몰아내고 소말리아의 치안 상황을 조금이라도 안정시킬 계획으로 아프리카 연합에서 결성해 파병한 다국적군인 AMISOM이 수복한 지역 외의 알 샤바브 점령지에서는 샤리아를 어긴 사람들이나 비무슬림에 대한 무차별 처형, 간통자에 대한 투석형 등 끔찍한 학살이 벌어지고 있음.

° 출처 ©Jason R. Zalasky

지고 있다. 그에 따라 국가 간 분쟁 가능성까지 높아지는 상황이다.

지난 6월 14일, 케냐에서 이루어진 아프리카 외교단 브리핑에서 소말리아 대사가 행사장을 박차고 나가는 사건이 발생했다. 케냐가 소말리아로부터 일방적으로 독립을 선언한 소말릴란드 대표를 초청한 것에 대한 항의 표시였다. 소말릴란드는 과거 영국령 소말리아였던 미승인 국가로 1991년 소말리아로부터 독립을 선언했다. 혼란스러운 소말리아와는 달리 소말릴란드는 평화적으로 내전을 수습하고 아덴만 해적 소탕에도 상당한 공을 세운 안정적인 국가지만, 소말리아는 소말릴란드가 자국으로부터 독립하는 것을 인정하지 않았다. 따라서 미국의 도움으로 소말리아가 안정된 다음에는 소말리아와 소말릴란드의 무력 충돌이 벌어질 수도 있는 상황이다.

이번 우크라이나 전쟁으로 인해 세계 곳곳으로 전쟁의 불씨가 퍼지는 엄청난 나비효과가 발생하고 있다. 만일 우크라이나가 항복하고 러시아에 영토를 넘기면 식량 수출이 다시 시작될 테니 우크라이나가 러시아의 요구대로 항복해야 한다고 주장하는 사람들이 있다. 하지만 이는 우크라이나의 항복이 모든 것을 원래대로 돌려놓을 것이라는 너무나도 단순하고도 순진한 발상이다.

같은 날(지난 6월 14일)에 러시아 국회인 두마에서 예브게니 페드로프 의원이 발트 3국[5]Three Baltic States의 독립을 취소하는 법안을 제출했다. 그 주장의 주요 골자는 소련에 속해 있던 발트 3국을 러시아 연방에 편입해야 한다는 것이었다. 한 나라의 의원이 현재 자국이 전쟁 중임에도 불구하고 다른 나라를 침략하겠다는 법안을 냈다는 사실로 미루어 볼 때, 우크라이나가 러시아에 항복한다고 해도 전쟁이 끝날 일은 없다는 것을 알 수 있다. 오히려 러시아가 우크라이나의 영토를

---

5 유럽 중부와 동부와 북부 사이, 독일과 러시아와 스칸디나비아반도 사이 동부 발트 지역에 위치한 에스토니아, 라트비아, 리투아니아 세 국가를 가리키는 단어. 20세기 초반에는 핀란드도 발트 3국과 함께 묶였으나, 제2차 세계 대전 이후 핀란드는 중립국이 된 반면 발트 3국은 소련에 복속되어 공산권 블록에 속하게 됨으로써 발트 3국과 핀란드는 더 이상 같이 묶이지 않게 됨. 발트 3국은 단순한 지리적 단어 이상의 국가 간 협력체로, 국제무대에서 서로의 입장을 지지하고 대변하는 발트 의회를 설립해 국제적으로 한목소리를 내고 있음. 그들이 합동 군사훈련을 주기적으로 개최하는 등 정치적, 경제적, 군사적 협력으로 돈독한 관계를 유지하는 이유는 오로지 러시아의 위협 때문임.

확보하게 된다면, 그들이 군을 재정비한 다음에는 더 큰 전쟁을 기획하려고 할 것이다. 그 전쟁의 이름은 세계 3차 대전이 될 가능성이 높다.

8

화염방사기의 명明과 암暗

전쟁 중 가장 두려운 무기는 빗발치는 총알도 아니고 주변을 초토화하는 포탄도 아니다. 보병에게 가장 끔찍한 고통과 죽음을 선사하는 것으로 알려진 화염방사기는 단연코 대인 무기 중 가장 두려운 것으로 꼽히고 있다. 하늘 높이 치솟는 검은 연기와 전방으로 분사되는 붉은 화염은 몸에 닿는 순간 뜨거운 열기로 살을 녹일 뿐 아니라, 분출되는 화염의 속도는 엄청나게 빨라서 휘발유 냄새가 코를 찌를 때쯤이면 벌써 불길이 덮친 후인 것이다. 그 때문에 과거 수많은 국가가 전쟁에서 화염방사기를 애용했다.

그토록 공포스럽고 위력적인 무기가 왜 현대 전쟁에서는 사용되지 않고 있는 것일까? 불과 1960년대에 벌어진 베트남 전쟁에서만 하더라도 꺼지지 않는 화염 폭탄인 네이팜탄[1]과 함께 화염방사기가 적극적으로 사용됐다는 것을 생각한다면 상당히 의문스러운 일이다. 거기에는 그럴만한 이유가 있다. 화염방사기보다 더 위력적이고 안전한 무기들이 나왔다는 것이 그 하나의 이유이다. 화염방사기는 전장의 공포스러운 대인 살상 무기로 통용되었다.

1 목표물을 불살라 없애기 위해 가연성 물질을 사용해 만든 소이탄燒夷彈의 일종으로, 제2차 세계 대전 중 처음으로 사용됨. 이후 한국 전쟁과 베트남 전쟁에서도 사용되었으나 필요 이상의 살상을 한다는 점과 조합에 사용된 물질이 자연 생태계에 끼치는 악영향이 지적되면서 특정 재래식 무기의 사용 제한 및 금지 국제협약에 따라 민간인 거주 구역에 대한 사용이 금지되었음.

러시아에서 화염방사기를 사용하는 독일 병사

7~8세기 동로마 제국이 이슬람 군대를 막아내기 위해 사용한 '그리스의 불'을 화염방사기의 기원이라고 말할 수 있다. 그리스의 불은 일종의 석유 화합물에 불을 붙여 노즐을 통해 뿌리거나 항아리에 그것을 담아 적을 향해 던지는 간단한 방식으로 사용되었다. 하지만 그 위력은 절대 간단치 않았다. 그리스의 불은 바닷물 위에서도 꺼지지 않고 타올랐으며 심지어 불을 끄려고 물을 부으면 석유 화합물이 번져 불길을 더 키울 정도였다.

중국에서도 송대宋代를 전후한 시기에 등장한 화염방사기인 '맹화유궤猛火油櫃'가 있었다고 전해진다. 맹화유궤의 운용 방식은 그리스의 불보다 더 진보적이었다. 동로마의 화염방사기는 단발 피스톤이라 한번 불을 쏘고 나면 재장전해야 했지만, 중국의 것은 이중 작동 피스톤이라 손잡이만 계속 움직이면 계속 불을 발사할 수 있었다.

하지만 초기의 화염방사기는 심각한 문제점을 안고 있었다. 사용자가 조금만 관리를 소홀히 해도 대형 사고가 날 수 있다는 것과 바람의 방향이 갑자기 바뀌게 되면 적에게 쓴 불길이 아군을 덮쳐 참패로 이어질 수 있다는 것이었다. 결국 더 안전하고 제작이 쉬운 화약에 밀려 초기의 화염방사기는 역사 속으로 사라지게 된다.

화염방사기가 부활한 것은 1차 세계대전을 일으킨 독일 제국에 의해서였다. 독일 제국은 프랑스군의 참호선을 돌파할 요량으로 화염방사기 'Flammenwerfer'를 개발했다. 당시 화염방사기는 기술력의 한계로 기껏해야 사거리가 18m에 불과한데다 무게도 무거워서 3인 1조로 운용했다. 군인 세 명이 겨우 참호까지 끌고 와도 고작 2분이면 연료가 바닥나는 등 효율성 측면에서 한계가 있었다. 그럼에도 그 파괴력은 대단했는데, 참호 안에서 수류탄과 산탄총을 들고 독일군을 기습할 준비를 하던 프랑스군들은 화염 세례를 받고 순식간에 통구이 신세가 되기도 했다. 그것을 지켜본 영국, 프랑스, 미국 등 연합국 군인들의 충격은 상당했으므로 그들도 경쟁적으로 화염방사기를 제작하기 시작한다.

이렇게 세계 각국의 제식무기가 된 화염방사기는 2차 세계대전부터 그 전성기를 맞이한다. 특히 미군은 태평양 전쟁에서 일본군의 요새를 파괴하기 위해 화염방사기를 적극적으로 운용했고 그때의 경험을 살려 한국전쟁과 베트남 전쟁에서 숲에 숨은 적을 처리하기 위해 꾸준히 화염방사기를 운용하게 된다. 그러나 그런 악명과는 달리 사거리의 한계나 자신의 위치가 쉽게 노출되는 등의 단점이 많았고, 소중한 기름을 대량으로 소모해야 하는 화염방사기의 효율성이 떨어진다는 한계점은 뚜렷했다.

그동안 대중들에게 잘못 알려져 왔던 것 중 하나가 현대 화염방사기의 안정성에 관한 것이다. 많은 대중매체나 영화에서 나오는 것과 달리 화염방사기는 연료통을 총알이 직격한다고 해도 절대 폭발하지 않는다. 오히려 화염방사기의 연료탱크가 상당히 튼튼하기 때문에 사용자는 방탄 효과도 기대할 수 있다. 그만큼 무거워서 미국의 M2 화염방사기는 연료를 최대로 채우면 30kg이 넘었다. 하지만

베트남 전쟁, 미 해병°

그에 비해 사거리가 너무나 짧았다는 단점이 있다. 기관단총도 100m 전방의 목표물을 명중시키는 시대에 화염방사기의 최대 사거리는 고작 40m에 불과했다. 또한 한번 사용하면 연료가 바로 고갈됐기 때문에 탱크에 화염방사기를 매립하고 1,500리터가 넘는 연료 탱크를 부착한 화염방사 전차를 사용하기도 했지만 그 역시 효율이 떨어지는 것은 마찬가지였다.

결국 화염방사기를 대체할 더 가볍고 강력한 무기가 나왔는데, 그것이 바로 대전차 로켓이었다. 팬저파우스트, RPG-7과 같은 고폭탄은 로켓만 충분하다면 여러 차례 발사가 가능했고 화염이 뚫지 못하는 장애물을 관통할 수도 있었다. 일례로 미군의 경우, 이라크 전에서 일회용 대전차 무기로 고안된 M72 LAW를 난사해 시가전에서 벽을 뚫고 그 안에 숨어있던 적들을 폭살했다. 그래서 21세기 전장에서는 무겁고 일회성이며 비효율적인 화염방사기를 사용하는 나라는 더 이상 없다고 볼 수 있다.

° 출처 ©미 국립기록 보관소

대한민국의 경우에도 대전차, 대인용 모두 효과적인 보병용 단거리 로켓을 사용 중이며, 더 뛰어난 위력의 국산 대전차 미사일을 개발 중이다. 이처럼 과거에는 뛰어난 무기였지만 기술의 발달로 인해 역사의 뒤안길로 사라진 무기들이 많다. 그만큼 현대의 전장은 새로운 과학기술의 집합체이자 전시장이라고 해도 과언이 아닐 것이다.

9

에뮤 전쟁Great Emu War

“호주가 점령당했다!”

호주군 참전용사 캡틴 스미스는 불현듯 끔찍했던 과거의 일을 떠올렸다. 그는 제1차 세계대전에 참전해서 살아남은 역전 용사였다. 그는 그곳에서 현실의 가장 밑바닥을 보았다고 생각했지만, 그것이 전부가 아니었다. 때늦은 가을비에 흠뻑 젖은 땅이 작열하는 태양에 말라가고 있는 그곳은 생전 처음 겪는 전장戰場이었다. 긴장한 채 적군을 노려보던 캡틴 스미스는 상관의 명령이 떨어지자마자 지체 없이 기관총의 방아쇠를 당겼다. 그 순간 무려 2만에 달하는 적의 대군이 내달리기 시작했는데, 그 적들은 바로 ‘에뮤[1]’였다.

1932년, 미국에서 시작된 경제 대공황의 여파가 마침내 호주까지 닿았다. 당시 호주는 제1차 세계대전이 끝난 후 고향으로 돌아온 퇴역군인 대다수가 농부로

---

1 호주에서만 서식하는 조류로, 가까운 친척은 화식조. 타조 다음으로 큰 새로서 전장 1.9m. 수명은 야생 상태에서 10년에서 20년 사이이며, 최대 30년 가까이 살 수 있음. 생김새나 생태는 아프리카 타조나 남미 레아 같은 다른 평흉류 새들과 비슷하지만, 타조나 레아에 비해 날개가 매우 작아서 잘 보이지 않음. 키위와 마찬가지로 평흉류 특유의 날개 발톱도 1개이며, 긴 목의 중간 부분까지 깃털이 나 있는 것이 특징임. 과일, 작은 동물, 곤충, 풀뿌리와 곡식을 즐겨 먹으며, 타조류처럼 발톱이 매우 튼튼해서 최대 50km/h의 속력으로 달릴 수 있음.

서 제2의 인생을 살아가고 있었다. 그들에게 경제 대공황은 호주의 비옥한 농토에서 생산된 밀의 수출 판로가 전부 막혀버렸다는 의미였으므로 가히 치명적인 일이었다. 게다가 엎친 데 덮친 격으로 같은 해 9월 기록적인 가뭄으로 곡물 생산량마저 바닥으로 하락했다. 호주판 보릿고개가 시작된 셈이었다. 심지어 전혀 상상도 못 한 적이 나타나 그들을 괴롭히기 시작했다.

호주군과 에뮤°

가뭄으로 먹이가 부족해진 에뮤 무리가 농부들의 밀밭을 탐내기 시작한 것이었다. 그 수가 자그마치 2만 마리가 넘었으므로, 그야말로 명백한 침략 행위였다. 농부들이 호주의 사막 지역을 개간하면서 우물을 설치한 덕분에 결과적으로 에뮤가 살 수 있는 지역도 확장된 것이었다. 농부들은 그제야 울타리를 설치했는데, 그것은 소 잃고 외양간 고치는 격이었다.

에뮤는 비록 날개가 퇴화해서 날 수는 없지만 날개 따위는 필요 없을 정도로 거대한 동물이다. 실제로 에뮤는 지구상에서 타조 다음으로 큰 새여서 성장하면 무려 2미터까지 자랄 수 있다. 게다가 시속 50~60km까지 달릴 수 있을 정도로 운동 능력 또한 뛰어나서, 웬만한 높이의 울타리는 훌쩍 뛰어넘으면 그만이었다. 허술한 높이의 울타리 정도로는 공포의 에뮤 군단을 막아낼 수가 없었다.

그들을 막을 재간이 없었던 농부들은 결국 경찰서를 찾아갔지만, 경찰도 2만의 에뮤 군단 앞에서는 속수무책이었다. 결국 농작물 피해가 극심해지자 호주 정부는 '에뮤 대大전쟁'을 선포하고 나서게 된다. 호주 정부는 에뮤 군단 소탕을 위

° 출처 ©The Land Newspaper

해 루이스 경기관총 2정과 1만 발의 탄약으로 완전무장한 왕립 포병 분대를 출정시켰지만, 에뮤 군단은 절대 만만한 상대가 아니었다. 에뮤 군단은 거대한 덩치와 빽빽한 깃털을 믿고 기관총을 무시하며 달려들었고, 그 결과로 호주군은 첫 전투에서 고작 12마리의 에뮤를 사살하고 후퇴할 수밖에 없었다. 후퇴한 호주군은 얼이 빠질 수밖에 없었다.

궁지에 몰린 호주군은 한 가지 기가 막힌 방법을 고안했다. 트럭에 경기관총을 싣고 기동 사격으로 에뮤 군을 섬멸하는 작전이었다. 에뮤가 아무리 빠르다고 해도 자동차만큼 빠를 수는 없을 테니 기동력에서부터 우위를 점하자는 전략이었지만, 그 작전 역시 계획대로 흘러가지는 않았다. 기동력을 이용한 전술도 결국 보기 좋게 실패했다. 트럭이 출격한 지 얼마 되지 않아서 용맹한 에뮤 한 마리가 육탄 돌격으로 트럭을 전복시켰기 때문이었다. 에뮤 군단은 적을 효율적으로 파괴할 수 있는 전술적 행동까지 취하기 시작했고, 심지어 호주군을 상대로 게릴라전까지 불사했다. 에뮤 군단이 소규모로 부대를 쪼개 여러 곳의 농경지를 동시에 습격하는 한편, 무리 중 유독 키가 큰 에뮤가 호주군의 동태를 감시하는 등 경계와 정찰까지 그 안에서 이루어졌다.

결국 에뮤 군단의 완전 소탕이 불가능하다는 사실을 깨달은 호주 정부는 불과 개전 10일 만에 항복을 선언하게 된다. 공식 집계로 호주군 트럭 1대가 파괴되고, 에뮤 군단 987마리가 사망하였다. 당시 호주군의 한 지휘관은 "에뮤가 전차보다 상대하기 어려운 적이었다."라고 토로할 정도였다. 다행히 가뭄이 끝나고 수확량이 어느 정도 회복되자 에뮤 군단은 그들의 거주지로 물러났는데, 이는 다분히 인도적인 결정이었다.

이후에도 에뮤 군단은 가뭄이 들 때마다 밀밭을 습격하는 바람에 호주군은 계속해서 그들과 소규모 국지전局地戰을 벌여야 했다. 지금에 와서는 가축화에 성공해서 에뮤가 스테이크의 재료가 되기도 하지만, 그들에 대한 대응 방법이 전무했던 당시만 해도 호주 농부들에게 에뮤는 사악한 신과 같은 존재였다. 또한 그들을 섬멸하지 못한 호주군의 대처는 세상에서 가장 황당한 군사작전으로 손꼽히는 일화가 되었다. 지금도 호주의 어느 그늘진 사막 한구석에서는 에뮤 군단의 잔당들이 호시탐탐 호주 점령을 노리고 있을지도 모른다.

10

레일건Railgun

대한민국은 한국전쟁 당시 기습 남침한 북한군에 밀려 사흘 만에 서울을 함락당한 후 부산까지 후퇴해야 했던 슬프고도 치욕적인 기억을 안고 있다. 그 때문에 대한민국은 같은 역사를 되풀이하지 않기 위해 '화력火力에 미친' 국가가 되었다.

그것을 단적으로 보여주는 것이 105mm 포탄이다. 현재 대한민국군이 비축 중인 105mm 포탄은 무려 340만 발이 넘는다. 그 정도면 제3차 세계대전이 발발한다고 해도 전부 소모하지 못할 정도의 어마어마한 양이라고 할 수 있다.

현재 대한민국은 세계 어떤 군사 대국이라도 겁먹을 수밖에 없을 정도로 많은 자주포를 보유하고 있다. 세계적 '명품'으로 인정받은 K-9 자주포만 하더라도 무려 1,300대, K-55 자주포 1,180대를 보유하고 있으면서도 105mm 견인포를 목표로 K-105A1 자주포로 개량하고 있다. 100,000km²가 조금 넘는 크기의 대한민국이 자주포만 해도 3,000대 이상 보유하고 있으며, 120mm 자주박격포, 4.2인치 박격포처럼 근거리 화력 면에서 105mm 자주포보다 훨씬 강력한 박격포 또한 상당량을 보유하는 등 만약의 전시 상황을 대비하여 가능한 모든 화력을 최대로 끌어올리고 있다.

비록 단순히 그 숫자만 놓고 보면 중국과 북한 등 몇몇 국가가 우리보다 많은 전력을 갖추고 있겠지만, 155mm 대형 곡사포를 기준으로 보면 대한민국이 중국이나 러시아보다 더 많은 자주포를 비축하고 있다는 것을 알 수 있다. 단순 포병 전력으로만 따져보면 미국마저도 부럽지 않은 세계 최강 수준이다. 상황이 그렇다 보니 대한민국의 막강한 화력에 극도의 긴장감을 느끼고 있는 나라가 바로 중국이다.

이에 중국은 차세대 대포를 개발했는데, 그 무기가 바로 '대포 위의 대포'라고 평가받는 레일건[1] Railgun이다. 레일건은 포신砲身 역할을 하는 두 레일을 나란히 놓고 높은 전류를 흘려보내 포탄을 아주 강한 힘으로 밀어내는 대포이다. 간단히 말하자면, 화약 대신 전기로 포탄을 발사하는 일종의 전기 대포라 할 수 있다. 그 원리는 어려울 수 있지만 그 위력은 확실하다. 흘려보내는 전류량과 레일의 길이에 따라 위력이 달라지지만, 기록된 것만 해도 포탄을 무려 음속의 7배가 넘는 속도로 날려 보낸 적이 있을 정도이다. 이는 155mm 곡사포탄이 날아가는 최대 속도의 무려 3배가 넘는 수치이다. 포탄의 속도가 빠른 만큼 차세대 대포라는 말에 손색이 없을 정도로 강한 파괴력을 구사한다.

미국은 레일건을 2000년대 초반부터 연구하기 시작해서 줌왈트급 구축함 Zumwalt-class Destroyer에 실전 배치하는 것을 목표로 삼았다. 개발까지도 꽤 성공적이어서 2015년에는 포탄을 발사할 수 있는 시제품까지 만들어냈다. 당시 사격 실험에서 미국이 만든 레일건은 무려 250km의 유효 사거리를 기록했다. 전 세계에서 인정받고 있는 대한민국의 K-9 자주포와 비교해봐도 무려 6배가 넘는 거리에서 적을 직접 타격할 수 있었다. 이는 서울에서 평양을 직접 타격하고도 여력이 남는 사거리였다. 게다가 미국의 목표 사정거리는 이보다 2배가 더 긴 450km로, 대구광역시에서 평양까지 레일건의 사정거리 내에 둘 수 있는 정도였다. 그 정도

---

1 금속 탄자를 전자기력으로 가속하여 발사하는 기구. 일반적으로 무기체계로 개발 중이나 스페이스 건이나 전자기 캐터펄트 등 운송 수단으로도 응용되고 있음. 선형 궤도를 쓰기 때문에 '리니어 건Linear gun'이라고도 하고, 전자기력을 사용하여 발사체를 투사하는 발사 장치라는 의미에서 'EMLElectromagnetic Launcher'이라고도 하며, 전자기력을 사용하여 포탄을 쏘는 대포라는 의미에서 'EM건Electromagnetic Gun'이라고도 부름. 기존의 화약추진식 포에 비해 빠른 초속을 달성할 수 있어서 20세기와 2000년대 무렵에는 SF적인 무기 개념으로 사용되는 경우가 많았음.

2008년 미 해군 레일건 시험발사°

라면 자금과 기술력만 충분히 갖추었다면 레일건을 개발하지 않는 것이 이상한 것이었다. 실제로 미국은 레일건의 상상 이상의 파괴력에 감탄하며 추가로 약 1조 7천억 원의 개발비를 쏟아부으며 개발에 박차를 가했다.

하지만 현실은 상상처럼 쉽게 이루어지지 않았다. 2021년 미국은 돌연 레일건 개발의 완전 포기를 선언해 버렸다. 생각보다 그 이유는 간단했는데, 레일건이 무기로써 사용하기에 효율성이 상당히 떨어지기 때문이었다. 미국 국방성의 발표 자료에 따르면 레일건은 1발당 발사 비용이 100만 달러로, 한화 약 12억 원이었다. 그 정도면 레일건의 위력에 비해 그리 비싼 편은 아니었지만, 그와 별개로 레일건 초기 설치에도 막대한 비용이 필요했다.

즉 언제 사용할지 알 수도 없는 무기에 어마어마한 예산을 투자할 수는 없었다. 또 다른 문제는 유지비가 너무 많이 들어간다는 점이었다. 고작 포탄 5발을 발

° 출처 ©U.S. Navy

사하면 그 비싼 레일을 교체해야 할 정도로 내구성이 형편없었고, 줌왈트급 구축함에서 레일건을 한 번 발사하려면 무려 78MW라는 어마어마한 전력이 필요했다. 그것은 충청남도 천안시의 모든 세대가 1년을 사용할 수 있는 전력량이었다. 아무리 미국이라 할지라도 구축함에서 그 정도 전력을 생산하는 것은 무리였거니와 포탄 한 발에 78MW의 전력을 사용한다는 것은 전혀 수지타산이 맞지 않았다. 물론 현실과 타협해서 레일건의 규모와 성능을 낮추는 방법도 있었지만, 그렇게 되면 사거리가 고작 100~160km밖에 되지 않아서 차라리 미사일을 사용하는 게 예산이나 신뢰성 면에서나 더 이득이라는 판단을 하게 된 것이다.

복합적인 이유로 미국이 '빛 좋은 개살구'인 레일건 개발을 포기하면서 레일건이 영원히 꿈의 무기로 기록되려던 순간, 전혀 상상도 못 했던 국가인 중국이 레일건을 개발했다고 발표하면서 전 세계를 놀라게 했다. 사실 중국은 2011년부터 비밀리에 레일건을 개발해 왔고, 심지어 시제품 테스트도 미국보다 1년 이른 2014년에 성공했으며, 지난 2018년에는 072Ⅲ급 상륙함인 하이양산함에 레일건을 탑재한 사진을 공개했다. 게다가 2025년까지 레일건의 실전 투입을 완료하겠다며 공언했다. 상황이 그렇게 되자 미국조차도 "중국의 레일건 개발 기술이 세계 어느 나라보다 앞서 있다."라며 긴장한 모습을 보였다.

하지만 그 실상은 표면적 상황과 달리 전혀 달랐는데, 사실 미국이 그런 행동을 취한 것도 고도의 정치 공작일 가능성이 크다는 것이 군사 전문가들의 분석이다. 다수의 군사 전문가들은 실제로 중국의 군함은 레일건의 압도적 화력을 감당할 정도로 높은 전력을 만들어 낼 수 없기 때문에 레일건의 실효성은 떨어질 것이라고 입을 모으고 있다. 아무리 원자력 추진 체계를 운영한다고 해도 현대의 군함은 생각보다 많은 전력을 소모한다. 더구나 레이더, 전자 지휘 체계, 통신장비 등 고도화된 전자장비 체계로 인해 전력 사용량은 더욱 증가하고 있다. 미 정부에 따르면 정황으로 미루어 볼 때 중국의 레일건 함포 개발은 미국이 남중국해에 미사일 방어 시스템을 배치하고 있는 것에 대한 일종의 무력시위이며, "우리가 미국도 만들지 못한 강력한 무기를 갖추고 있다."라는 식의 선동용이라고 볼 수 있다.

이스라엘 아이언돔 발사°

그런 와중에 조용하게 '진짜' 레일건을 개발하고 있는 나라가 바로 대한민국이다. 최근 대한민국 방위사업청이 북한의 미사일 위협에 맞서 대한민국형 레일건을 개발하겠다고 밝혔다. 이는 중국처럼 허무맹랑한 이야기가 아니라 실제 개발 가능성이 상당히 큰 계획이기 때문에 전 세계 방산 시장에 큰 파장을 예고하고 있다. 방사청이 발표한 계획에 따르면 레일건은 대한민국의 미사일 방어체계인 한국형 아이언돔[2] Iron Dome 시스템 중 하나이다. 한국형 아이언돔은 이스라엘의 아이언돔과 비교 우위를 가리는 것이 자존심 상할 정도로 수준 높은 미사일 방어체계이다. 이미 대한민국형 아이언돔의 일부인 '천궁2'는 고도 15km 전후의 요격 성능을 인정받아 UAE에 4조 원 규모 수출에 성공했다. 거기에 레일건이 추가된다는 소식이 더해지면서 대한민국의 방공무기에 대한 기대감이 높아지고 있다.

사실 한국형 레일건이 특수한 이유는 함포 사격을 포기했기 때문이다. 그 대신 지상에 레일건을 설치하면서 가장 큰 문제였던 전력 수급을 원활하게 했다. 또 레일의 소재를 바꾸면서 수백 회의 연속 사격 실험을 진행하는 등 내구력을 높이기 위한 연구도 계속하고 있으며, 70mm급 레일건의 반동을 최소화하기 위해 마

2 팔레스타인의 무장 정파인 하마스의 로켓 공격으로부터 이스라엘의 영토를 방어하기 위해 미국과 이스라엘이 공동 개발한 대공 미사일. 2007년부터 약 2,300억 원을 투입하여 4년 만인 2011년에 개발이 완료되어 실전 배치됨. 항공기나 미사일을 요격하는 일반적인 미사일과는 달리 C-RAM처럼 박격포탄이나 무유도 로켓 등을 방어하기 위해 만들어졌으며, 탄도 미사일을 요격하기 위해서는 탄도탄 요격 미사일인 애로우 지대공 미사일을 별도로 사용함. 영토 내의 여러 거점에 미사일 발사대를 설치한 뒤, 날아오는 목표물을 돔 형태의 방공망으로 둘러싸서 요격한다고 해서 '아이언 돔'이라는 이름이 붙여짐. 일반적인 요격 사거리는 4-40km 정도의 저고도이며, 유효 사거리는 약 70km.

o 출처 ©IDF Spokesperson's Unit

찰 스프링을 이용한 주퇴복좌장치를 적용하면서 한국형 레일건의 내구력을 비약적으로 상승시켰다. 즉 대한민국의 기술력으로 모든 나라가 포기했던 꿈의 무기를 현실에 적용할 수 있도록 재해석한 것이다. 만약 대한민국형 레일건이 완성된다면 포탄의 속도가 음속의 6배를 훌쩍 뛰어넘을 것으로 기대된다.

대한민국 국방부는 최근 활발히 연구 개발이 진행되고 있는 천궁3와 사드THAAD 수준의 고고도 미사일 요격 체계인 L-SAM2의 개발 또한 완성을 목전에 두고 있다. 만약 국방부의 계획대로 한국형 미사일 방어 체계가 그 모습을 드러낸다면, 북한이 자국민의 고혈을 쥐어짜서 만들고 있는 극초음속 미사일이나 대한민국의 수도권을 노리는 탄도미사일을 단번에 무용지물로 만들 수 있는 완벽한 방공 체계를 먼저 이루게 된다. 그렇다면 중국도 더 이상 대한민국의 군사력을 얕볼 수 없을 것이다.

11

황당한 군인들, 그 두 모습

대한민국은 과거부터 전 국토의 요새화를 통해 육군의 강력한 기갑 차량 전력을 육성함으로써 유럽 국가들과는 달리 민주 국가로서 반드시 필요한 요건인 강력한 국방력을 키워왔다. 반면 현재 유럽의 여러 국가는 오랜 평화 분위기에 젖어 국방력을 등한시해 다른 나라의 침입을 걱정해야 하는 처지에 놓이게 됐다. 그래서인지 현재 여러 유럽 국가는 대한민국의 기갑 장비를 극비리에 구입하기 위해 안간힘을 쓰고 있다.

특히 북유럽에서 가장 부유한 국가인 노르웨이는 대외적으로 '바이킹의 후예'라는 이미지를 가지고 있지만, 그들에게도 과거의 대한민국처럼 적국의 손에 영토를 점령당한 치욕스러운 역사가 있다. 노르웨이를 점령한 적국은 일본과 동맹이었다는 사실만으로도 짐작할 수 있듯 흉악하기 그지없는 나라인 나치 독일이었다. 과거부터 나치 독일은 자신들의 잇속을 챙기기 위해 주변국들을 무력으로 점령하고 핍박했다. 다행히 지금의 유럽 국가들은 침략에 대한 대비라도 할 수 있지만 1940년의 노르웨이는 그마저도 준비할 여력이 없었다.

나치 독일에 노르웨이는 굉장히 중요한 지역이었다. 노르웨이는 전쟁 물자 준비에 반드시 필요한 자원인 철광석이 풍부한 나라였고, 지리적으로도 바다를 통해 영국과 직통으로 연결되어 있어서 노르웨이의 항구 도시들을 점령하는 것만으로도 영국의 해군력을 상당히 위축시킬 수 있기 때문이었다. 영국 해군에게 무기력하게 당하지 않으려면 나치 독일은 노르웨이를 반드시 점령해야 했다.

이를 증명하듯 나치 독일은 9개 사단, 1개 포병대대, 1개 기계화여단 등 총 12만 명을 노르웨이 점령에 투입했다. 전쟁을 장기전으로 길게 끌 여력이 없었던 나치 독일은 지상과 해상에서 동시에 노르웨이를 압박했다. 이것이 해군과 육군이 합동 공격을 펼치는 일명 '망치와 모루' 전술이었다. 실제로 당시 나치 독일이 노르웨이 점령에 투입한 군함만 해도 샤른호르스트급 전함 1대를 필두로 중순양함 2대, 경순양함 2대, 구축함 14대였다. 굵직한 군함만 해도 그 정도였으니, 현대의 웬만한 약소국 정도는 지도 위에서 지워버릴 수 있을 정도의 엄청난 해군력을 투입한 것이었다.

당시 노르웨이는 나치 독일에 맞서 필사적으로 항전했지만 불과 두 달 만에 함락당하고 말았다. 그 정도만 해도 당시 군사 전문가들이 내놓은 전황 분석보다는 상당히 오랜 시간을 버틴 것이었다. 이는 연합국의 도움이 컸기 때문이라고 할 수 있다. 노르웨이는 여러 이유로 나치 독일뿐 아니라 연합국에도 중요한 지역이었다. 그 중요성을 반영하듯 나치 독일은 전투에서 사상자만 무려 5,200명 이상이 발생했고 중순양함 1척을 포함한 57척의 군함이 격침당하면서 해군력의 절반을 잃게 되었다. 그 덕분에 영국의 특수부대인 '코만도[1]'가 노르웨이 해방을 위한 상륙작전을 펼칠 수 있었는데, 이른바 '양궁 작전'이었다.

이 양궁 작전에 참여한 코만도의 지휘관 중에는 제2차 세계대전을 포함한 영국군 역사상 최강의 기인奇人이 포함되어 있었다. 그가 바로 잭 처칠(John Malcom Thorpe

1 제2차 세계대전 중이던 1940년 초에 영국 육군이 기습 타격 작전을 위해 창설한 특공대. 보어전쟁 때 기습 타격으로 영국군을 괴롭히던 보어군의 소규모 부대에서 아이디어를 얻었기 때문에 부대명도 보어어로 '소부대'를 뜻하는 'Komando'에서 철자를 살짝 바꾼 'Commando'라고 명명함. 필요한 모든 것을 개인이 자체 휴대하고 36시간 이상 야간 작전을 수행할 수 있어야 했으며, 효과적인 작전 수행 능력으로 인해 이후 현대 특수부대의 아버지라고 불림. 2차 세계대전 종전과 함께 해체됨.

잭 처칠

Fleming Jack Churchill, 1906년~1996년)이다. 예비역 장교였던 '잭 처칠'은 제2차 세계대전이 발발하자 코만도의 지휘관이 되었는데, 그는 타고난 싸움꾼이었다. 잭 처칠이 코만도에 지원한 이유부터가 '최전선의 일반 보병 부대는 시시하다'라는 황당한 이유였다. 하지만 그 정도로 전쟁 역사상 최강 기인이라는 별명이 붙은 것은 아니다.

잭 처칠은 실제 전투에서 장궁長弓을 등에 메고 철검을 찬 채 스코틀랜드 전통 악기인 백파이프를 불며 돌격하는 기행奇行으로 유명했다. 심지어 그 명성이 독일군 진영에까지 퍼져있을 정도였다. 그 때문에 동료들은 물론 그의 부하들, 심지어 적군들조차 그를 '싸움꾼 잭 처칠Fighting Jack Churchill', 혹은 '광인狂人 잭 처칠Mad Jack'이라고 부르곤 했다.

실제로 그는 양궁 작전에서 지휘관의 신분으로 상륙함에 탑승했지만 최전선에서 코만도 부대원들을 이끌고 돌격을 감행했다. 마침내 상륙함이 노르웨이 해안에 도착하자 잭 처칠은 백파이프로 행진곡을 연주하더니 한 손에는 강철 검을 들고 다른 한 손에는 수류탄을 쥔 채 적진으로 돌격했다.

잭 처칠은 모든 전투에서 매번 죽음을 각오하고 전장에 임했지만 늘 아무런 부상 없이 살아남았다. 심지어 고작 2시간 만에 나치 독일의 해안 포대를 점령했다. 그는 그때의 용맹한 전과로 영국에서 십자 훈장을 수여받았다. 그 정도면 잭 처칠의 전투력이 대단한 것이었는지 나치 독일의 전투력이 형편없었던 것인지를 알기 어렵다. 그러한 결과가 단 한 번뿐이었다면 행운이었다고 생각하겠지만 그의 전과는 거기서 끝이 아니었다.

그는 1943년에도 코만도 지휘관으로서 상륙작전에 참여했다. 그 무대는 이탈

상륙하는 잭 처칠과 그의 검°

리아 남부의 시칠리아 전선이었다. 잭 처칠은 상륙함에서 가장 먼저 뛰어내려 활, 강철 검, 백파이프를 들고 돌격했지만 이번에는 주어진 상황이 조금 달랐다. 본부에서는 잭 처칠의 부대에게 독일군 관측소를 습격하라는 명령을 내렸는데, 싸움꾼 잭 처칠은 그 명령을 거부해 버린다. 그렇다고 잭 처칠이 습격을 포기한 것이 아니었다. 그는 자신을 엄호해 줄 소총수 한 명만 대동한 채 단 두 사람만으로 독일군 박격포 부대를 박살 내버렸다.

심지어 그 과정에서 독일군 42명을 포로로 잡는 전과까지 올렸다. 그 사건으로 인해 그는 생애 두 번째 훈장까지 받게 되었다. 잭 처칠이 독일군 포로로 잡히는 사건도 있었지만, 그는 결국 탈출에 성공하면서 전쟁이 끝날 때까지 살아남았다. 그런 인생 역정에도 불구하고 그는 90세까지 장수하다가 노환으로 세상을 떠났다. 그는 일반인의 상상을 뛰어넘는 황당한 군인이었지만, 그의 전투력이 인정될 만큼 커다란 성과를 냈다.

제2차 세계대전과 관련된 실화 중에 잭 처칠의 무용담을 어린아이 장난 정도

° 출처 ©Imperial War Museum

로 만드는 이야기가 있다. 나치 독일 상공에서 엔진 세 개가 터진 채 살아서 돌아온 폭격기와 관련된 일화이다. 현대전에서와 마찬가지로, 제2차 세계대전 당시에도 폭격은 아주 중요한 공격 수단이었다. 나치 독일로서는 최대한 빨리 전쟁을 끝내는 게 우선적 목표였기 때문에, 점령지의 제반 시설이 어떤 상황에 처하게 되든 그것은 그들의 고려 대상이 아니었다. 연합국 역시 어떻게든 적의 생산 시설을 파괴하는 전술을 많이 사용했다.

문제는 그런 융단 폭격이 필연적으로 민간인의 희생을 동반한다는 사실이었다. 특히 미국의 폭격기 밀집 편대가 가하는 융단 폭격은 추축국[2]樞軸國은 물론 연합국 동맹까지 공포에 떨게 할 정도였다. 일례로 드리스덴을 폭격하는 이틀 동안 네 번의 출격에 미국은 무려 527대의 폭격기를 띄웠다. 그 이틀 동안 드리스덴에 떨어진 고폭탄과 소이탄만 3,900톤이 넘었다. 끊이지 않는 화염으로 드리스덴 시내에 화염 폭풍이 발생할 정도였고, 이틀간의 폭격으로 최소 25,000명이 사망했다.

그 이후로도 미국의 폭격은 세 차례나 더 이어졌는데, 그와 연관된 유명한 일화가 전해진다. 1943년 12월 20일 찰스 브라운(Charles L. Brown, 1922년~2008년) 소위가 조종하는 미국의 B-17 폭격기인 '오랜 술친구Ye Old Pub'는 브레멘을 폭격하고 회항하는 길에 나치 독일의 대공포에 맞게 된다. 그 결과 폭격기는 세 개의 엔진이 파괴되며 출력이 40% 이하까지 떨어졌고, 비행하는 것이 신기할 정도로 온갖 무장이 뜯겨 나가게 된다.

설상가상으로 지상에서는 나치 공군의 프란츠 슈티글러(Franz Stigler, 1915년~2008년) 중령이 BF-109 전투기를 몰고 연합군의 폭격기를 격추하기 위해 출발했는데, 그때 뜻밖의 일이 벌어진다. 슈티글러 중령은 금방이라도 추락할 것 같은 폭격기를 격추하지 않은 채 마치 편대 비행을 하듯 적군인 연합군의 폭격기의 옆

2 2차 세계대전 때 일본, 독일, 이탈리아가 맺은 삼국 동맹을 지지하여 미국, 영국, 프랑스 등의 연합국과 대립한 여러 나라. 1936년에 무솔리니가 "유럽의 국제 관계는 로마와 베를린을 연결하는 선을 추축으로 하여 변화할 것이다."라고 연설한 데서 유래한 말.

에서 함께 날기 시작했다. 그 모습을 본 브라운 소위는 "비열한 나치 놈이 우리 목숨을 가지고 장난을 치고 있구나."라고 생각했다. 그러나 슈티글러 중령은 끝까지 일말의 공격 의사도 보이지 않았다. 심지어 독일 영공을 벗어날 때까지 오랜 술친구 호와 편대 비행을 했다. 이는 마치 독일 대공포가 오랜 술친구 호를 노리지 못하도록 호위하는 모양새였다.

비행 중인 보잉 Y1B-17°

놀랍게도 그런 추측은 사실이었다. 마침내 오랜 술친구 호가 독일 영공을 벗어나자 슈티글러 호는 브라운 소위에게 경의를 표하고 독일로 회항한다. 슈티글러 중령의 회고에 따르면 비록 그들이 자신의 조국을 폭격한 적군일지라도 죽음을 불사한 연합군의 모습에서 진정한 군인의 모습을 볼 수 있어서 그에 감명받았다는 것이었다. 그 때문에 나치 독일의 슈티글러 중령은 전투 능력을 완전히 상실해 버린 오랜 술친구 호를 공격할 수가 없었던 것이다. 더욱 놀라운 사실은 브라운 소위와 슈티글러 중령은 전쟁이 끝날 때까지 살아남았고 두 사람은 무려 47년이 지난 1990년에 재회하였다. 서로의 목숨과 명예를 지켜준 사이인 두 사람은 재회 후 2008년까지 가깝게 지내다가 같은 해에 눈을 감았다.

예나 지금이나 가장 강력한 군대는 규율을 잘 지키는 군대라는 사실은 절대 변하지 않는 것이지만, 과거에는 전쟁 속에서도 인류애와 기사도가 사라지지 않았다는 것을 그 일화를 통해 알 수 있다. 최근의 우크라이나 전쟁의 잔혹함에서 볼 수 있듯, 오히려 현대로 오면서 그런 모습은 더 이상 찾아볼 수 없게 되었다.

° 출처 ©U.S. Air Force

12

신의 지팡이Rods From God

우크라이나 전쟁으로 밑천이 거의 드러난 러시아가 여전히 국제 사회에서 배포를 부릴 수 있는 것은, 그들이 핵무기를 보유하고 있기 때문이다. 상황이 그렇다 보니 휴전 국가인 대한민국으로서는 핵무기가 더욱 절실할 수밖에 없다. 현재 핵무기를 보유한 국가들은 핵무기 초기 개발에 성공한 일부 강대국과 냉전 시기에 국력이 강력했던 나라일 뿐이다. 하지만 핵무기에 대한 대응책이나 마련해야 하는 처지에 놓여있는 대한민국이 최근 핵보다 강력한 무기를 완성했다는 소식이 전해지면서 전 세계가 발칵 뒤집혔다. 심지어 그 무기는 바로 미국이 그토록 만들고 싶어 했지만 끝내 실패한, '신의 지팡이Rods From God; Kinetic strike'이다.

누리호 발사체의 큐브 위성을 발사한 것으로 괜한 호들갑을 떨지 않는가 하고 반문할 사람도 있겠지만, 대한민국은 신의 지팡이를 세계 최초로 개발하고 심지어 그것을 군사 무기로 발전시켜서 실전에 사용할 수 있을 정도로 고도화했다. 사실 신의 지팡이를 먼저 개발하겠다고 나선 것은 중국이었다. 중국이 계획한 신의 지팡이는 아무리 미국이라 하더라도 국가 존립에 위협을 느낄 만큼 강력한 무기이다. 신의 지팡이는 현존하는 세계 어떤 나라도 원점 타격이 불가능하고 강력한 미국의 미사일 방어 체계로도 요격할 수 없는 무기이기 때문이다.

러시아, 차르봄바°

신의 지팡이는 우주의 위성에서 전봇대만 한 텅스텐 막대를 떨어뜨린다는 신개념 무기이다. 그런 가공할 무기를 막아낼 방법을 연구해도 모자랄 판에 미국의 군사 전문가들이 중국의 발표에 코웃음을 치는 이유는, 신의 지팡이가 이미 미국에서 1950년대부터 개발을 시작했다가 결국 포기한 무기이기 때문이다. 거기에는 누구라도 납득할 수밖에 없는 이유가 있다. 신의 지팡이는 우주에서 아주 단단하고 무거운 물체를 떨어트려 목표 지점을 타격하는 원리를 이용한 상당히 간단한 무기라고 할 수 있다. 그것은 마치 골프장 근처에 주차된 자동차에 골프공이 떨어지면서 막대한 피해를 주는 것과 유사하다. 골프공은 지름 4.3cm 내외에 무게도 45g 정도밖에 되지 않지만 높은 곳에서 떨어진 골프공은 차량의 전면 유리를 깨뜨리고 심한 경우 자동차 철판을 찌그러뜨리기도 한다.

2003년 발표된 미 공군의 보고서에 따르면 만약 길이 약 6m, 지름 30cm에 약 10톤 정도 되는 텅스텐 막대를 우주 높이에서 떨어뜨리면 무려 마하 32의 속도로 낙하하게 된다. 목표물 타격 시에는 TNT 11.5K톤에 달하는 파괴력을 발생시

ㅇ 출처 ©Croquant, Hex

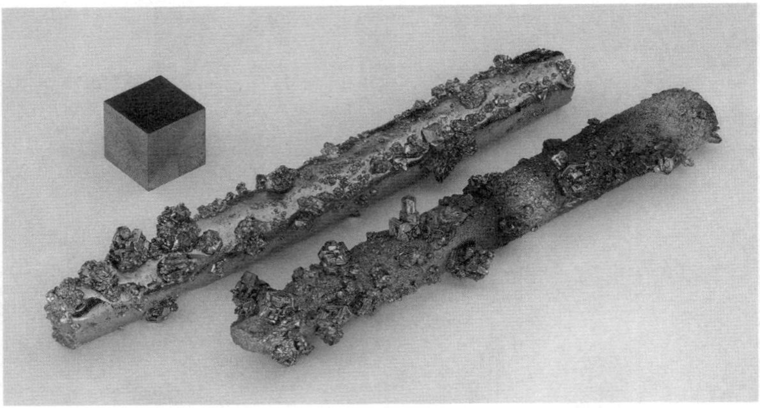

텅스텐 막대°

킬 수 있다. 어마어마한 위력으로 보이지만, 사실 그 정도의 파괴력은 전술핵폭탄급 정도이지 경악할 수준은 아니다. 현존하는 최강의 재래식 폭탄이라는 러시아의 ATBIP[1]만 봐도 무려 TNT 44톤이 넘는 파괴력을 갖추고 있으므로, 값싸고 운용하기 쉬운 재래식 폭탄 수백 개만 사용하면 신의 지팡이 정도의 위력이 나오기 때문이다.

하지만 신의 지팡이에는 감히 재래식 폭탄이 넘볼 수 없는 무시무시한 능력이 있다. 그것은 단 한 개의 텅스텐 막대만으로도 무려 지하 4,600m 지점까지 꿰뚫을 수 있는 관통력貫通力이다. 서울에서 가장 깊은 산성역이 고작 55.5m에 위치한다는 것을 감안하면 신의 지팡이의 관통력이 얼마나 대단한 수준인지를 알 수 있다. 그 정도 관통력은 핵탄두를 탑재한 벙커버스터 외에는 현존하는 어떤 재래식 폭탄과도 비교할 수 없는 것이다. 게다가 신의 지팡이는 핵무기와는 달리 낙진이

---

1 화력 증강형 항공 열압력폭탄(Aviation Thermobaric Bomb of Increased Power). 러시아가 개발한 항공 폭탄 형태의 열압력 폭탄으로, 현존하는 재래식 폭탄 중 가장 강한 TNT 44톤급 위력을 가지고 있음. 비공식적으로는 미국의 GBU-43/B 공중폭발 대형 폭탄(TNT 11톤급)보다 더 강력하다는 이유로, '공중폭발 대형 폭탄'의 줄임말인 'MOAB'을 다시 역두문자어로 풀이한 'Mother of all bombs(모든 폭탄의 어머니)'라는 별명에 대응하여 ATBIP는 'Father of all bombs(모든 폭탄의 아버지)', 곧 'FOAB'라는 별명으로 불림.

° 출처 ©Alchemist-hp

나 방사능 위험도 없으므로 더욱 매력적인 무기이다. 미국은 신의 지팡이를 포기하면서 핵무기의 위력을 낮추고 소형화하는 방향을 택했다. 2013년에는 미 공군 주도로 마하3 수준의 속도로 탄소 막대를 떨어뜨리는 실험까지 성공했지만, 결국 미국은 핵무기를 선택한 것이다.

Starship°

신의 지팡이는 그 위력만큼이나 많은 결점을 가진 무기이다. 우선 신의 지팡이를 구축하는 데에는 너무 큰 비용이 든다. 현대의 기술로도 1kg의 물체를 우주로 올려보내려면 약 2,600만 원이 필요하므로, 9톤에 달하는 텅스텐 막대 단 하나를 우주로 올려보내는 것만 해도 이미 2,340억 원 이상이 필요한 것이다. 신의 지팡이를 무기화하려면 텅스텐 막대를 무려 12개나 올려보내야 하는데, 그것만 해도 이미 천문학적인 비용이 필요하다는 것을 알 수 있다.

그 비용에는 텅스텐 막대를 우주로 보낼 우주선과 위성에 필요한 부대비용은 포함되지 않은 것이다. 심지어 텅스텐은 초고가의 금속이기 때문에 아무리 미국이라고 하더라도 단 하나의 무기에 그 정도로 큰 금액을 투자할 수는 없는 노릇이었다. 상황이 그렇다 보니 중국이 신의 지팡이를 개발하겠다고 선언했을 때 군사 전문가들이 코웃음을 칠 수 있었던 것이다.

° 출처 ©PHotel Pika

이처럼 우주 무기는 기술력이 있어도 막대한 비용 문제 때문에 개발이 불가능한 것으로 인식되었다. 미국이 포기하고 중국은 감히 시도조차 하지 못하는 신의 지팡이를 최근 대한민국이 개발해서 실전 테스트까지 성공한 것이다. 그러한 소식이 알려지자 전 세계의 이목이 대한민국에 집중되었다. 실전 테스트 당시 핵무기 이상의 파괴력을 보여주면서 극비리에 실전 테스트 정보를 입수한 대한민국의 적성국들을 공포에 떨게 만들었다. 오죽하면 북한은 이례적으로 '끝을 모르는 동족 대결 광기'라는 선전물을 발표하면서 위축된 모습을 보였다. 대한민국형 신의 지팡이는 자세한 스펙은커녕 그 이름조차 노출되는 것을 경계하고 있다. 하지만 통상적으로 군사 전문가들은 편의상 대한민국형 신의 지팡이를 '고위력 탄도미사일' 또는 '현무5'로 부르고 있다.

황당하게도 일본 네티즌들은 대한민국이 현무5에 대해 지나치게 비밀에 부치는 이유를 "한국은 현무5를 개발하지 못했으면서도 교묘히 국민을 선동하고 있을 뿐이다."라며 대한민국의 기술력을 깎아내리는 악의적인 비난을 일삼고 있다. 하지만 선동을 위해서라면 차라리 대대적인 홍보를 하는 것이 더 효과적인 것이므로, 그들의 그러한 비난은 전혀 근거가 없는 것이라고 할 수 있다. 게다가 현재 대한민국과 미국의 군사 관계자들에게 실제 현무5에 대한 정보가 조금씩 흘러나오고 있다.

오히려 대한민국이 현무5의 정보를 최대한 제한하는 이유는 그 위력이 막강하기 때문에 중국이나 러시아와 같은 적성국의 견제를 최대한 피하려는 목적이라고 봐야 한다. 정보의 파편을 종합해 볼 때 대한민국이 개발한 현무5는 우주에서 텅스텐 막대를 떨어뜨린다는 그런 허황된 무기가 아니다. 당장 북한의 위협에 맞서야 하는 대한민국 입장에서는 현실성 없는 무기를 개발하기에 시간과 예산이 부족한 것이 현실이다.

현재 북한은 주요 군사 시설 대부분을 지하 300m 이하에 있는 벙커에 숨겨둔 채 전 국토의 요새화라는 기치를 내걸고 무려 6,000개 이상의 국가 주요 시설을 단단한 화강암 지대에 건설함으로써 미사일 공격에 대비하고 있다. 게다가 북한의 포병 전력은 사격 후 동굴 같은 포진지로 숨어들어 대한민국의 대응 사격을 방어한다는 전술이 이미 유명하다. 이에 대한민국은 북한의 벙커와 방어 체계를 무력화할 기술이 필요한 상황이다.

현무5의 다른 이름이 '고위력 탄도미사일'이라는 것에도 알 수 있듯이, 현무5는 처음부터 북한의 지하 벙커를 무력화할 수단으로 개발되었다. 현무5의 비밀은 바로 탄두에 있다. 현재까지 알려진 정보에 따르면 현무5의 탄두는 6~9톤으로 세계 최고 수준의 탄두 중량이라고 할 수 있다. 이 탄두에 화약은 일부분일 뿐이고 대부분 중금속으로 채워져 있어서 일반적으로 생각하는 것보다 폭발력은 약하다. 그런데도 그 관통력이 신의 지팡이에 비견되는 수준이어서 애초부터 현무5를 대한민국형 신의 지팡이라고 부른 것이다.

결국 신의 지팡이에서 힌트를 얻어 고중량 탄두로 핵무기급의 관통력을 확보한 것이다. 실제로 현무5의 최고 속도는 무려 극초음속에 달하는 마하 10 이상이다. 그 정도 속도라면 서울에서 평양까지 날아가는데 고작 1분 남짓 걸리는 셈이어서 북한의 기술력으로 요격은 고사하고 제대로 확인조차 불가능한 수준이다. 게다가 사거리도 무려 500km에 달해 서울에서 중국의 해안 도시를 직접 타격할 수 있는 수준이다. 더 놀라운 것은 현무5 탄두 중량을 일반적인 미사일의 탄두 중량인 1톤 정도로 줄이면 중국 전역을 사거리 내에 둘 수 있을 정도로 사정거리가 늘어나게 된다.

이처럼 대한민국이 단시간에 전 세계가 괄목할 만한 성과를 낸 것은 그 집요한 근성 때문이라고 할 수 있다. 불과 십여 년 전 대한민국은 항공우주 분야의 후진국이라고 주변국들에게 괄시를 받았다. 하지만 지속적으로 독자적인 노하우를 쌓으면서 마침내 국산 발사체인 누리호를 성공시키는 데까지 발전했다. 대한민국은 비록 핵무기를 보유하지 않았지만 이미 자체 기술력만으로도 핵무기에 준하는 새로운 무기를 만들어냈다. 현무5가 실전에 배치되고 그 공개가 완료된다면, 주변의 적성국들도 더 이상 대한민국을 만만히 볼 수 없다는 것을 분명히 깨닫게 될 것이다. 앞으로 대한민국의 국방력이 어디까지 올라설 수 있을지 기대되는 시점이다.

13

전투기 개발 비화秘話

대한민국 자주국방의 염원을 담은 KF-21 보라매가 마침내 초도初度 비행을 성공적으로 마쳤다. 앞으로 KF-21은 4년간 무려 2,200여 회의 비행 테스트를 거치면서 고도, 속도, 기동 등의 비행 성능을 테스트할 예정이다. 비행 테스트가 모두 마무리되면 120대의 KF-21이 대한민국의 영공을 수호하게 된다. 마침내 대한민국의 방위 산업 영역이 하늘까지 확장된다는 측면에서의 큰 성취로 남을 비행이었다. 대한민국 개발진들은 이번 시험 비행을 통해 앞으로 예상되는 KF-21의 문제점을 파악하고 보다 완벽에 가까워질 수 있도록 연구 개발을 거듭할 계획이다.

제식 소총 한 자루조차 만들지 못했던 대한민국이 현대 과학 기술의 최정점이라 할 수 있는 제트 전투기를 만들어낸 이유는 오로지 개발진들의 끈기 덕분이다. 오죽하면 "대한민국의 전투기 독자 개발은 불가능한 꿈일 뿐이다."라고 말하던 록히드 마틴Lockheed Martin Corporation 기술자들이 마침내 우리가 KF-21 개발에 성공하자 '경이적'이라며 자신들의 발언을 사과할 정도이다. 그도 그럴 것이, 전 세계 195개 국가 중 전투기를 자체 생산할 수 있는 나라는 고작 7개국밖에 되지 않는 상황에서 대한민국이 당당히 8번째 제트전투기 독자 개발 국가로 그 이름을 올렸기 때문이다.

KF-21 초도비행°

세계 굴지의 언론들과 군사 전문가들도 대한민국과 KF-21이 이루어낸 성과에 대해 집중 보도와 분석을 쏟아내고 있지만, 아직 KF-21이 날아가야 할 행로는 더욱 험난하다고 할 수 있다. 아직 비행 테스트 외에도 KF-21을 극한까지 몰아붙이는 수많은 성능 테스트가 남아있기 때문이다. 실제로 KF-21 개발진들은 기체에 최고 150%의 하중을 가해보는 정적 구조 시험, 일반적인 전투기 비행 수명의 2배에 달하는 16,000시간 수준의 내구성 테스트, 지상에서 기체機體를 이리저리 뒤집어보는 연료 분사 성능 테스트 등 전투기가 처할 수 있는 온갖 상황에 대한 테스트를 진행하고 있다. 첫 독자 개발 전투기임에도 불구하고 대한민국 개발진들이 이러한 가혹한 성능 테스트를 하는 데에는 그만한 이유가 있다.

KF-21 개발 사업은 '단군 이래 최대의 방위 산업'이라는 별명까지 붙을 정도로 막대한 예산이 투입되었다. 대한민국은 2001년 전투기 독자 개발을 선언하고 2026년까지 KF-21 블록1 개발을 완료하는 데에만 무려 8조 1천억 원의 예산을 투입했다. 심지어 공대지空對地 능력을 확보하는 KF-21 블록2 사업에 추가로 7천억

° 출처 ©대한민국 방위사업청

원이 더 투입될 예정이어서 총 8조 8천억 원이라는 엄청난 비용이 들어가게 된다. 물론 KF-21이 앞으로 수십 년 동안 대한민국 영공을 수호할 전투기라는 사실을 생각해 보면 오히려 그 정도 투자는 당연한 것이다. 그 금액은 공군이 사용할 120대를 제외하고 180대 정도만 수출에 성공해도 충분히 회수할 수 있을 정도이다. 또한 KF-21이 완성되기도 전에 필리핀, UAE 등 다수의 국가에서 비밀리에 구매 대기 중이라는 소문도 있을 정도이다.

처음 KF-X 사업이 시작됐을 당시에 지금과는 사뭇 다른 반응이 줄을 이었다. 그 대표적인 반응은, 막대한 예산이 투입된다는 사실과 KF-21 보라매의 전투기 대당 가격만 보고 "그럴 거면 차라리 미국의 전투기를 사는 것이 훨씬 이득인데, 왜 공연히 국방비를 낭비하느냐"라는 불만이었다. 물론 실제로 다수의 국가가 자체 개발 전투기보다 미국이나 러시아, 중국 등에서 생산된 전투기를 자국의 주력 전투기로 사용하고 있는 현실을 감안할 때, 그들의 주장이 일리가 없는 것은 아니다. 게다가 대한민국은 한미동맹이라는 든든한 배경이 있으니 미국의 최신 전투기를 수입하여 사용하는 것도 그리 어렵지 않은 일이라고 생각할 수 있다. 하지만 이는 외국산 무기를 사용한다는 사실이 어떤 의미인지를 전혀 모르기 때문에 할 수 있는 주장이다.

첨단 기술의 집약체인 전투기를 수입해서 사용한다는 것은 서러움의 연속이라고 할 수 있다. 일례로 대한민국은 2019년 1대당 1천억 원이나 하는 F-35A를 40대나 구매했다. F-35A는 미국이 수출하는 전투기 중 가히 최강이라고 부를 정도로 뛰어난 성능을 갖추고 있으니, 성능 우위가 공군력의 절대적 격차를 만드는 현대전에서 F-35A 수입은 그야말로 역대급 성과라고 생각했다. 하지만 정작 F-35A 수입 계약 체결을 한 시점은 3월이었는데, 대한민국 공군에서 F-35A를 볼 수 있었던 것은 그로부터 1년이나 지난 후였다. 미국이 강력한 보안을 내세우며 최소 인원에게만 F-35A 공개를 허락했기 때문이었다.

게다가 핵심 부품에 이상이 생겨 수리라도 하려면 먼저 미국에 문의하고 수리

허락을 받은 뒤에야 F-35A의 정비를 시작할 수 있었다. F-35A가 최대 전력인 대한민국 입장에서는 답답할 수밖에 없는 일이었다. 더 억울한 것은 수리 관련 기술의 허락 여부가 미국에 있다 보니 수리비도 그들이 부르는 게 값인 상황이었다. 전투기 총 운용비 가운데 도입비는 고작 30% 정도에 불과하고 나머지 70%는 전투기 유지 보수 비용에서 발생했을 정도였으니, 사실상 말만 대한민국 전투기이지 미국의 전투기를 빌려 타는 수준이었다.

외국산 고등훈련기의 경우도 마찬가지였다. 고등훈련기도 말만 훈련기이지 충분히 경공격기로 개량이 가능하다는 게 그들의 주장이었다. 미국의 T-38 탈론이나 영국의 BAE 고등훈련기를 사용할 때도 한 번 수리하려면 6개월에서 1년은 걸리는 게 기본이었다. 오죽하면 애초에 수리 대비 여유 분량을 고려해서 10대를 더 구매할 정도였다. 상황이 그렇다 보니 KF-21의 개발은 필요가 아니라 필수가 되었다.

자체적으로 개발한 전투기가 있어야만 그에 따른 유지 보수 비용을 감축할 수 있고, 공군력을 언제나 만반의 상태로 준비해 두는 것이 가능하기 때문이었다. 특히 휴전 국가인 한반도에서 전투기의 가동률이 전체 국방력에 끼치는 영향력은 상당하다. 그래서 대한민국이 KF-21 개발에 선행한 것이 바로 T-50 골든 이글[1] Golden Eagle의 개발이었다. 대한민국이 개발한 T-50의 경우 핵심 부품에 고장이 생기더라도 길어야 이틀이면 수리가 끝날 정도였다. 물론 그러한 T-50이라고 해서 개발이 하루아침에 이루어진 것은 아니었다.

T-50은 당시 미군의 공군 운용 능력에 어느 정도 수준을 맞춰야만 록히드 마틴의 기술 협력이 가능했다. T-50은 말만 고등훈련기이지 F-5를 대체할 경공격기로의 개량을 기대하고 있었기 때문에 반드시 음속의 벽을 뚫어야만 했다. 하지만

1 대한민국 최초의 국내 개발 초음속 고등 훈련기로, '골든 이글'이라는 애칭은 검독수리에서 파생되었음. KT-1에 이어 국방과학연구소에 의해 입안된 두 번째 항공기 제작 프로젝트인 한국형 훈련기 사업 KTX-2 사업으로 개발되었으며, 록히드 마틴과 KAI의 공동 개발로 이뤄진 기체임. 기본 원형으로 록히드 마틴의 F-16이 많이 참고되었으며 엔진은 F/A-18에 사용되는 F404의 개량형이 탑재되었음.

KAI FA-50 “Fighting Eagle”°

당시 대한민국은 겨우 프로펠러를 사용하는 훈련기, KT-1 웅비 시험 비행을 진행하고 있을 정도로 항공 기술력이 낮았다. 막 걸음마를 시작한 아기가 100m 전력 질주를 하겠다며 출발선에 선 셈이었다. 누가 봐도 무모한 도전이었지만 대한민국의 입장에서 도전이 아니라면 다른 선택지가 없었다.

그 이유는 일본 때문이었다. 1990년대만 해도 대한민국을 앞서가던 일본은 이미 T-2 초음속 고등훈련기를 보유하고 있었다. 게다가 일본은 이미 대한민국의 T-50과 마찬가지로 T-2 고등훈련기를 F-1 전투기로 개량했다. 언제 우리를 침략할지 모르는 일본이 초음속超音速 전투기를 보유한 상황에서 대한민국이 T-50을 아음속亞音速으로 만든다는 것은 말이 되지 않는 일이었다. 그런 이유로 대한민국 개발진들은 초인적인 노력으로 T-50 개발에 성공했다.

T-50은 대한민국이 최초로 양산 결정에서부터 개발, 도입까지 성공한 초음속 기체지만, 안타깝게도 T-50의 핵심 부품 대부분은 록히드 마틴의 기술이 들어간 것이었다. 그런 이유로 일각에서는 T-50이 국산 기체가 아니라 미국산 훈련기라

° 출처 ©Republic of Korea Armed Forces

는 주장까지 있을 정도였다.

하지만 T-50은 엄연히 대한민국 기술에 록히드 마틴의 기술 협력이 더해져 탄생한 대한민국의 전투기이다. 대한민국이 T-50 생산에 대한 전적인 권한을 가지며 T-50의 개량 및 파생형 제작에 어떤 제한도 없다는 사실이 그 증거라고 할 수 있다. 실제로 록히드 마틴이 미군의 훈련을 목적으로 T-50을 생산할 때 대한민국에 면허 비용이 지급되었다. 그것은 세계 방산시장에서 비일비재한 일일뿐만 아니라 오히려 일본과 같은 전철을 밟지 않은 것이 다행이라고 할 수 있다.

과거 일본이 F-2 초음속 전투기를 미국과 함께 개발했음에도 미국은 자신들이 원하는 F-2의 모든 제작 기술을 일본에 넘겨주지 않았다. 일본은 돈은 돈대로 썼지만 기술력은 온전히 받지 못하고 말았는데, 그러한 사실이 언론에서 밝혀지자 당시 일본 정부는 F-2 개발과 관련하여 여론의 호된 뭇매를 맞고 말았다. 그에 반해 대한민국은 일본과는 전혀 반대되는 성과를 거두었다.

일본은 아직도 자신들이 세계 2위 경제 대국이라는 환상에 빠져서 F-2의 부품을 일본 독자 규격으로 만들고 말았다. 그렇다 보니 1대당 1,200억 원이라는 말도 안 되는 가격에 생산되었다. 부품 규격도 표준 규격이 아니다 보니 정비 능력 자체도 떨어질 수밖에 없어서 결국 단 1대도 수출하지 못하고 말았다. 심지어 F-2 전투기의 부품 제조 업체들이 경영난으로 줄줄이 도산해 버리는 바람에 전투기 제작 기술이 실전失傳되어버릴 정도였다. 결국 그 여파로 일본은 F-3 전투기 독자 개발을 완전히 포기해 버리고 다시 미국에 매달리게 된 것이다.

반면 대한민국은 T-50 개발에서 터득한 기술을 바탕으로 T-50 초음속 고등훈련기를 FA-50 경공격기로 개량하는 데 성공했다. 그 성능도 훌륭해서 세계에서 가장 많이 팔린 전투기 중 하나인 F-16에 거의 근접한 전투력을 발휘하였다. 현재 FA-50은 대한민국은 물론 필리핀과 이라크의 핵심 공군 전력으로 활약하고 있다. 게다가 폴란드에서 미국의 F-16 대신 대한민국의 FA-50을 도입하는 것이 거의 확실시되었다. 그런 상황만 보더라도 과거 미국에서 기술을 전수받던 대한민국이 미국의 뒤를 바짝 쫓을 수 있을 정도로 빠르게 성장한 것을 볼 수 있다.

그렇게 차근차근 전투기의 기술력을 발전시켜 오다 보니 대한민국의 KF-21에 전 세계의 이목이 쏠리는 것도 무리는 아니다. 폭발적인 기세로 성장하는 대한민국이 또 어떤 기술을 들고나와 전 세계를 놀라게 할지 기대된다. 실제로 KF-21은 4.5세대 전투기라고 표현되지만 사실상 5세대 전투기의 상징인 스텔스 전투기에 상당히 근접한 상태이다. 애초부터 스텔스기를 목적으로 설계된 KF-21은 현재도 레이더 탐지 면적이 상당히 작다. 대한민국은 앞으로 블록2에 공대지 성능을 확보하고 블록3에 스텔스 기능을 추가하면서 최종 완성형 전투기로 진화시킬 예정이다.

14

이탈리아의 군인과 대한민국의 군인

대한민국이 2차 세계대전에서 일본을 도와 전쟁에 참전했다는 황당한 주장이 일본 내에서 일고 있다. 그들이 말하는 전투에 대해서 한국 국민조차 모르고 있는 경우가 대부분이다. 하지만 그 전투는 우리가 광복절을 기념하는 것과 연관이 깊은 아주 중요한 것이었다. 그것은 바로 제2차 세계대전의 '임팔 전투(1944년 3월 8일~1944년 7월 3일)'인데, 임팔 전투는 대한민국이 국가 대 국가로서 일본과 추축국[1] 樞軸國, Axis powers에 선전포고하고 치른 첫 정식 전투였다. 즉 대한민국은 전 세계를 집어삼키려는 일본과 추축국에 대항하던 연합국의 당당한 일원이었다.

하지만 지금도 국내외를 막론하고 대부분 사람들이 그런 명백한 사실을 모르고 있다. 심지어 일본 내에서는 당시 대한민국이 일본의 동맹으로 제2차 세계대전에 참전했다고 알고 있다. 그렇게 잘못 알려진 이유는 지독했던 일본의 강제 징용 때문인데, 한마디로 제2차 세계대전에서 희생당한 조선인들은 일본이 일으킨 전쟁에 억지로 끌려간 것도 모자라 지금까지도 추축국의 병사였다는 끔찍한 오해

---

1 제2차 세계대전 당시 나치 독일, 이탈리아 왕국, 일본 제국을 중심으로 침략 전쟁을 일으킨 진영을 말함. 방공 협정과 삼국 동맹 조약을 통해 성립하였으며, 대표적인 세 국가를 따로 삼국 동맹이라고 부르기도 함. 기본적인 아이디어는 헝가리 왕국의 줄러 굄뵈시Gyula Gömbös 총리가 고안하였으며, '추축국'이라는 명칭은 베니토 무솔리니의 발언에서 유래함. 독일과 이탈리아의 상호 협정으로 두 나라의 수도인 베를린과 로마를 잇는 선이 국제 정치의 중심축이 된다는 각오가 담긴 이름.

를 받는 것이다.

임팔 전투에 참전한 광복군

추축국은 제2차 세계 대전 당시 나치 독일, 이탈리아 왕국, 일본 제국을 중심으로 침략 전쟁을 일으킨 진영을 뜻하며, 우리는 무력으로 대한민국을 강제 점령한 일본의 식민 지배를 인정하지 않았다. 그래서 상하이에 '대한민국 임시정부'를 설립하고 대한민국의 주권이 우리 국민에게 있음을 꾸준히 전 세계에 알렸다. 그리고 일본이 제2차 세계대전에 참전하자 공식적으로 일본에 선전포고를 단행하고 '대한민국 광복군'을 파병했다. 그리고 임팔 전투에 참전해서 심리전과 통신 감청 및 암호 해독으로 연합국 승리에 일조했다.

비록 나라를 빼앗긴 망명정부 입장이었지만 하나의 자주 국가로서 국제적 군사 활동을 전개한 것이었다. 하지만 이런 노력에도 불구하고 대한민국은 전승국의 지위를 인정받지 못했다. 일본의 제국주의와 제2차 세계대전으로 가장 많은 피해를 본 국가였음에도 영국 연방과 유럽이 대한민국 임시정부를 정부로 인정하지 않았기 때문이었다. 여러 정치적 이유로 연합국, 중립국, 적성국 중 어디에도 속하지 못한 특수 지위국이 되었으므로 일본의 식민 지배와 전쟁에 대한 어떠한 보상도 받을 수 없었던 것이다. 그로 인해 아직도 세계 많은 나라들이 과거의 대한민국이 일본에 대항에 싸웠다는 사실을 모르고 있다.

이탈리아는 대한민국과 정반대로 추축국의 일원임에도 종전 후 이득을 보았다. 이탈리아는 러시아를 제외한 유럽에서 프랑스, 독일과 비슷한 수준의 국방력을 갖춘 강대국이었다. 실제로 고대부터 근세까지만 해도 이탈리아군은 전 유럽에서 강력한 군대로 명성이 높았다. 하지만 근현대에 들어서 이탈리아군의 명성은 땅에 떨어지고 말게 되는데, 오죽하면 제2차 세계대전에서 나치 독일이 무너

이탈리아의 L3/33 탱켓°

진 이유가 이탈리아군 때문이라는 농담까지 있을 정도였다.

이탈리아군은 1940년 6월 영국과 프랑스에 선전포고하면서 제2차 세계대전에 참전했다. 그리고 9월에는 아프리카 대륙을 손에 넣기 위해 식민 지배 중이던 리비아에서 25만 대군을 꾸려 영국령 이집트를 침공했다. 사실 그것은 식은 죽 먹기나 다름없는 전쟁이었다. 당시 영국은 본토에서 일어난 나치 독일과의 전쟁에 정신이 없었고 영국의 식민지가 하도 넓다 보니 이집트에 주둔 중이던 영국군은 상당히 소수일 수밖에 없었다. 즉 이탈리아군이 기동력을 앞세워 빠른 속도로 진격하기만 한다면 아프리카 대륙 전체가 이탈리아의 손에 넘어갈 수도 있는 상황이었다. 이에 당황한 영국은 있는 대로 병력을 끌어모아 이탈리아군에 대항했지만, 기껏해야 이탈리아 침공군의 1/4에 불과한 6만 명 정도가 그들의 수적인 한계였다.

하지만 막상 영국군이 반격을 시작하자 아주 황당한 일이 벌어졌다. 영국군이 기관총을 한 번씩 당길 때마다 이탈리아군 수천 명이 항복하기 시작했다. 고작 이

° 출처 ©Bundesarchiv

틀 만에 무려 4만여 명이나 되는 이탈리아군이 영국군에 항복해 버렸다. 반면 영국군 사상자는 고작 500명이었다. 이후 자신감이 생긴 영국군은 아예 이탈리아군이 점령 중이던 리비아까지 공세를 이어갔다. 이탈리아군은 이집트로 침공한 단 한 번의 전진을 제외하고는 10주 연속 허무한 후퇴를 거듭하다가 이집트에서 정반대에 있는 리비아의 벵가지까지 쫓겨나고 말았다. 그야말로 배수의 진을 친 절체절명의 상황에서 이탈리아군 지휘부는 일생일대의 결정을 내렸다. 빈집이나 다름없는 북아프리카에서 이탈리아군 본진을 완전히 철수시켜 버리는 것이었다.

이탈리아의 졸전은 거기서 끝이 아니었다. 그들은 10주 동안의 후퇴 과정에서 전차 400대와 야포 1,300여 문을 잃었고, 장군 22명을 포함한 13만여 명의 병사가 영국군에 항복했다. 한마디로 이집트를 침공한 이탈리아군 절반 이상이 영국군의 포로가 되었다. 항복하는 이탈리아군의 수가 너무나 많다 보니 영국군 장교가 짜증을 내며 다음날 다시 오라고 소리를 질렀다는 일화가 전해질 정도였다.

도대체 이탈리아는 왜 그 정도로 형편없는 군대를 갖추고 전쟁을 시작한 것일까? 사실 놀랍게도 이탈리아군은 전쟁할 생각이 전혀 없었고, 군 수뇌부도 제2차 세계대전에 참전한다면 1942년은 되어야 그것이 가능하다고 판단했다. 하지만 이탈리아의 독재자였던 무솔리니는 히틀러가 제2차 세계대전을 시작하자 질투심에 눈이 멀어서 자신도 덩달아 전쟁을 시작해버렸다. 사실 이탈리아는 1911년에 시작한 리비아 침공부터 제1차 세계대전, 리비아 내전, 에티오피아 전쟁, 스페인 내전 개입, 제2차 세계대전까지 수십 년 동안 계속 전쟁을 치르고 있었다.

전쟁에는 막대한 돈과 여러 부수적인 지원 사항이 지속적으로 필요한데, 계속되어 온 전쟁으로 이탈리아는 전쟁 물자를 준비할 시간도, 예산도 없는 형편이었다. 이집트를 침공할 때도 말만 25만 대군이었지 그들의 전차는 제1차 세계대전 때 쓰던 경전차만도 못했고, 야포는 거의 전무하다시피 한 상황이었으며, 총기마저도 19세기에나 쓰던 고물이었다. 무엇보다 장교들의 지휘 실력이 너무나 형편없었다. 당시 이탈리아군 지휘부는 자신의 계급을 보전하기 위해 책임 회피에 바

영국 11 기병 연대°

뺀 정치군인이 대부분이었다.

실정이 그렇다 보니 전쟁을 치르는 방법에 관해서 관심조차 없었다. 전투가 시작되었는데도 군 상부에서 아무런 작전 계획이나 명령조차 없었던 것이다. 일선 지휘관이 알아서 지휘하라는 방임에 가까운 전략이 나왔고 이는 전투의 책임을 일선 지휘관에게 전가하기 위해서였다. 게다가 이탈리아군에는 제대로 된 전투 교리조차 없었기에 일선 지휘관의 사정 역시 마찬가지였다. 전면전이 벌어져도 제1차 세계대전 이전의 전투처럼 일렬로 서서 총을 쏘다 수류탄을 던지고 총검돌격을 하는 것이 전술의 전부인 경우가 허다했다.

당연히 협력 작전이나 화력지원 같은 당연한 전투 교리도 이탈리아군에게 고차원 전술이었다. 포병은 포만 쏠 줄 알았을 뿐 보병에게 화력을 지원해 준다는 생각은 할 수조차 없었다. 이러니 일반 병사들이 총 한번 쏴보지 않고 항복을 선언하는 것이 당연한 일이었다. 이탈리아군의 썩어빠진 군인정신이 그들을 오합지졸로 만든 것이었다.

° 출처 ©Imperial War Museums

그와는 정반대로 대한민국 국군은 군인정신 하나만으로 역사의 온갖 아수라장을 헤쳐 나왔다. 대한민국은 이탈리아와는 비교도 안 될 정도로 많은 전쟁 경험이 있는 국가인데, 제2차 세계대전부터 시작해 한국전쟁과 베트남 전쟁까지 오랜 기간의 전쟁에서 혁혁한 공을 세웠다. 베트남전 파병 당시 대한민국의 전사들은 미군마저 감탄할 정도로 엄청난 전과를 올렸던 일화로 유명하다. 심지어 베트콩 지휘부에서 한국군과 조우할 시 승리가 확실한 경우가 아니면 무조건 도주하라는 지령을 내릴 정도였다. 한국군이 연일 승전보를 이어가자 미군이 전투 교리를 배우기 위해 우리 파병 부대를 견학할 정도였다.

군사 전문가들은 대한민국 군인이 그러한 군인정신을 갖춘 이유가 우리의 가슴 아픈 역사 때문이라고 분석했다. 즉 대한민국의 국민인 우리가 손을 놓고 있으면 과거처럼 모든 것을 빼앗길 수 있다는 사실을 너무나도 잘 알고 있기 때문이다.

실제로 최근 세계가치관조사WVS에서 진행한 조사 중 "만약 전쟁이 난다면 당신은 조국을 위해 싸우겠는가"라는 질문에 대한민국은 응답자 중 67.5%가 "싸우겠다"라고 대답했지만, 일본은 그러한 응답이 고작 13.2%, 이탈리아는 37.4%에 그치고 말았다고 한다. 그러한 조사 결과는 대한민국의 국민은 조국을 지키는 주체가 국민일 수밖에 없다는 사실을 너무나 잘 알고 있다는 것을 세계적으로 알린 것이라고 할 수 있다. 결국 대한민국의 국민은 누구나 아직도, 외세의 침입으로 인한 과거의 아픔으로부터 조국의 소중함과 자주국방의 필요성을 절실하게 느끼고 있다.

15

공병工兵의 역할과 그 진화

전장戰場에서 적을 공격하는 주력부대가 있다면 그들의 원활한 작전 수행을 지원하는 부대가 있다. 그 가운데 전투의 승패를 가르는 역할을 하는 지원 부대가 바로 공병[1]부대이다. 흔히 우리는 공병 부대를 땅이나 파고 벽돌로 집이나 짓는 부대로 알고 있지만 그것은 평상시의 공병 부대이고, 전시나 임무에 투입된 공병 부대는 우리가 상상하지도 못하는 작전을 수행한다. 특히 국내에는 잘 알려지지 않았지만, 전 세계에서 둘째라면 서러워할 만한 군대가 바로 대한민국의 공병 부대이다.

대한민국 공병의 전설은 미국-아프가니스탄 전쟁[2](2001년 10월 7일~2021년 8월 30일)

---

1 '공병工兵'의 병과 자체 개념은 영어로 'Military Engineering'이며, 시설 공병은 'Engineer', 전투 공병은 'Combat Engineer' 혹은 'Sapper'임. 대한민국 육군 주특기번호는 161 ABC(전투 공병), 162 ABC(시설 공병), 163 ABC(공병 장비 운용). 토목공학은 공병에서 유래했기 때문에 공병의 영어명칭에서 'Military'를 'Civil'로 바꾼 'Civil Engineering'을 사용함. 대한민국 해군과 공군에선 '시설(Civil Engineer Corps)'이라는 명칭을 사용해왔지만 2019년에 육해공 모두 '공병'이라는 명칭으로 통일되었고, 영문 명칭만 계속 그대로 씀.

2 미국이 9.11 테러의 주범인 알 카에다와 오사마 빈 라덴을 지원하는 탈레반 정권을 축출하기 위해 아프가니스탄을 침공한 후, 다시 아프가니스탄을 탈환하려 한 탈레반으로부터 새로 구성된 아프가니스탄 정부를 지원-유지하려고 아프가니스탄 영토 내에서 벌인 전쟁. 21세기 최초의 전쟁이자 이변이 없는 한 미국 역사상 최장기 전쟁. 미국이 테러가 터지자마자 아프간에 외교 군사적 압박을 바로 넣은 걸 감안하면, 실질적 전쟁은 2001년 9월 11일부터 시작되어 2021년 9월 11일까지 정확히 20년 동안 계속되어 '한 세대의 전쟁(war of a generation)'이라는 명칭까지 얻게 됨. 참고로 베트남 전쟁에서 미국이 병력을 파견한 기간은 1965년 3월 8일부터 1973년 3월 29일까지 8년 44일이므로, 아프간 전쟁과는 비교할 수 없는 수준임. 영국-아프가니스탄 전쟁, 소련-아프가니스탄 전쟁에 이어 세 번째로 강대국의 아프가니스탄 침공이 실패로 끝난 전쟁이며, 미국이 이 무의미한 전쟁에 최소 2조 달러를 지출함으로써 미국의 초강대국 지위가 약화된 원인 중 하나이기도 함.

부터 시작되었다. 당시 아프간 재건을 위해 일손이 필요했던 미국의 공병 부대 파병 요청에 따라 대한민국 국방부는 건설 공병지원단 다산부대 병사 260명을 파병했다.[3] 사실 그때까지만 해도 미국은 대한민국 공병 부대에 큰 기대를 하지 않았고, 어느 정도 전투도 가능하면서 인부로도 쓸 수 있는 노동력으로서 인적 자원을 원했던 것이다. 하지만 막상 다산부대가 아프간 재건 사업에 투입되자 미국은 자신들이 아주 큰 착각을 했다는 사실을 깨닫게 되었다.

다산부대가 대한민국 특유의 근면함과 높은 기술 수준으로 아프간 재건 사업의 핵심으로 급부상했기 때문이다. 실제로 다산부대는 비행기 활주로 보수, 부대 방호시설 구축 등 민간 분야에서도 수행하기 어려운 고난도 건축 토목 공사를 거뜬히 수행해 내면서 급기야 아프간에 파병된 전 세계의 평화유지군 중 최고의 기술 수준을 보유한 부대로 손꼽힐 정도가 되었다. 심지어 현지인들 사이에서는 "대한민국은 우리에게 정말 필요한 일을 많이 하고 있어서 고맙다. 그들이 아프가니스탄에 더 오래 머물렀으면 좋겠다"라는 여론이 형성되어 전 세계가 감탄할 정도였다.

어느 나라든 자국에 타국 군대가 들어오는 것을 긍정적인 시선으로 보는 곳은 없으므로, 적은 인원으로 그러한 업적을 이루는 것은 사실상 불가능에 가까운 것이었다. 평화유지군의 목적이 민간인 보호였음에도 불구하고 대한민국의 다산부대는 그들의 압도적인 기술력과 애민정신으로 타국 군대에 대한 아프간 민간인들의 곱지 않은 시선 속에서 그들의 무한한 신뢰를 얻어낼 수 있었다.

그러나 아쉽게도 여전히 국내에서 공병은 '군 생활 내내 삽질과 작업만 하는 병과'라는 인식이 퍼져있는 것이 사실이다. 이는 후방에서 각종 시설이나 구조물

---

3 2001년 미국-아프가니스탄 전쟁 발발 후 미국은 아프가니스탄의 의료 및 토목 재건 지원을 위해 동맹국의 파병을 요청하였음. 이에 2002년 2월 대한민국 의료 지원 부대인 제924의료지원단 '동의부대'가 아프가니스탄 바그람 미 공군 기지에 파견되었으며, 1년 후인 2003년 2월 공병 부대인 제100건설공병대 '다산부대'가 추가로 파병되어 임무를 실시함. 임무 기간 중인 2007년 2월 27일, 바그람 공군기지에 탈레반이 가한 자살 폭탄 테러에서 다산부대 소속 통역병 윤장호 병장이 전사함.

현대 전투공병 장비°

을 건설하고 관리하는 시설 공병과 최전선에서 아군의 기동을 지원하고 적을 저지하는 전투 공병 간의 차이를 잘 모르기 때문에 발생하는 오해이다. 시설 공병도 물론 상당히 중요한 병과지만 전투 공병은 보유 여하로 전쟁 수행 가능 여부가 갈릴 정도로 중요한 병과라고 할 수 있다. 당장 지상군을 투입하더라도 전투 공병이 우선적으로 길을 닦아주지 않으면 전차든 장갑차든 진격 자체가 불가능하다.

특히 현대전으로 갈수록 시가전의 비율이 높아지면서 전장에서 전투 공병의 중요성은 더욱 높아지고 있다. 보병 위주의 시가전에서 아주 간단한 장애물에도 기동력이 상당히 떨어질 수밖에 없고 적에게 이동 경로를 파악당하기 쉽다. 바꾸어 말하자면 적이 원하는 방향으로 아군을 유도할 수도 있다는 의미이다. 만약 전투 공병이 있다면 손쉽게 장애물을 제거해 버리고 원하는 경로를 개척하면서 이동할 수 있다. 한마디로 전투 공병 덕분에 선택할 수 있는 전술의 폭이 무궁무진해지는 셈이다. 문제는 전투 공병이 장애물을 제거하는 동안 그들은 적의 공격에 고스란히 노출될 수밖에 없다는 것이다.

실례로 과거 러시아는 체첸 내전 등을 통해서 시가전에서 공병이 얼마나 중요한지를 일찌감치 깨달았다. 이를 해결하기 위해 돌격 공병을 부활시켰다. 러시아 돌격 공병은 2014년 우크라이나 돈바스 분쟁 지역에 본격 투입되면서 그 명성을 세계에 알리기 시작했다. 그들은 시가전에서 장애물 제거를 담당할 뿐 아니라 적의 완전 제압까지 그 목표로 두었다. 그들이 현대판 전신 갑옷을 입은 모습을 보

° 출처 ©Oleg Bor

면 중장갑을 입은 전투 로봇이 떠올릴 수 있다.

실제로 러시아 돌격 공병이 착용한 OVR-3SH는 전신 방탄 슈트로, 중요 장기를 보호하는 부분은 무려 7.62mm 철갑탄까지 방어해 낼 수 있었다. 다소 과장하자면 대한민국의 K-2 제식소총이 사용하는 5.56mm탄을 맞으면서도 전진할 수 있을 정도의 방호력이다. 심지어 페이스 실드와 관절부는 9mm탄까지 방호가 가능해서 소총으로 러시아 돌격 공병을 대적하려면 정확히 얼굴을 노리거나 무릎을 쏴서 저지하는 방법밖에 없는 셈이었다.

그러나 현재 우크라이나 전쟁의 상황을 보면 돌격 공병은 개인화기 위주의 소규모 전투에서는 압도적인 효과를 발휘하지만 대규모 전장에서는 그저 무겁고 둔중한 표적이 될 뿐이다. 게다가 엄폐하기 힘든 개활지나 지뢰밭이라면 더 위험할 수밖에 없다. 아무리 공병에 중장갑을 두른다고 해도 지뢰를 일일이 사람이 제거하다 보면 이동 속도도 느릴 뿐만 아니라 지뢰가 폭발이라도 한다면 공병의 생존을 보장할 수 없으므로 최근 여러 나라에서 공병의 중요성을 깨닫고 새로운 장비를 개발하고 있다.

대한민국도 흐름에 맞춰 첨단 무기 체계를 언론에 공개하고 있다. 최근 대한민국 공병은 K600 장애물 개척 전차 '코뿔소'의 자체 개발에 성공했다. 현재 전방부대에 이미 배치되었고 국방부는 2023년까지 전군에 실전 배치하는 것을 목표로 하고 있다. 사실 K600 코뿔소가 대한민국의 첫 지뢰 제거 전차는 아니다. 알고 보면 그 이전부터 미국의 M9ACE를 면허 생산한 KM9ACE를 사용하고 있었지만, 이 지뢰 제거 전차의 문제점이 너무나 많이 노출되었다.

장애물 개척 전차는 그 이름처럼 지뢰 제거는 물론 장애물까지 제거할 수 있어야 한다. 미국의 M9ACE를 면허 생산한 KM9ACE는 '불도저'라는 이름이 민망할 정도로 약한 출력 때문에 우리 공병이 애를 먹기 일쑤였다. 심지어 엔진이 뒤쪽에 있어서 산악지형이 많은 대한민국에서 등판 각도까지 상당히 제한적이었다. 오죽하면 병사들 사이에서 지뢰 방호 능력만 아니었으면 건설용 민간 불도저를

M9ACE°

쓰는 게 낫다는 의견까지 있을 정도였다.

게다가 방호 능력 역시 상당히 의심스럽다. 불도저는 강철 장갑을 추가 부착한 버전이지만 모체인 M9ACE는 경량화를 위해 알루미늄 합금으로 만들어진 바람에 걸프전 때 미군들조차 야전에서 강철판으로 개조해서 사용했을 정도였다. 요컨대 KM9ACE는 최전선에서 사용하기에 신뢰도가 너무나 떨어지는 전차였던 것이다.

반면 K600 코뿔소는 처음부터 대한민국의 K1A1 전차의 차체를 이용해 제작되었다. 대전차 지뢰가 폭발하더라도 차량과 승무원에게 영향이 없을 정도로 방호력을 올려서 순식간에 지뢰 지대에 폭 3.8m짜리 고속도로를 뚫어낼 수가 있다. 또한 K600 코뿔소는 생긴 것과 다르게 상당히 스마트한 전차이다. 자기 감응 지뢰 무능화 장비라는 전자 장비가 탑재되어 있어서 자기장을 이용해 지뢰를 원거리에서 무력화시킬 수도 있다. 또한 굴착 팔이 장착되어 있어서 지뢰는 물론 장애물 제거 작업까지 단 한 대로 소화 가능한 대한민국 지형에 최적인 만능 전차인

○ 출처 ©Cpl. Michael Dye

것이다.

방어 전략 위주인 대한민국 국군은 사실 전투 공병이 진격을 위한 개척보다는 방어를 위한 지연작전을 펼칠 경우가 더 많다. 만약의 경우 북한이나 중국이 전쟁을 일으키고 남하를 시작한다면 전투 공병은 그 즉시 출격하여 본진이 공격 준비를 완료할 시간을 벌어야 하기 때문이다.

실제로 우크라이나 전쟁 초기의 한 우크라이나 공병은 러시아 전차의 진격을 늦추기 위해 헤니체스크 다리에 폭발물을 설치했지만, 대피할 시간이 부족하다는 사실을 깨닫자 본대에 자폭을 선택하겠다고 알리고 러시아 전차와 함께 자폭하여 러시아군의 진격을 늦춘 적이 있다. 공병 한 명의 고결한 희생 덕분에 수만 명의 우크라이나군이 방어선을 재구축하고 반격할 시간을 벌 수 있었다. 그것은 분명 훌륭하고 존경해야 할 군인정신이지만 전시에 장병 한 사람마저 귀중한 생명이라는 것은 부인할 수 없는 사실이다.

대한민국은 더 안전하고 확실한 방법을 쓰기 위해 새롭고 놀라운 장비를 개발했는데, 그것이 바로 KM180 도로대화구道路大火口이다. KM180 도로대화구는 쉽게 설명해 땅에다 쏘는 로켓이다. 도로대화구를 설치하고 격발하면 땅을 향해 발사된 로켓이 1차 폭발로 구덩이를 만들고 로켓이 그 구덩이를 파고들어 더 큰 구덩이를 만드는 원리이다. 이에 폭발음이 두 번 들리는 걸로 정상 작동을 확인할 수 있다. 그렇게 큰 구멍을 내게 만듦으로서 기갑차량, 일반 군용차량의 이동을 제한할 수 있다.

KM180 도로대화구의 단점이라면 토질의 특성과 포장도로의 재질, 비나 눈으로 땅이 무르거나 얼어있는 등 여러 요인으로 인해 관통력이 다소 불규칙하다는 것을 들 수 있다. 그럼에도 평균 7m가량의 폭파구를 만들 수 있고 한 번에 3~5개를 동시에 운용하기 때문에 적 전차는 우회하거나 폭파구를 완전히 메워 버리지 않는 이상 진격을 계속할 수 없게 된다.

또한 대한민국은 지형지물을 활용한 방법도 이미 실전에서 사용하고 있는데, 대전차 방호벽이 바로 그것이다. 강원도나 경기 북부에 거주하는 사람들이라면 상당히 익숙한 구조물일 것이다. 대전차 방호벽은 유사시 전투 공병들이 폭발물을 이용해 상단부의 콘크리트를 도로에 떨어뜨림으로써 전차의 진격을 방해하는 장애물이 되도록 하는 것이다. 초대형 방호벽의 경우 아무리 전투 공병이나 K600 코뿔소를 투입하더라도 돌파에 상당한 시간이 걸리기 때문에 우회로를 개척할 수밖에 없게 된다.

이처럼 대한민국의 공병은 "시작과 끝은 우리가!"라는 그들의 구호처럼 전쟁을 수행하고 마무리하는 데 가장 필요한 병과로 자리 잡고 있다. 사실 이전까지 대한민국에서 공병의 대우는 그다지 좋지 못했다. 하지만 현대전에서 공병의 역할이 점차 부각됨에 따라 대한민국도 차차 공병을 육성하고 있다. 신뢰도가 한참 떨어지는 KM9ACE을 수십 년간 사용하다가 K600 코뿔소를 도입한 것이 그 시작이라고 할 수 있다. 이번 우크라이나 전쟁에서 볼 수 있듯 공병의 활약이 얼마나 대단한 것인지를 깨달았다면, 대한민국 공병이 그 실력에 합당한 전력을 보장받기 위해서 국민의 꾸준한 관심이 반드시 필요한 시점이다.

16

백병전白兵戰

대만, 타이페이°

대만을 중심으로 미국과 중국의 군사적 긴장감이 최고조에 달하고 있다. 최근 낸시 펠로시(Nancy Patricia Pelosi, 1940~) 미국 하원의장의 대만 방문을 빌미로 삼아 중국은 강력한 무력시위를 자행했을 뿐 아니라 남중국해에 항공모함을 출격시키고 미사일을 재배치하는 등 일촉즉발의 상황을 연출했다. 이처럼 미국과 중국의 관계가 악화 일로로 치닫자 돌연 세계 군사 전문가들이 대한민국을 주목했다.

일견 대만과는 전혀 상관없어 보이는 대한민국의 군사 동향이 뜬금없이 전 세계의 관심을 끌게 된 이유는, 만약 미국과 중국 사이에 전쟁이 발발한다면 대한민국의 선택이 캐스팅보트casting vote로 작용할 것이기 때문이다. 전문가들은 대한민국이 어느 나라의 손을 들어주느냐에 따라 미국과 중국의 팽팽한 세계 패권 쟁패의 향방이 결정될 것이라고 분석하고 있다.

○ 출처 ©毛貓大少爺

그처럼 대한민국의 중요성이 부각될 때마다 일각에서는 대한민국에 그만한 전쟁 수행 능력이 있는지에 대한 의문이 제기되었다. 특히 아직도 대한민국을 자신들보다 한 수 아래라고 생각하는 일본에서 그러한 여론이 지배적이라고 할 수 있다.

아직도 대한민국을 폄하하는 일본의 혐한嫌韓 보도는 대한민국 입장에서는 굉장히 자존심이 상하는 일이다. 현재 촉발된 신新냉전 체제의 승패는 아무도 장담할 수 없지만, 객관적으로 볼 때 현재의 대한민국은 민주주의 국가 진영에 속해 있기 때문에 당연히 미국의 손을 들어줘야 할 것이다. 하지만 한반도의 지형 특성상 한국은 현재 중립적인 자세를 유지하고 있는 것이 사실이다. 군사력의 능력치로 볼 때, 대한민국은 미국과 중국을 바짝 뒤쫓는 군사 강국이다.

타국의 개입 없이 중국과 전면전을 벌이는 상황을 가정해 본다면 대한민국의 승리를 장담할 수 없겠지만, 결코 중국도 무사하지 못하리라는 것은 당연한 사실일 것이다. 이를 알고 있는 중국은 대한민국이 미국과 반목할 수 없다는 것을 알기 때문에 이번 패권 전쟁에서 대한민국이 미국에 협조하지 않기만을 바라고 있다. 미국은 우방으로서의 대한민국이 중립적인 자세를 고수하지 않기를 바라고 있는 상황이다.

대한민국은 포병 전력에 한해서는 가히 미군과도 견줄 수 있을 정도로 세계적인 수준이며, 해군력과 공군력은 동북아 최정상 수준이다. 게다가 대한민국의 무기는 높은 신뢰도로 명성이 자자하며, 전쟁 수행 능력은 인구 및 영토에 대비해 볼 때 월등히 높은 수준이다. 따라서 일본이 현재 대한민국의 전쟁 수행 능력을 저평가한다는 것은 악의적인 비방이나 다름없다. 오죽하면 "한국군을 약하다고 평가하는 것은 한국인과 일본인뿐이다."라는 농담까지 있을 정도이다. 하지만 여전히 일각에서는 대한민국군의 군인정신을 들먹이며 전쟁 수행이 불가능할 것이라고 비난을 이어갔다. 심지어 2019년에 총검술 훈련이 폐지된 것을 이유로 대한민국 병사의 돌격 정신이 사라졌다는 어이없는 주장까지 하고 있다.

반자이 돌격 중 전사한 일본 제국 육군

사실 애초에 총검술, 즉 백병전은 절대 사용되어서는 안 되는 교전 방식이다. 백병전은 승리가 확실한 상황에서 탄약이 부족할 때 불가피하게 선택하는 최후의 수단이지, 실전에서는 사용하면 안 되는 전술이다. 전쟁 영화나 일부 자료를 통해 백병전을 자주 접한 일반 대중은 백병전을 자주 사용된 전투 방식으로 오해할 수 있겠지만, 실제 전쟁 상황에서 병력적 열세에도 불구하고 백병전을 시도한다는 것은 자살 돌격이나 다름이 없다고 할 수 있다.

제2차 세계대전 당시 미군과의 전투에서 일본군은 틈만 나면 총검 돌격을 감행했는데, 이것을 '반자이 돌격[1]Banzai attack/Banzai charge, 万歳突撃'이라고 불렀다. 하지만 일본의 그러한 돌격 전술은 미군에게 아무런 타격을 입히지 못하고 오히려 아까운 병력을 미군 신병의 사격 훈련용으로 소모시켰을 뿐이다. 일례로 사이판 전투에서 벌어진 반자이 돌격은 일본군 3,000명이 돌격을 감행했지만 미군의 사상자는 고작 500명이 전부였다. 일본의 전문가들은 당시 일본의 반자이 돌격이 실패한 원인이 군인들의 체격 차이 때문이라고 주장하고 있지만, 앞서 밝힌 사실들은 일본이 그렇게 좋아하는 백병전의 민낯이라고 할 수 있다.

중일 전쟁 초기에는 반자이 돌격이 꽤 성공적인 전과를 올리기도 했다. 백병전을 언급할 때마다 반자이 돌격과 함께 곧잘 언급되는 소련의 우라 돌격[2]은 나치 독일을 물리친 핵심 전술 중 하나였다고 알려져 있다. 하지만 그것은 일부 현상만 보고 전과戰果를 판단하는 어리석음을 범하는 일이다. 일본이 중일 전쟁에서 반자

---

1 제2차 세계 대전 당시 일본군이 즐겨 사용한 보병의 대규모 착검 돌격을 지칭하는 연합군 용어로, 총검이나 군도를 갖추고 돌격하여 백병전을 도모하는 것을 지칭하는 것.

2 '우라(Ура)'라는 말은 러시아어로 '야호!' 또는 '만세!'에 해당하는 감탄사로, 대중매체에서는 소련군 보장구병들이 일제히 "우라아!"라는 함성을 지르며 전면 돌격하는 행태로 표현됨.

이 돌격에 성공한 이유는 일본군이 백병전에 특출한 재능이 있어서가 아니라, 당시의 중국군은 민간인과 다름없는 오합지졸이라 어떤 군대라도 기습 공격만 했다면 성공할 수밖에 없는 상태였기 때문이었다.

중일 전쟁 시기 중국의 상황은 청나라 붕괴 후 무정부 상태나 다름없었고 군부의 75% 이상이 사실상 제대로 된 군사 훈련을 받아본 적이 없었다. 민간인과 다를 바 없는 중국의 군인들이 착검한 일본의 정규군과 백병전을 벌여서 이길 수 없었던 것은 당연한 일이었다. 즉 앞서 말한 대로 일본군의 백병전이 중일 전쟁에서 효과적이었던 이유는, 이미 일본군이 전투력에서 압도적인 우위를 선점하고 있었기 때문이었다. 다시 말해 일본은 힘없는 약자와의 대결에서 승리하고도 그것을 자신의 대단한 전과로 포장하면서 자신들의 군인정신으로 모든 것을 극복한 결과라는 구시대적 사고방식에 빠져 있는 것이다.

반면 소련의 우라 돌격은 반자이 돌격과 같은 자살 특공보다는 현대의 돌격 전술과 더 유사한 점이 많았다. 소련은 병사들을 돌격시키는 동시에 적진에 포탄과 전차탄을 쏟아부으며 화력 지원을 전개했다. 만약 보급이 끊겨 화력 지원이 불가능한 경우에는 병사들에게 수류탄이나 폭발물을 들려 보냈고 하다못해 화염병이라도 투척하도록 했다. 게다가 소련군은 무작정 착검 돌격만 한 것이 아니라 소총과 탄약을 지참하고 근접 사격과 백병전을 동시에 벌였다. 일본과 달리 소련은 칼보다 총이 강하다는 자명한 사실을 너무나 잘 알고 있었던 것이다. 실제로 백병전에서 승패를 결정하는 것은 체격도, 싸움 실력도 아닌 탄창에 남아있는 탄약의 양이다.

현대전에서의 백병전은 근접 전투 체계, 즉 CQB(Close Quarters Battle)로 변화했다. CQB는 그 명칭으로도 알 수 있듯, 25~30m의 지근 거리에서 적과 교전하는 전술 체계이다. 따라서 그것은 당연히 소총 사격술을 기반으로 한다. 거기에 소총과 권총의 전환 공격, 영거리零距離 상태에서의 맨몸 격투나 나이프 파이팅 등을 모두 담은 전술 체계라고 할 수 있다. 특히 현대전은 시가전이 주를 이루어 건물 내에서 적과 교전해야 하는 경우가 많기 때문에, CQB는 상당히 실전적이고 중요한 전술 체계라고 할 수 있다. CQB 방식 중 대중들에게 가장 많이 알려진 것이 바로 영화 '존 윅John Wick(2014)'에서 주인공 존 윅이 적을 사살하며 근접 전투를 벌인 것이라고 하겠다.

얼마 전까지 대한민국군은 CQB 능력이 다소 떨어졌던 것이 사실이다. 그동안 대한민국군의 전투 교리는 'PRIPreliminary Rifle Instruction'로 대표되는 원거리 사격술이 주를 이루고 있었다. 선진 군사강국에서는 이미 시가전을 상정해 기본적인 전술 교리부터 시작해서 장병들의 장구裝具까지 교체하는 추세였다. 그 때문에 국내에서도 대한민국군의 전술 교리를 바꿔야 한다고 지적하는 이들이 많았다.

다행스럽게도 그러한 문제점을 파악한 군 당국이 개혁을 추진하였다. 사실상 유명무실하던 총검술을 폐지하는 대신 현실에 맞는 CQB 훈련을 시작한 것이다. 단순히 고정된 표적을 두고 훈련을 하는 것에서 나아가 실제 근접 교전 상황을 연출하고 다양한 돌발 상황에 대처하는 입체적인 훈련이 진행되었다.

최근 육군 6사단은 8개 중대 450여 명의 병사를 동원해 도시 지역 작전 소부대 전투 경연 대회를 개최했다. 대회는 주어진 90분 동안 방어팀과 공격팀으로 나뉘어 실전을 방불케 할 정도의 치열한 CQB 훈련으로 진행되었다. 실제로 근접 전투 기술을 고도로 연마한 부대는 백병전의 절대 명제인 '압도적인 병력 차이'를 극복하는 모습을 보이기도 한다.

일례로 영국의 특수부대인 SASSpecial Air Service 1개 팀이 이라크 북부에서 ISIslamic State of Iraq and the Levant의 무장 세력 50여 명에게 포위된 사건이 있었다. 4~8명으로 이루어진 SAS 1개 팀이 지닌 무기는 탄약 10발이 전부였다. 그런데 교전의 승리는 예상외로 영국 특수부대에 돌아갔는데, CQB의 달인이나 다름없는 SAS 대원들은 네 시간의 전투 동안 IS 무장세력 32명을 사살하고 무려 8km 이상 떨어진 본진으로 걸어서 복귀했다. 심지어 SAS 대원 한 명은 주변의 돌을 이용해 IS 한 명을 처리하고 한 명을 물웅덩이에 익사시켰고, 한 SAS 대원은 탈레반과의 전투에서 권총 한 자루로 6명을 사살했다고 전한다.

탈레반 테러리스트 6명이 칠흑같이 어두운 동굴로 숨어들자 이 SAS 대원은 오로지 9mm 권총 한 자루만 소지한 채 테러리스트들의 뒤를 따랐다. 동굴은 너무나 어두웠기 때문에 의지할 수 있는 것이라곤 오로지 소리, 냄새, 촉각이 전부였다. 그런 극한의 환경 속에서도 영국 특수부대원은 세 명의 탈레반을 사살하고 권총이 격발 불량을 일으키자 근처의 장도리를 이용해 남은 세 명을 처리했다.

마치 인간 병기와도 같은 특수부대원이 갑작스러운 총기 불량에도 당황하지 않을 수 있던 이유는 CQB에 익숙하기 때문이었다. 특수부대는 대부분 소규모 교전과 암살, 척후 활동 등을 담당하기 때문에 근접 전투 체계에 익숙할 수밖에 없다. 물론 이는 어디까지나 특수부대라는 특이성과 정규군이 아닌 무장 세력이 상대였기 때문에 일어날 수 있었던 전과임은 감안해야 한다. 하지만 동시에 한정적인 공간에서 전투력이 비슷한 두 부대가 교전을 벌인다면 CQB에 익숙한 부대가 압도적인 우위를 선점한다는 것은 변함없는 사실이라고 할 수 있다.

과거 대한민국도 베트남전부터 백병전의 스페셜리스트로 미군의 존경을 받았을 만큼 용맹하고 뛰어난 전투력을 갖춘 군대로 유명했다. 일선의 베트콩 지휘관이 대한민국 부대를 만나면 교전을 피하라는 명령을 내렸을 정도로 적들은 대한민국 장병들을 두려워했다. 과거에도 그러했듯, 세월이 지나도 대한민국 국군의 전통과 우리 민족의 근성은 쉽게 변하지 않는 것이다.

17

황당한 무기의 현대적 실현實現

최근 세계 군사력 순위에 지각 변동이 일어나고 있다. 우크라이나 전쟁[1](2022년 2월 24일~)을 계기로 군사 대국으로만 알려졌던 러시아의 실체가 드러났기 때문이다. 이를 계기로 이제는 단순히 외적으로 보이는 규모만 놓고 한 나라의 군사력을 평가할 수는 없다는 것이 세계 군사 전문가들의 중론이 되고 있다. 즉 전쟁 수행 능력은 그 규모보다는 무기 체계의 내실과 질적 우위가 중요하다는 것이다. 그러한 분위기 속에서 군사력 평가가 수직 상승하는 나라가 바로 대한민국이다.

우크라이나 전쟁 발발 전까지만 해도 대한민국의 세계 군사력 순위는 6위였다. 대한민국은 2020년대에 들어 영국과 프랑스를 추월하면서 3년 연속 6위에 올랐지만, 이는 상당히 납득하기 어려운 평가였다. 그것은 5위에 일본, 4위에 인도가 각각 랭크되며 우리보다 높은 평가를 받았기 때문이다. 인도의 순위는 수긍할 수도 있겠지만 정식 군대도 없는 일본이 한국보다 군사력 순위에서 상위를 차지

---

1 2022년 2월 24일 러시아 대통령인 블라디미르 푸틴이 특별 군사작전 개시 명령을 선언하고 러시아가 우크라이나를 침략한 사건. 21세기 유럽 대륙에서 처음으로 발생한 대규모 전면전이지만, 러시아 정부는 이 전쟁이 공식적 전쟁이 아닌 특별 군사작전이라는 입장임. 추후 계엄령과 국가 총동원령을 통해 공식적인 전쟁으로 확대될 가능성이 있었던바, 결국 2022년 9월 21일 30만 명 규모의 부분 동원령을 선포했음. 이로 인해 우크라이나 난민 약 600만 명 발생, 러시아-우크라이나 관계 단교, 서방의 우크라이나 외교공관 임시 철수, 대 러시아 경제 제재, 전 세계 물가 폭등과 식량 위기 발생, 외국 기업들과 자본의 러시아 철수, 우크라이나 내 러시아어 사용자 감소, 러시아의 동남부 우크라이나 병합 등의 사태가 연쇄적으로 발생함.

82식 장갑차°

하고 있다는 사실은 대한민국으로서 자존심 상하는 일이었다. 군사 전문가들은 러시아군의 지리멸렬한 실체가 알려지자 실제로는 한국이 세계 3위권 수준의 군사력을 갖추고 있다는 분석을 내놓고 있다.

우선 일본의 경우를 볼 때, 그 군사력 순위는 국제 사회에서의 엔화 강세 때문이라고 추론할 수 있다. 다시 말해 현재 일본의 군사력보다는 국가 간 전쟁 발발 시의 전쟁 지속력 때문에 가산점을 받았다는 의미이다. 최근 수년 전부터 일본은 국방비 지출을 높이고 자위대[2]를 재무장하면서 대한민국을 근소한 차이로 앞서고 있다. 정작 내부의 무기 체계를 살펴보면 여러 가지 문제점을 발견할 수 있다. 자위대는 정식 군대가 아닌 준군사조직이라는 한계와 일본의 지나친 국산화 집착으로 인해 여러 가지 병폐가 드러나고 있다.

---

2 일본 방위성에서 운영하는 준군사조직. 방어를 위한 무력의 보유와 행사라는 제한적 기치 아래 미일안전보장조약에 따라 주둔하는 주일미군과 함께 일본의 국방을 담당하고 있음. 일본 제국이 제2차 세계 대전에서 패하면서 일본군이 해산되었는데, 당초 미국은 포츠담 선언의 기조에 따라 연합군 최고사령부(GHQ)의 지휘 아래 일본 열도에 비무장 평화주의 국가를 건설하려 했으나 2차 대전 종전에 따른 냉전의 시작으로 국제 상황이 바뀌게 되고 한국전쟁이 발발하자 파병 중이던 미국은 서둘러 샌프란시스코 강화조약과 미일안전보장조약을 체결하면서 일본의 국권을 회복시켰음. 1954년 경찰예비대와 해상경비대가 자위대법의 제정에 따라 통합되면서 자위대가 발족됨. 현재 일본 자위대는 GFP 기준 세계 5위의 전력을 보유한 군사 조직임.

○ 출처 ©Los688

그 대표적인 것이 82식 장갑차(정식 명칭: '82식 지휘통신차') 관련 문제이다. 장갑차의 경우 최전선의 보병 기동을 담당하는 만큼 가장 중요한 것은 험지 주파 능력이다. 일본의 82식 장갑차는 험지 주파 능력이 최하 수준이라고 할 수 있다. 82식 장갑차는 6륜형임에도 세 개의 차축이 너무 가깝게 붙어있기 때문에 험지 주행 시 주행 안정성이 상당히 떨어지고, 무엇보다 지상고가 다른 차량에 비해 불필요하게 높아서 전복이 일어날 가능성이 높다는 심각한 단점을 안고 있다.

게다가 충격을 제대로 분산시키지 못해 지형이 조금만 험해져도 탑승이 불가능할 정도이다. 심각하게 흔들려서 숙련된 대원이라고 할지라도 구토와 어지럼증을 호소한다. 차량에 에어컨이 설치되어 있지 않은 데다가 정비성까지 매우 나빠서 야전 정비가 불가능하다. 그 정도면 연구 개발을 통해 장갑차를 만든 게 아니라 다른 나라에서 만든 장갑차를 보고 겉모습만 비슷하게 따라 만든 수준이라고 해도 과언이 아니다.

하지만 일본 자위대는 이 모든 것을 정신력 하나로 버티는 것을 강요하고 있다. 이와 같이 일본의 무기 체계는 전반적으로 낮은 수준이다. 섬나라이기 때문에 해상 자위대의 능력은 강력한 편이지만, 상륙 작전이나 본토에서 적을 상대해야 하는 자위대의 능력은 이처럼 처참한 수준이다.

이러한 상황은 인도 역시 마찬가지다. 인도는 강력한 인적 자원과 다수의 무기 체계를 보유한 군사강국으로 알려져 있다. 그런데 일반인에게 알려진 것과 달리 인도는 러시아와 일본의 문제점을 모두 안고 있는 방산 비리의 끝판왕급 국가라고 할 수 있다. 영토가 크고 인구가 많은 만큼 군사 규모는 상당하지만, 그 때문에 고철이나 다름이 없는 무기를 아직도 현장에서 사용하는 경우가 대부분이다. 오죽하면 뉴욕 타임스에서도 "인도의 육군 장비 중 68%는 너무 낡아서 공식적으로 '빈티지vintage' 취급을 받고 있다."라며 일침을 날릴 정도이다. 영국 국제전략문제연구소(IISS : International Institution for Strategic studies)는 인도군은 규모만 클 뿐 유지 보수 능력이 낮고 예비 부품이 심각하게 부족한 상황이라고 지적했다.

아준 전차 MK 1°

세계 군사 전문가들의 공개된 추정치에 따르면 인도군의 전쟁 지속 가능 기간은 고작해야 열흘에 불과하다고 분석하였다. 만약 그 이상 경과하면 전선에서 사용할 탄약조차 부족한 열악한 상황이 인도의 군사 현실이라는 것이다. 게다가 무리한 국산화 고집으로 주력 무기 체계가 이미 경쟁력이 떨어진 상태이다. 대표적으로 전차의 대부분이 신뢰성 제로 수준의 아준 전차이고, 제식 소총은 조금만 날씨가 추워도 탄창이 갈라지는 INSASIndian National Small Arms System를 사용하고 있다. 즉 인도군은 가만히 둬도 알아서 자멸할 정도로 엉망인 상태의 군대로 알려져 있다.

반면 대한민국은 휴전 국가로서 전면전을 상정한 상황에서 모든 방산 무기를 개발하고 운영하는 국가이다. 현재까지도 북한은 상비 전력으로 보유한 전차만 해도 4천 3백여 대로 대한민국의 두 배 이상이고 야포는 8천 8백여 대, 다연장 로켓 5천 5백여 대로 양적으로 압도적 우위를 점하고 있다. 물론 대부분은 고철 수준인 구식 무기들이라 제대로 작동조차 안 될 가능성이 크기는 하지만, 구식 포나

° 출처 ©Hemantphoto79

구식 전차라 해도 포탄을 쏠 수 있는 포와 전차라는 사실은 변함이 없는 것이다. 이 때문에 대한민국은 만약의 경우를 대비해 항상 전시 태세에 만전을 기할 수밖에 없다. 즉 압도적인 질적 우위로 상비 전력의 수적 차이를 극복하겠다는 의미이다. 양적인 병력 차이를 극복하는 것이 불가능하다면 질적 우위가 사실상 유일한 해결책일 수밖에 없는 것이다.

물론 세계 전쟁 역사를 살펴보면 질적 우위에 지나치게 집착하다가 현실과 동떨어진 괴상한 무기가 탄생하기도 했다. 그래서 일반인들이 전혀 상상하지 못했던 세계의 황당한 무기에 대해 알아보기로 한다.

사실 '무기'라는 것은 그 탄생 자체가 상대에게 질적 우위를 선점하기 위한 것이었다. 일례로, 1km의 땅을 차지하기 위해 10만 명의 병사가 희생당했던 끔찍한 참호전에서 병사들의 안전을 보장하고 병력비와 상관없이 적의 방어선을 돌파하기 위해서 개발된 장비가 바로 전차이다. 제2차 세계대전에 이르러 전차는 지상전의 왕자로 군림하기 시작했고, 상대방보다 강력한 전차를 얼마나 많이 보유하느냐에 따라 지상전의 승패가 결정될 정도가 되었다.

특히 나치 독일은 전쟁이 길어질수록 병력이 부족해지자 질적 우위에 병적으로 집착하기 시작했다. 나치 독일은 압도적 기술력을 바탕으로 단 한 대만으로도 연합국의 모든 전차를 능가할 수 있는 강력한 전차를 개발하고자 했는데, 그 대표적인 것이 바로 8호 전차 마우스Panzerkampfwagen Maus였다. 마우스는 '전차를 잡는 전차'라는 탄생 목적에 맞게 주포부터가 엄청났다. 당대 최강의 화력을 자랑하던 128mm 대전차포를 탑재했기 때문이었다. 실제로 128mm 대전차포는 30도 경사 장갑을 기준으로 1km 거리에서 200mm 이상의 장갑을 관통할 수 있었고, 2km 거리에서도 148mm 장갑을 관통할 수 있었다.

동시대 미국의 주력 전차 M4 셔먼Medium Tank, M4 Sherman의 장갑 두께가 약 93mm였고 T-34전차의 장갑이 45mm에 불과했던 것을 생각해 볼 때, 이는 실로

8호 전차 마우스°

경이로운 수준의 파괴력이었다. 게다가 주포 못지않게 부무장조차 일반 주력 전차와 동급인 75mm 포를 탑재하고 있었는데, 그 방어력은 화력보다 더 엄청났다. 최대 280mm 두께였던 전면 장갑은 35도 경사로 실제는 350mm 장갑과 유사한 정도였고 가장 얇은 차체 측면과 후면 장갑도 무려 180mm에 달했다. 이는 동시대 어떤 전차로도 파괴가 불가능하다는 의미였다.

하지만 마우스는 시제품試製品 한 대를 생산한 것을 끝으로 나치 독일과 함께 역사의 뒤안길로 사라졌다. 강력한 주포와 압도적인 장갑으로 무장했음에도 불구하고 그 무게가 너무나 무거웠기 때문이었다. 초기 설계 과정에서 100톤 정도로 구상되었던 마우스는 시제품에서는 200톤까지 중량이 급증했다. 보병용 대전차 무기 정도는 맞으면서 버티겠다는 생각으로 만들어진 미국의 M1에이브람스M1 Abrams가 70톤 정도인 것과 비교해 봐도 무려 세 배 가까운 무게였다.

당시 유럽 전역에 마우스 전차가 건널 수 있는 교량은 거의 전무한 수준이었다. 그 기동력도 처참한 수준이었기 때문에 마우스를 철도로 옮기려고 해도 기차

° 출처 ©Kubinka Tank Museum

Zveno-1: Tupolev TB-1과 Tupolev I-4

가 찌그러졌고 멀쩡한 땅에서도 궤도가 땅속으로 가라앉기 일쑤였다. 게다가 기동력이 없는 만큼 연합국의 폭격이나 포병의 화력 지원에 속수무책이었다. 결국 이러한 문제 때문에 마우스는 단 한 번의 실전도 경험해 보지 못한 채 물적, 시간적 예산을 낭비하고 나치 독일의 패망을 앞당긴 비운의 전차가 되고 말았다.

이런 터무니없는 상상이 항상 실패로만 끝나는 것은 아니었다. 오히려 그것이 상당한 전과戰果를 올리게 된 경우도 있었다. 특히 소련의 공중항공모함은 현대까지 그 영향을 남기고 있다.

공중항공모함은 바다의 항공모함을 공중에서 활용하겠다는 일견 무모하게 보이는 발상에서 시작되었다. 항속 거리가 짧은 전투기를 거대한 대형 폭격기로 운반해서 적진의 제공망을 장악하고, 방어력이 약한 대형 폭격기를 탑재된 전투기로 보호하겠다는 나름대로 일리 있는 계획에서 비롯된 것이었다. 특히 소련의 즈베노 프로젝트Zveno project는 실전에서 꽤 큰 성과를 거두었다.

제2차 세계대전에서 루마니아에 출격한 즈베노 SPB는 단 한 대의 기체도 손실되지 않고 카를 1세 다리를 폭격으로 파괴했다. 그 과정에서 독일의 Bf-10 편대와 공중전을 벌였는데도 즈베노 SPB에 탑재된 공중항공모함이 승리를 거뒀을 정

Dynetics X-61A°

도였다. 물론 현대에 와서는 항공모함에 비해 압도적으로 적은 탑재기와 생존성 문제, 사실상 착함이 불가능하다는 등의 이유로 공중항모는 사장되고 말았다. 그러나 흥미롭게도 최근 들어 다시 공중항모의 개념이 주목받고 있다.

그 이유는 드론 덕분이다. 특히 미 국방부 산하기관인 DARPA방위고등연구계획국에 따르면 미국에서 이 연구가 거의 성공 단계인 것으로 알려졌다. 미국이 드론을 위해 공중항모의 개념을 다시 생각해 낸 것은 드론의 짧은 항속 거리를 보완하기 위해서였다. 미국이 개발 중인 공중드론항모는 특수하게 개조된 C-130 허큘리스에서 X-61 그렘린X-61 Gremlin을 사출射出하는 방식으로 운용되었다. 드론은 길이 4,2m, 날개 길이 3,5m, 직경 57cm, 무게는 65kg였다. 특이한 것은 토마 호크 순항 미사일에 장착된 윌리엄스 사의 소형 F107 터보 제트 엔진을 탑재했다는 것이다. 그래서 마하 0.6의 속도로 비행할 수 있지만 항속 거리가 고작 350km에 불과해서 최고 속도로 한 시간 남짓 비행하면 모든 연료를 소진하게 된다.

비록 미국 본토에서 타국으로 드론을 날리는 것이 불가능하지만, 드론모함을

○ 출처 ©DARPA

운용하면 이 드론들은 막강한 전략 자산으로 운용될 수 있다. 모함인 허큘리스는 항속 거리만 무려 3,800km로, 그렘린이 허큘리스를 타고 작전 지역까지 날아간 뒤 적의 상공에서 공격을 개시하면 짧은 항속거리는 사실상 무의미해지는 것이다. 게다가 유사시 그렘린으로 자폭 공격을 할 수 있으니, 공격력 면에서도 상당히 우수하다고 볼 수 있다.

이러한 배경으로 세계 항공기 시장이 변화되었다. 스텔스 전투기가 직관적으로 더 우수한 성능을 자랑하는 것이 사실이다. 한 대당 최소 천억 원 이상의 비용이 드는 스텔스기보다 드론을 활용한 대량의 벌 떼 공격을 통해 승부를 보는 것이 더 효율적이라는 분석 때문이다.

국제 정세에 발맞춰 대한민국도 최첨단의 드론 부대를 창설하고 독자적인 기술로 드론 자체 개발에 박차를 가하고 있다. 나아가 대한민국은 유무인 복합전투체계인 MUM-T를 이용해 KF-21이나 FA-50에서 드론을 이용한 차세대 전술 체계를 마련하고 있다. 이러한 드론 무기 체계는 대한민국이 미국의 뒤를 바짝 쫓을 정도로 고도화된 기술을 확보한 상황이다.

18

쓰이지 않는 무기

대한민국 해군의 우수성을 전 세계에 알린 2022년 림팩[1]RIMPAC : Rim Of The Pacific Exercise이 대단원의 막을 내렸다. 하지만 대한민국의 국제 훈련은 아직 끝나지 않았는데, 대한민국 해군의 퍼시픽 뱅가드Pacific Vanguard 훈련이 그것이다. 2019년부터 미국의 주관으로 시작된 퍼시픽 뱅가드 훈련은 대한민국, 미국, 호주, 캐나다, 일본이 참여하는 대규모 국제 훈련이다.

그 이름에서 알 수 있듯 태평양의 선봉장인 대한민국 해군의 공격 역량이 빛을 발하는 훈련이라고 할 수 있다. 괌에서 진행되는 이번 훈련은 대잠 작전[2], 자유 공방전, 해상 기동 군수 훈련 등으로 진행되며 상당히 격렬한 본격적 가상 해상전을 경험하게 되었다. 이는 갈수록 안하무인이 되어가는 중국의 해상 안보 위협에 대한 적절한 대비라고 볼 수 있다.

---

1 RIMPAC(Rim Of The Pacific Exercise, 환태평양 훈련)은 2년에 한 번 열리는 세계 최대의 국제 해군 훈련임. 미합중국 해군과 영국 해군이 주관으로 미국 해병대, 미국 해안경비대, 하와이 주 주방위군까지 참여하며, 미국 하와이 주 호놀룰루 시의 솔트 레이크 근처에 위치한 Camp H. M. Smith에 있는 미국 인도태평양사령부의 지휘하에 개최됨.

2 대잠수함전對潛水艦戰 또는 대잠전anti-submarine warfare, ASW은 해전의 하나로, 함선, 항공기, 인공위성이나 다른 잠수함을 활용해 적의 잠수함을 발견하여 파괴하는 전투임. 다른 해전과 같이 센서나 병기 기술의 진보, 훈련, 경험이 승패를 결정하는데, 음파 탐지기의 역할이 대잠수함전에서의 열쇠를 쥐고 있다고 할 수 있음. 잠수함의 파괴에는 항공기나 수상함, 수중의 플랫폼으로부터 발사되는 어뢰나 수뢰가 사용됨.

039형 잠수함°

최근 중국이 비밀리에 039C형 잠수함[3]을 진수했다는 사실이 밝혀지면서 전 세계가 발칵 뒤집혔다. 그 이유는 039C형 잠수함의 외형이 스웨덴의 스텔스 잠수함 A26과 상당히 유사하다는 사실이 드러나면서 중국을 적대시하는 나라에 비상이 걸린 것이다. 심지어 얼마 전 인도네시아와 대만 인근 해안에서 중국의 무인 잠수정이 그물망에 걸려 발견되었기 때문에 중국의 행보는 더욱 위협적으로 다가오고 있다.

그런 상황은 대한민국 역시 마찬가지이다. 중국이 타국에 대한 무력 행동을 자행할 때 대한민국은 어떤 스탠스를 취하느냐에 따라 세계 패권을 가를 수 있는 키맨 역할을 하기 때문이다. 이번 중국의 스텔스 잠수함은 대한민국에 더욱 위협적으로 다가올 수밖에 없기에 대한민국의 대잠對潛 능력 강화가 무엇보다 중요해졌다고 할 수 있다.

---

3 중화인민공화국 인민해방군 해군의 대표적인 디젤 잠수함이며 중국 최초의 AIP 잠수함임. 중화인민공화국이 독자 개발한 재래식 동력 잠수함으로, 나토 코드명은 쑹급Song Class 잠수함. 중화인민공화국은 구 소련제 로미오급 잠수함을 개량한 035형 잠수함(나토코드 : 밍급)의 경험을 바탕으로 우한 선박 연구소(701연구소)와 우한 조선소가 개발했으나 최초 선도함은 소음이 심하여 1척만 건조되었고, 이어 개량형인 039G형과 039A형을 개발함. 이들 3가지 종류의 039형은 1994년부터 2006년까지 총 13척이 건조되었음. 2006년 10월 26일, 쑹급 잠수함이 미국 해군 CV-63 USS 키티호크 항공모함을 어뢰로 공격할 수 있는 8km 거리까지 몰래 접근한 적이 있으나, 키티호크함을 호위하던 전함과 잠수함들은 이를 사전에 탐지하지 못했음.

° 출처 ©SteKrueBe

아무리 강력한 항모전단이라 할지라도 잠수함의 어뢰魚雷, Torpedo 공격에는 상당히 취약하다. 어뢰에 직격당했을 때 항공모함이든 초대형 전함이든, 혹은 최신예 이지스 시스템을 탑재한 구축함이든 생존을 보장하기 어렵다. 일반인들이 잘 모르는 사실 가운데 하나가 수중 탐지 기술이다. 잠수함이나 함선이 수중의 물체를 탐지할 때는 소나Sonar : Sound Navigation And Ranging를 사용한다.

보통 영화 등에서는 소나로 상대방의 움직임을 레이더로 보듯 자세하게 표현한다. 하지만 현실은 영화와 같지 않아서, 수중을 탐지한다는 것은 사람이 눈을 감은 채 손으로 앞을 더듬는 것과 같다. 즉 아무리 뛰어난 소나를 사용하더라도 적의 이상 유무를 쉽게 파악하기 어려워서, 일부 군사 전문가들이 우스갯소리로 어뢰를 '죽창竹槍'이라고 부르는 것이다. 아무리 첨단의 대응 체계를 갖춘 함선들이라 할지라도 적의 어뢰에 격침되는 것이 그 이유 때문이다.

대한민국은 적성국의 잠수함이 기동하면 그것을 탐지하고 무력화시킬 수 있는 능력을 갖추고 있다. 문제는 적 잠수함이 심해에 은폐하고 있다가 기습적으로 쏜 어뢰를 방어하기란 여간 까다로운 것이 아니었다. 그런 이유로 잠수함이 비대칭 전력[4]非對稱戰力, asymmetric power 자산으로 자리 잡았다. 어뢰는 함선이 물에 잠겨 있는 부분인 흘수선 아래를 타격하여 선체 바닥에 구멍을 뚫기 때문에 갑판과 같은 상부를 타격하는 것보다 함선이 격침되기가 쉽다. 심지어 배의 대들보라고 할 수 있는 용골 근처에서 어뢰가 폭발하면 강력한 압력이 발생하는 버블제트Bubble Jet 효과[5]로 인해 배가 두 동강이 나 버릴 수도 있다.

실제로 림팩 1999에서는 대한민국의 장보고급 잠수함인 이천함이 가상 어뢰 단 한 발로 미국의 순양함인 오클라호마시티를 두 동강 내 버린 적이 있다. 이천

---

4 보유함으로써 국가 간의 군사적 비대칭을 유발할 수 있는 전력 또는 보유량과 파괴력이 비례하는 다른 재래식 무기와 달리 소량으로도 효과적인 결과를 가져오는 전력을 말함. 적대적인 두 국가(가상 적국) 가운데 한쪽은 보유하고 다른 쪽은 보유하지 못한 전력, 정상적인 상황에선 극복할 수 없는 무력의 격차를 극복하기 위해 보유한 전력, 어떠한 경우에도 적국에 피해를 강요할 수 있는 전력, 전략적으로 사용되어 수량만으로는 각국 간의 전력 비교가 무의미한 무기 등으로 정의됨. 군사학자 리델 하트(Sir Basil Henry Liddell Hart, 1895~1970)는 비대칭 전력에 대해 '전력 비교가 허용되지 않는 절댓값의 무기'라고 언급함.

5 어뢰나 기뢰가 수중에서 폭발했을 때 발생하는 강력한 폭압으로 인해 물이 기화하는 것을 이용한 급속한 팽창-수축-재팽창 현상.

이천호와 선원들°

함의 배수량이 1,200톤에 불과한 데 비해 순양함 오클라호마시티의 배수량이 무려 12,000톤에 달한다는 걸 생각해 보면, 어뢰 한 발로 자그마치 10배가 넘는 체급 차이를 극복할 수 있었다는 말이 된다. 그래서 많은 국가들이 자본이 많이 필요한 항공모함이나 구축함을 만드느니 차라리 잠수함과 같은 어뢰 전력을 강화하는 것이 더 낫다는 판단하에 자본을 비대칭 전력에 쏟아부었다. 하지만 그것은 부유한 국가에서 가능한 것이고, 중소국들은 거대하고 강력한 포를 갖춘 구축함이나 순양함은 물론 잠수함을 만들 기술력이나 예산이 없으므로, '어뢰정魚雷艇, Torpedo boat'이라는 아주 간단한 방법으로 그 문제를 해결해 버렸다.

어뢰정은 이름 그대로 어뢰를 주 무장으로 탑재한 함선을 말한다. 사실 말이 좋아 함선이지 기껏해야 배수량 40~200톤급의 큰 보트나 다름없다. 대신 크기가 작은 만큼 속도는 시속 55~75km 내외로 대단히 빨랐지만, 무장으로 어뢰 1~2발에 중기관총 한 대를 탑재하는 경우가 대부분이었다. 전함이나 순양함이 느리고 둔중하지만 강력한 파워를 가진 거인이라면 어뢰정은 거인도 쓰러트릴 만큼 강력

° 출처 ©U.S. Navy

한 독침을 지닌 말벌이나 다름없었다. 대형 전함을 만들 수 없었던 약소국들 입장에서 어뢰정이 유일한 해법이나 마찬가지였다.

어뢰정이 최초로 등장했던 19세기 말은 '전투함'이라면 모름지기 덩치가 크고 그에 걸맞은 대구경의 포를 탑재한다는 것이 상식으로 여겨지던 시기라, 작고 빠른 어뢰정을 격침한다는 것은 현실적으로 쉬운 일은 아니었다. 프랑스는 분명한 군사 강국이라고 할 수 있는 나라지만 어뢰정의 강력한 지지국이었다. 19세기 말 프랑스는 프로이센과의 전쟁에서 패배하면서 군비가 감축되었고 더구나 해군은 전쟁에서 활약하지 못하면서 가장 많은 예산이 삭감되었다. 상황이 그렇다 보니 프랑스의 해상 안보는 영국과 독일, 스페인 같은 주변의 강대국들에게 심각할 정도로 위협을 받게 되었다. 결국 프랑스 해군이 적은 예산 범위 안에서 강대국의 전함이나 순양함에 맞서야 하는 상황에서 등장한 해법이 바로 어뢰정이었다.

전함이나 순양함 한 척을 건조하는 데에 기본적으로 수천억 원에서 수조 원이 필요하다는 것을 감안할 때, 같은 비용으로 어뢰정을 수백~수천 대까지 보유할 수 있다는 것은 일견 타당한 생각이었다. 적은 비용으로도 목표물에 어뢰만 잘 맞추면 전함이든 순양함이든 한 방에 침몰시킬 수 있으니, 그보다 가성비가 좋은 방법은 없다. 질보다 양을 선택한 것이다. 하지만 그럴듯한 계획과는 달리 어뢰정의 실전 성능은 그야말로 최악이었고 치명적인 문제들이 서서히 드러나기 시작했다.

어뢰정은 작은 크기 때문에 대양 항해가 사실상 불가능했다. 기껏해야 항구 근처의 연안에서만 활동이 가능했다. 먼바다로 출격하는 게 불가능한 것은 아니었지만 파도가 조금만 거칠어져도 침몰하기 일쑤였다. 반면 목표물인 전함이나 순양함은 거대한 함포를 이용한 포격으로 항구를 박살 냈다. 어뢰정이 도달하기 전에 그 자리를 이탈해 버리면 이후 어뢰정은 수리도, 보급도 받지 못한 채 속수무책으로 버려질 수밖에 없었다. 게다가 전함이나 순양함 같은 초대형 함선들이 호위함 없이 작전에 나서지 않았으므로, 어뢰정은 목표물에 도달하기도 전에 호위

재2차 세계대전 미 해군 PT-105

함 선에서 정리당할 수밖에 없었다.

호위함들은 어뢰정을 잡기 위해 속도를 시속 55km 이상으로 끌어올리면서 함포, 어뢰, 속사포 등을 탑재하기 시작했다. 이것이 바로 어뢰정을 구축驅逐하기 위한 함선인 구축함의 탄생 배경이다. '구축함驅逐艦'의 사전적 의미는 어뢰를 주요 무기로 하여 적의 주력함이나 잠수함을 공격해서 쫓아내는 군함을 뜻하였다. 그 때문에 어뢰정이 사라진 지금도 대공, 대잠 능력을 보유하고 어뢰를 탑재한 함선을 구축함이라고 부르는 것이다.

구축함이 등장하면서 어뢰정은 역사의 뒤안길로 사라졌다. 대양 항해를 위해 대함미사일이 등장하면서 과거의 어뢰정은 개량을 거듭하여 미사일 고속정으로 진화했다. 미사일 고속정은 현대전에도 사용될 만큼 효용성이 좋았지만, 대형 함선이 탑재한 헬기와 같은 공중 전력에는 무력함을 드러냈다. 게다가 대형 함선의 공중 전력을 파괴하려면 대공 미사일과 레이더를 탑재해야 했다. 이를 위해서 또다시 덩치를 키울 수밖에 없었다.

지속적으로 규모를 확장하다 보니 사실상 호위함이나 구축함과 어뢰정의 차

이점이 거의 사라져 버렸다. 애초에 어뢰정의 탄생 목적이 적은 예산 속에서 부족한 기술력을 극복하기 위함이었음을 생각해 보니 아이러니에 빠져버리고 말았다. 그 때문에 현재는 연안 방어를 위한 것이 아니라면 대부분의 국가에서 어뢰정을 퇴출하게 되었다. 하지만 아직도 병사들의 목숨을 경시하는 나라들은 어뢰정을 사용하고 있는데, 그 대표적인 나라가 바로 북한이다.

북한은 현재 약 200대의 어뢰정을 보유하는 것으로 파악된다. 그 어뢰정들은 대부분 구식 비유도 어뢰를 2발씩 탑재하고 있다. 무작정 대한민국의 함선을 향해 어뢰를 발사하고 나서 즉시 해당 해역을 이탈하는 전술을 구사한다. 그 과정에서 대한민국 해군의 방어 행동으로 자국 병사가 전사할 수 있다는 것에는 전혀 신경을 쓰지 않고 있다. 그러한 행동은 역사적으로 증명된 실패임에도 병사들의 생명을 담보로 한 방만을 노리는 상당히 무모한 전술이라고 할 수 있다. 하지만 확률이 아무리 낮아도 어뢰는 여전히 무서운 무기이다. 어뢰정뿐만이 아니라 북한의 구축함이나 잠수함은 언제든 어뢰를 발사할 수 있기 때문에 이러한 전력은 아직도 대한민국에 상당한 위협이 되고 있다.

어뢰의 위험성 때문에 그에 대한 방어법도 꾸준히 발전해 왔다. 우선 북한이 사용하는 비유도 어뢰의 경우 레이더로 탐지하고 그것을 회피하는 방식으로 방어가 가능하지만, 음향 유도 방식의 어뢰는 그러한 방식으로는 방어할 수가 없다. 목표 반경 내에 있는 가장 큰 소음을 향해 어뢰가 유도되기 때문이다. 그러한 유도 방식은 맨패즈[6]MANPADS(MAN-Portable Air Defense System)가 헬기의 열을 쫓아 타격하는 방식과 유사하다. 그렇기 때문에 음향 유도에 대한 방어 방법도 헬기의 플레어[7]Flare와 비슷하다. 어뢰를 탐지한 함선이 어뢰 기만기欺瞞機를 발사하면 기만기가 함선보다 큰 소음을 발생시켜 어뢰를 자신 쪽으로 유도하는 방식이다.

하지만 방패가 두꺼워지면 창도 더욱 날카로워지는 것처럼, 어뢰 기만기가 발

6 보병이 갖고 다니면서 쏠 수 있는 휴대용 대공 미사일 방공 체계
7 군용기, 함선, 군용차량에서 적외선 유도 미사일, 열 추적 미사일의 회피 대책으로 사용하는 기만체

전하자 어뢰의 유도 방식은 항적航跡 추적 방식으로 진화했다. 항적이란 함선이 항해 중에 발생시키는 미세한 기포나 물결을 의미하는데, 현대의 어뢰는 항적을 추적해 목표물을 타격한다. 항적 추적 방식의 어뢰는 아직 그 방어 체계가 구축되지 않았을 만큼 상당히 위협적이었다. 어뢰의 공격을 방어할 가장 좋은 방법은 적의 함선이 어뢰를 발사하기 전에 선제 타격해서 침몰시키는 방법밖에 없다.

물론 항적 추적 어뢰에 대한 대비책 연구는 계속되었다. 최근에 독일, 미국 등 군사 기술 선진국을 중심으로 어뢰 잡는 어뢰, 즉 대 어뢰 요격 어뢰의 실전 배치를 목전에 두고 있다. 그리고 기술력에서는 이미 세계 정상 수준인 대한민국 또한 2020년대 안으로 요격 어뢰의 실전 투입을 목표로 연구 개발을 진행하고 있다.

삼면이 바다로 둘러싸인 대한민국으로서는 강력한 구축함이나 잠수함도 분명 위력적인 전력이 될 것이다. 그와 함께 일격필살의 강력한 어뢰는 바다를 침입하는 무장 세력을 단번에 격침할 수 있는 강한 억지력抑止力 있는 무기로 자리 잡을 수 있다. 대한민국에서 앞으로도 그러한 무기들과 같은 강력하고 다양한 '죽창'이 지속적으로 개발되길 기대한다.

19

전투기 날개의 진화進化

그 단점을 쉽게 찾을 수 없어서인지, 최근 KF-21 보라매에 대한 어이없는 비난이 등장했다. 생산 유발 효과만 무려 21조 원에 달하는 KF-21은 그 존재만으로도 대한민국의 군사적, 경제적 지위를 한 단계 업그레이드시켰다. 대한민국이 잘되는 모습을 볼 수 없는 나라들은 어떻게든 KF-21의 가치를 깎아내리느라 바쁜 상황이다.

특히 일본은 KF-21의 외형에 대해서까지 딴지를 걸고 있는 상황이다. KF-21이 F-22[1]와 똑같이 생겼다며 대한민국이 미국의 기술을 훔쳐 표절 전투기를 만든 게 아니냐는 황당한 주장을 하고 있다. 참으로 일본다운 치졸한 주장이라고 할 수 있다. 그러한 주장은 제대로 된 군사 전문가라면 누구라도 비웃을 억지에 불과한 것이다.

F-22는 명실상부 현존하는 지구상 최강의 전투기이다. F-22의 압도적인 전투력을 증명하는 단적인 일화가 있다. F-22는 2006년 알래스카 공군기지에서 벌어

---

1 미국의 록히드 마틴과 보잉이 개발한 5세대 스텔스 전투기이자 공중우세기. 출시 이후부터 지금까지 세계 최강의 전술기로 평가받고 있으며, 모든 면에서 우수한 성능을 보유한 전술기임. 중국의 J-20은 성능과 스텔스성에서 의문 부호가 떨어지지 않고, 러시아의 Su-57은 실전 배치가 됐으나 극소량만 보유 중인 상황에서 2021년 기준으로 사실상 F-35과 함께 현역에서 활동하는 단 둘뿐인 스텔스 전투기이자, 전 세계를 통틀어 자타 공인 최강의 전투기로 인정받는 기종.

F-22°

진 모의 공중전에서 단 한 대만으로 무려 144대의 전투기를 격추하는 기염을 토한 바 있다. 심지어 그 훈련에서 F-22에 격추당한 전투기들은 현재도 미국이 주력 전투기로 사용하는 F-15, F-16, F-18이었다. 이 모의 공중전의 결과는 세계 어느 나라의 어떤 전투기라 하더라도 공중 전투에서 F-22를 격추하는 것이 불가능하다는 것을 말해준다. 즉 현세대 모든 전투기의 지향이 궁극적으로 F-22가 될 수밖에 없다는 의미로 해석할 수 있다.

KF-21이 F-22와 유사한 형태로 제작됐다는 말을 바꾸어 생각하면, 그만큼 대한민국의 항공 기술력이 미국에 버금갈 정도로 단기간에 성장했다는 증거라고 할 수 있다. 이미 지구상에서 가장 완벽에 가까운 전투기의 형태는 F-22라는 답이 나와 있는데도 군이 F-22의 외형과 의도적으로 다르게 전투기를 설계한다는 것은 아둔한 짓이라고 말할 수밖에 없는 일이다. 일각의 군사 전문가들은 심지어 군사 무기 분야에서도 동식물에서 일어나는 수렴진화[2] 收斂進化, convergent evolution가 일

---

2 본디 전혀 다른 종種이, 비슷한 환경에 적응하기 위해 진화하여 결과적으로 외형이나 생활사 등이 비슷하게 된 것을 일컫는 용어. 수렴진화로 인해 '다른 종이라도 같은 환경에 살면 비슷한 모습으로 진화할 수도 있다.'라는 결론을 이끌어냄.

○ 출처 ©Master Sgt. Andy Dunaway

Antonov AN-2

어난다고 주장한다. '효율'이라는 한 가지 목적을 위해 무기를 계속해서 개량하다 보면 각자의 장점을 따라갈 수밖에 없다. 그러다 보면 종국에 가서는 전부 유사한 형태가 된다는 의미이다.

특히 전투기의 날개를 보면 그런 주장이 상당히 신빙성 있게 느껴진다. 실제로 비행기의 발명 후에 각자도생하던 전투기의 날개는 오늘날에 와서는 대부분 비슷한 형태가 되고 있다. 구세대 전투기는 대부분 후퇴익이었는데, 일반적으로 비행기를 떠올릴 때 머릿속에 그려지는 화살표 모양의 날개가 바로 후퇴익이다. 현재 북한이 보유하고 있는 전투기 중 수적으로 주력을 차지하는 Mig-17, Mig-19 같은 전투기나 현대의 여객기의 날개가 바로 대표적인 후퇴익이라고 할 수 있다. 그렇게 비행기들이 굳이 날개를 뒤로 꺾어 붙인 이유는 속도와 관련이 있다.

후퇴익이 등장하기 전 비행기의 날개는 대부분 직선 형태의 직선익이었다. 직선익은 하늘에 비행기를 띄우는 힘인 양력揚力이 후퇴익보다 훨씬 많이 발생한다. 그 덕분에 활주로가 비교적 짧아도 괜찮았고, 비행이 굉장히 안정적이며 조종이 수월하다는 장점을 가지고 있었다. 하지만 이는 어디까지나 비행기가 저속으로

MiG-1°

비행할 때의 일이다. 비행기는 속력이 빨라질수록 날개에 많은 공기 저항이 걸려서 직선익은 그 저항을 수직으로 뚫고 날아가야 하므로 고속이 될수록 날개가 심하게 흔들리고 심지어는 부러질 수도 있었다.

만약 경비행기나 여객기라면 날개가 파손되기 전에 속력을 떨어뜨리면 그만이지만, 일분일초에 생사가 갈리는 전장에서 전투기가 속도를 떨어뜨릴 수 없는 노릇이었다. 만약 직선익으로 고속 비행을 하려면 날개를 공기 저항에 견딜 수 있을 만큼 얇고 튼튼하게 만들어야 했다. 하지만 이론적으로나 가능한 것이었고 그런 소재를 찾는다는 것은 현실적으로 불가능했다. 현대의 항공기 제조 기술로는 공기 저항을 이길 수 있을 만큼 얇고 튼튼한 직선익을 만들 수 없다는 것을 알게 되자 그것을 보완하며 등장한 것이 후퇴익이었다.

후방을 향해 25~30도 정도 꺾여있는 후퇴익은 그 특유의 형태 때문에 고속 이동 중에도 공기 저항을 날개의 각도에 따라 흘려보낼 수 있다. 그 원리를 보다 쉽게 이해하려면 칼날을 생각하면 되는데, 일반적인 칼날은 쐐기 모양으로 생겼다.

° 출처 ©wallycacsabre

칼날은 가장 날카로운 부분에 힘을 집중해서 틈을 만들고 쐐기 각도에 따라 점점 틈을 벌리며 물체를 잘라낸다.

후퇴익 또한 마치 칼날이 물체를 자르는 것처럼 공기 저항을 가르며 비행한다. 그렇기에 수직으로 공기 저항에 부딪히는 직선익보다 훨씬 빠른 속도로 비행할 수 있다. 또한 후퇴익의 후퇴 각도가 클수록 날개에 수직으로 부딪히는 공기 저항이 감소하기 때문에 전투기가 음속을 돌파하기 쉬워진다. 사실 후퇴익이 발명되었기 때문에 전투기의 초음속 비행이 가능해졌다고 해도 과언이 아니다.

현대에 북한이나 사용할 법한 구세대 전투기가 아니라면 후퇴익 전투기를 보기 어려운 이유는, 후퇴익에는 아주 치명적인 단점이 있기 때문이다. 후퇴익이 공기를 가르며 비행할 때 갈라진 공기는 날개를 타고 흐르게 된다. 그 흐름은 날개 뿌리 부분에서 발생한 와류渦流와 합쳐지고 날개 끝에 이르러서는 양력의 발생을 방해한다. 그러한 현상은 특히 후퇴익 전투기가 저속으로 비행할 때 더욱 심해진다. 만약 전투기에서 그런 상황이 발생하면 동체가 좌우로 크게 요동치며 심할 경우 추락할 수도 있다. 하지만 전투기라는 특성상 저속에서 안정성을 챙기는 것보다 고속에서 비행하는 것이 훨씬 중요할 수밖에 없다. 결국 현대의 전투기는 저속 안정성을 포기하고 최대 속도를 극한까지 끌어 올리는 델타익을 선택한다.

KF-21의 경쟁 기종인 라팔이나 유로파이터 같은 유럽 전투기들은 델타익의 정석을 보여준다. 델타익은 마하2에 육박하는 속도를 내기 위해 날개 각도를 무려 60도에 가깝게 후퇴시키고 고속에서 날개가 파손되는 것을 막기 위해 날개와 동체를 연결해버렸다. 그 결과 우리가 종이비행기를 접었을 때와 비슷한 모양의 전투기가 탄생하게 된 것이다.

게다가 앞서 후퇴익의 단점 중 하나였던 와류 현상도 델타익에는 오히려 이점으로 작용하게 되었다. 날개가 동체와 연결되면서 표면적이 넓어졌다. 그에 따라 날개 앞부분에 와류가 생겨도 오히려 흡입 효과를 일으켜 양력이 추가로 발생하

KF-21 기본설계 최종형상°

게 되었다. 그 덕분에 델타익은 후퇴익보다 훨씬 높은 기동성을 확보하였다. 영화 '탑 건Top Gun(1986)'에 등장하는 화려한 기동 역시 델타익이기 때문에 가능한 것이다.

하지만 그런 델타익도 결국 후퇴익의 연장이라고 할 수 있어서 저속에서의 안전성은 상당히 떨어졌다. 특히 이착륙 시에는 전투기의 머리를 높이 쳐들고 양력을 최대로 발생시켜야 무사히 착륙할 수 있다. 이에 따라 델타익은 직선익에 비해 활주로가 상당히 길어야 해서 완성도가 처참한 인도의 테자스 같은 델타익 전투기는 이착륙 과정에서 사고가 빈번하게 발생했던 것이다.

자동차가 오르막길을 넘어갈 때 전방 주시가 불가능하다는 걸 생각해 보면, 전투기의 머리가 들린다는 것이 얼마나 위험한 일인지 알 수 있다. 그러한 현상을 방지하기 위해 날개를 추가로 부착할 정도였다. 그것이 델타익에 부족한 양력을 추가로 발생시켜주는 역할을 하는 카나드Canard이다. 대표적으로 중국의 J-20이 주익만으로는 안전성을 확보하지 못했기 때문에 카나드를 추가로 부착한 전투기이다. 하지만 카나드는 현대 전투기의 핵심이라고 할 수 있는 스텔스 성능에 악영향을 끼치기 때문에, F-22나 KF-21 같은 최상위급 전투기들은 다이아몬드형 델타익을 사용하고 있다.

다이아몬드형 델타익은 날개의 후퇴 각을 45도 내외로 제한하고 날개 뒷부분에 전진각을 주어 델타익 치고도 넓은 표면적을 확보했다. 일례로 F-22의 날개는 전면의 후퇴각이 48도이고 후면의 전진각은 17도로 이루어진 덕분에 일반적인 삼각형 델타익보다 훨씬 많은 양력을 발생시켰다. 하지만 그런 다이아몬드형 델

° 출처 ©방위사업청

타익은 날개의 후퇴 각도가 커진 만큼 공기 저항도 커질 수밖에 없었다. 이에 강력한 힘의 엔진과 미세 제어가 가능한 전자장비 탑재로 해결해야 했다. 사실 유럽의 초음속 전투기들이 대부분 삼각형 델타익인 이유는, 엔진의 힘이 비교적 약하기 때문에 구조적으로 효율을 최대한 끌어올리기 위해서였다. 하지만 강력한 엔진이 있다면 굳이 안전성을 포기하고 날개를 극한으로 꺾을 필요가 없는 것이다.

반면 후퇴익과 델타익의 단점에서 역발상을 끌어내면서 그것을 극복한 날개가 바로 전진익이다. 전진익은 마치 날개를 거꾸로 붙이기라도 한 것처럼 굉장히 특이한 모양이다. 실제로 전진익은 후퇴익과 정반대로 공기의 흐름을 동체의 중심을 향해 흐르게 하기 때문에 후퇴익에서 발생하던 날개 끝 실속失速이 사라지고 다른 어떤 날개 형태보다 높은 기동력을 발휘할 수 있었다.

러시아의 대표적인 전진익기로 Su-47이 있다. Su-47은 태생부터가 미국의 F-22를 견제하기 위해 설계된 전투기다 보니 델타익의 효율이 아무리 높아도 그 정반대의 개념인 전진익을 채택할 수밖에 없었다. 게다가 전진익은 후퇴익이나 델타익보다 기동력이 더욱 뛰어나기 때문에 근거리 도그파이트Dogfight에서 압도적으로 유리했다.

하지만 전진익에는 치명적인 단점이 있다. 날개의 내구성을 장담하기가 어렵다는 것이었다. 후퇴익과 반대로 전진익은 공기가 흐르면서 날개가 바깥쪽에서 안쪽으로 접히는 힘을 받게 된다. 그로 인해 전진익은 날개가 휘거나 날개 뿌리가 부러져 버릴 위험성이 상당히 크다. 현대의 공중전은 스텔스가 있기 때문에 굳이 위험을 무릅쓰고 근거리 전투를 벌일 필요가 없지만, 전진익 전투기는 구조적 특성상 스텔스 기능을 탑재할 수 없었다. 적이 쏘아낸 레이더파를 수신기가 아닌 다른 방향으로 반사 시키는 것이 스텔스의 기본 원리이다. 전진익은 그와 반대 형상이기 때문에 오히려 레이더에 아주 잘 잡히는 기체가 된 것이다.

KF-21의 정면 모습을 보면 확실하게 알 수 있듯이 스텔스 설계는 동체와 날개, 꼬리 날개가 모두 같은 각도로 유지되어야만 한다. 그런 구조적 형태가 KF-21이

MAKS 에어쇼 Su-47°

블록1에서부터 기본적인 스텔스 성능을 발휘할 수 있는 이유이다. 그와 반대로 전진익기는 날개가 전방을 향해 꺾여있기 때문에 스텔스가 구조적으로 불가능했다. 실제로 Su-47은 F-22를 잡기 위해 만들어졌음에도 스텔스 성능이 전무했고 날개의 내구성 문제를 극복하는 것이 불가능했다. 이에 러시아마저 시제기로 단 한 대의 Su-47을 만들었을 뿐 양산에는 전진익을 적용하지 못했다.

이처럼 현대의 전투기는 역할에 따라 다양한 형태의 날개를 갖추고 있었지만, 궁극적으로는 다이아몬드형 델타익으로 귀결되고 있다. 만약 의도적으로 그러한 형태에서 벗어나기 위해 무리한 시도를 한다면 러시아의 Su-47처럼 개념은 뛰어나도 현실에는 적용할 수 없는 망작亡作이 탄생할 수밖에 없게 된다.

물론 무수한 시행착오를 거치다 보면 기존의 무기 체계를 뛰어넘는 전혀 새로운 개념을 성공시킬 가능성이 전혀 없지는 않겠다. 대한민국의 현 상황을 고려해 본다면 그것은 도박이라고 말할 수밖에 없다. 대한민국이 지구 최강의 전투기인 F-22를 변용했다는 것은, 그만큼 우리의 항공 기술이 발전했다는 증거라고 할 수

° 출처 ©Leonid Faerberg

있다. 그러한 기본적인 사실조차 모르는 일본의 주장은 자신들이 무지를 세계적으로 드러낸 것이라 하겠다.

20

항공모함 캐터펄트aircraft catapult

최근 대한민국 해상 안보에 상당히 치명적인 분석이 공개되어 국민들을 충격에 빠뜨렸다. 미국의 싱크탱크인 전략예산평가센터Center for Strategic and Budgetary Assessments가 분석한 중국 미래 국방력 보고서에 따르면, 2031년까지 중국 해군은 총 5척의 항공모함을 보유하게 될 것이라고 한다. 중국의 항공모함 보유는 다른 어떤 나라보다 대한민국에 큰 위협이 되는 것이 사실이다.

대한민국은 중국과 서해를 기준으로 180km라는 짧은 거리를 맞대고 있어서, 항시 중국의 침략을 경계해야 하는 처지에 놓여있다. 물론 대한민국 역시 구축함 12대와 대형수송함 2대를 필두로 한 강력한 해상 전력을 보유하고 있지만, 해전에 있어 전투함의 체급 차이는 극복하기 어려운 격차라고 할 수 있다. 하지만 거기에 함선의 최대 천적인 전투기까지 더해진다면 방어가 더욱 어려워진다.

다행히도 알려진 위상과는 다르게 중국의 항공모함의 실제 전투 수행 능력은 한참 떨어진다는 군사 전문가들의 분석이 많다. 그 단적인 사례가 얼마 전 중국이 대만 포위 훈련에 동원한 65,000톤급 항공모함 랴오닝함과 70,000톤급 항공모함 산둥함이 연합 공격을 펼치더라도 미국의 100,000톤급 항공모함 로널드 레이건함의 단독 전투력에는 미치지 못한다는 것이다.

동중국해 001형 "랴오닝" 항공모함°

랴오닝함은 2012년에 진수進水되었지만 원본은 구舊 소련[1]이 만들다가 만 구식 항공모함이다. 당시 중국은 항공모함 건조 기술을 보유하지 못했기 때문에 이를 해결하기 위해 다른 나라의 항공모함을 들여오기로 결정했다. 그 과정에서 찾은 것이 하필이면 붕괴된 소련의 것이었다.

1988년 중국은 쿠즈네초프급 항공모함의 2번 함을 사기로 결정했다. 하지만 덜컥 3년 뒤 소련이 붕괴하면서 68% 정도 완성된 이 항공모함은 우크라이나로 넘어갔고 1998년이 되어서야 홍콩의 한 작은 회사가 카지노로 개조하겠다며 고작 266억 원에 구매하였다. 그러나 그 계약에는 절대 쿠즈네초프급 항공모함을 무기화하지 않겠다는 조항이 있었다. 하지만 홍콩 회사는 중국이 세운 유령회사였으므로 당초 계약 조항이 무색하게도 쿠즈네초프급 항공모함은 소리소문없이 랴오닝함으로 개조되었다.

중국은 그러한 극비 작전을 성공시키면서 독자적인 항공모함 건조 기술력을

1 소비에트 사회주의 공화국 연방 또는 소비에트 사회주의 공화국 연맹(Союз Советских Социалистических Республик), 약칭 '소련蘇聯'. 20세기 유라시아 북부에 존재했던 사회주의 국가로, 러시아 혁명으로 인해 러시아 제국이 붕괴된 후 건국된 인류 역사상 최초의 공산주의 국가이며 냉전 시절 제2세계의 종주국이었음. 1922년 12월 30일에 건국되어 만 69년이 되기 직전인 1991년 12월 26일에 해체되었고, 해체 시점을 기준으로 세계에서 가장 넓은 영토(약 2,240만km^2)와 세 번째로 많은 인구(약 2억 9,000만 명)를 가진 국가였음. 현재의 러시아 연방이 과거 소속되어 있었던 상위 국가였으며, 냉전 시기 미국과 함께 세계를 양분한 초강대국이었음.

° 출처 ©일본방위성

확보하였다. 그 기술로 함께 탄생한 산둥함 역시 랴오닝함의 기술에 중국의 개량 작업을 더한 사실상 동급 함이다. 그렇기 때문에 그 둘은 서로 다른 항공모함임에도 배수량이 5,000톤밖에 차이가 나지 않고 구조적으로도 상당히 흡사하다. 간신히 경항모에서 벗어난 배수량이다 보니 두 항공모함에는 공통적으로 미국의 항공모함을 압도할 수 없는 치명적인 약점이 있었다. 그것은 중국의 항공모함이 함재기 이함 방식으로 스키점프대를 사용한다는 사실이다.

항공모함 선수에 급격한 경사를 준 스키점프대는 기껏해야 100m 내외인 항공모함 비행갑판에서 함재기 제트엔진의 추력이 아래를 향하여 부족한 양력을 보완하는 이함 방식이다. 통상적으로 전투기가 이륙하려면 최소 600m 이상의 활주로가 필요하고 웬만한 전폭기는 1,000m 이상의 활주로가 필요하다. 그러하니 항공모함의 비행갑판 정도 길이에서 아무리 스키점프대를 이용한다고 해도 지상에서 이륙할 때 얻는 양력에 비하면 한참 모자를 수밖에 없다. 그렇기 때문에 스키점프대를 이용하는 함재기를 탑재한 항공모함은 최고속으로 달린 상태에서 이함해야 하고, 기체의 무게를 상당히 줄여야만 간신히 이함할 수 있는 등의 많은 제약 조건이 따른다. 함재기의 무게를 줄이는 방법은 무장과 연료 탑재량을 줄이는 것 말고는 별다른 대책이 없다. 미국과 중국의 항공모함이 서로 동등한 성능에 같은 대수의 함재기를 보유하더라도 그 전투력과 작전 시간에는 압도적으로 큰 차이가 발생한다. 군사전문가들이 랴오닝함, 산둥함의 전투력이 로널드 레이건함에 비해 한참 아래에 있다고 평가하는 이유가 바로 그러한 점에 근거한 것이다.

반면 미국은 항공모함에 준하는 임무를 수행할 수 있는 와스프급, 아메리카급 강습상륙함을 제외하고도 현재 보유한 11개의 항모전단 모두 함재기 이함 방식으로 캐터펄트 사출[2]射出 방식을 사용하고 있다. 스키점프대의 단점을 보완하기 위해 발명된 캐터펄트는 원리가 아주 간단하다. 쉽게 설명하자면 전투기를 시속 200km 이상의 아주 강력한 힘으로 끌어서 쏘아내는 방식을 말한다. 항공모함은

2 함선艦船 위에서 비행기 따위를 캐터펄트로 발진시킴.

USS John C. Stennis 캐터펄트°

아무리 크게 만들어도 양력을 얻을 수 있는 충분한 길이의 활주로를 만들기 어려우므로 함재기에 외부의 힘을 가해 억지로 가속도를 높이는 것이다.

이러한 캐터펄트는 1903년에 처음 발명되어 공기식, 화약식, 유압식 등 여러 종류가 사용되었는데, 현재는 효율과 안전성 문제로 증기식과 전자기식 단 두 가지 방법만 사용된다. 사진에서 보이는 하얀 연기가 바로 캐터펄트에서 새어 나오는 증기이다. 그것을 모르는 많은 사람들이 이 연기를 보고 함재기 제트 엔진에서 나오는 매연이나 마찰력 때문에 바퀴가 타면서 나오는 연기로 오해하기도 한다.

현대 과학의 집결체인 항공모함이 캐터펄트에 증기를 쓰는 이유는, 항공모함에서 가장 흔한 자원이 증기이기 때문이다. 많은 항공모함이 출력과 신뢰성이 높은 증기 터빈 엔진을 사용하며, 원자력 추진 항공모함 역시 다량의 증기를 손쉽게 얻을 수 있다. 게다가 일반적으로 생각하는 것보다 압축된 증기의 힘은 강력하다.

일례로 미국의 니미츠급 항공모함에서 사용되는 C-13 캐터펄트는 중량 35.4톤의 함재기를 94.5m 내에 시속 225km까지 가속할 수 있다. 그것은 2톤이 넘는 자동차를 무려 2,400m나 날려 보낼 수 있는 힘이다. 원리는 새총과 비슷하지만 그 위력은 상상외로 엄청나며 회복 속도 역시 상당히 빨라 C-13의 경우 주간에는 37초에 1회, 야간에는 1분에 1회씩 함재기를 날려 보낼 수 있다.

하지만 증기식 캐터펄트에 무조건 장점만 있는 것은 아니다. 일단 그 구조가 굉장히 복잡하고 엄청난 크기에 비례해서 무게도 상당하다. 캐터펄트만 해도 무

° 출처 ©U.S. Navy Kyle Steckler

게가 무려 1,500톤에 달한다. 또 충분한 증기압이 모이지 않으면 사출 시 함재기가 충분한 속도를 얻지 못해 바다로 처박혀 버리는 불상사가 발생한다. 그 때문에 캐터펄트 정비와 운용에 필요한 인원만 자그마치 120명이나 된다. 하지만 앞서 말한 바와 같이 사출력에 있어서는 압도적인 성능을 발휘하기 때문에 현존하는 대부분의 항공모함이 증기식 캐터펄트를 사용하고 있는 것이다.

최근 새로 건조된 항공모함들은 전자기식 캐터펄트를 달고 나온다. 전자기식 캐터펄트는 비교적 최근부터 실전에 도입되기 시작한 것으로 증기식 캐터펄트의 모든 단점을 극복한 최첨단 사출 방식이다. 전자기식 캐터펄트는 두 개의 레일에 서로 다른 극의 전류를 흘려보내고 자석이 서로 밀어내는 힘을 이용한다. 즉 우리가 알고 있는 레일건과 유사한 원리이다. 그 덕분에 매번 함재기를 사출할 때마다 무려 610kg의 증기가 필요했던 증기식 캐터펄트와 달리 충분한 전력만 확보되면 언제든 함재기를 사출할 수 있다.

증기의 압축, 생산 등이 사라진 만큼 부피와 무게도 증기식 캐터펄트의 절반에 불과하며 출력도 훨씬 강력하다. 증기식 사출기의 미는 힘이 평균 95MJ인데 비해 전자기식 사출기는 그보다 29% 향상된 122MJ의 출력을 낼 수 있다. 이처럼 강한 출력은 함재기 출격 시 더 많은 무장과 연료를 탑재할 수 있음을 의미한다. 전기를 사용하는 만큼 사출될 때 모든 구간의 힘이 동일하고 부드러워서 함재기와 캐터펄트에 가해지는 충격도 훨씬 적다는 장점이 있다. 그렇게 되면 정비와 운용에 관련된 인원도 훨씬 적게 운용되어 항공모함 유지비를 훨씬 아낄 수 있다.

그러나 현재 미국이 보유한 최강의 항공모함인 제럴드 R. 포드급과 중국이 최근 진수한 푸젠함만이 전자기식 캐터펄트를 운용할 수 있다. 이는 전자기식 캐터펄트에 치명적인 단점이 있기 때문이다. 그 단점이란 전자기식 캐터펄트를 운용하기 위해서 어마어마한 양의 전력이 필요하다는 것이다. 실제로 전자기식 캐터펄트를 운용하려면 최소 125MW의 전력이 필요하다고 알려져 있다.

CVN-78 USS "Gerald R. Ford"°

최신형 핵 추진 항공모함인 제럴드 R. 포드급은 되어야 4개의 전자기식 캐터펄트를 운용할 수 있다. 제럴드 R. 포드는 700MW급 가압형 원자로 A1B 2기를 갖고 있는데, 이를 통한 전력 생산량은 300MW에 달하지만 제럴드 포드조차 EMALSElectromagnetic Aircraft Launch System를 유지하기에는 전력이 부족하다고 평가된다. 그러한 이유로 미국은 앞으로 건조하는 차기 항공모함의 발전량을 더욱 늘려 건조할 계획이다.

여기서 흥미로운 사실은 중국의 푸젠함의 경우 전자기식 캐터펄트를 세 개나 운용하고 있는데도 핵 추진이 아니라 재래식 디젤 추진 방식을 사용한다는 것이다. 푸젠함의 발전량도 터무니없을 정도로 작은 164MW에 불과한데, 프랑스의 42,500톤급 샤를 드골함은 민수용 저농축 우라늄을 사용하는 150MW 출력의 K-15 가압경수로 2기를 이용해 총 300MW의 전력을 생성할 수 있다. 푸젠함의 반쪽만 한 배가 그보다 두 배나 많은 전력을 생성한다. 이를 통해 푸젠함이 낼 수 있는 전력으로는 전자기식 사출기를 절대 운용할 수 없다는 것을 알게 된다.

° 출처 ©U.S. Navy Ridge Leoni

실제로 전 세계 군사전문가들이 푸젠함은 만성적인 전력 부족에 시달릴 것이라고 분석했다. 푸젠함은 말 그대로 무늬만 항공모함이어서 중국이 자력으로 개발한 첫 번째 항공모함인데도 불구하고 시진핑 주석조차 진수식에 불참할 정도였다. 게다가 중국의 차기 항공모함인 004형 또한 핵 추진 기술력 부족으로 재래식 항공모함으로 전환해 새롭게 건조 중이라고 알려져 있다. 대한민국의 입장에서는 중국의 항공모함에 대응하는 방위 체계를 구성할 시간을 번 셈이므로 다행이었다.

하지만 항공모함을 견제하는 최고의 방법은 같은 항공모함으로 대응하는 것뿐이다. 일각에서는 항공모함을 건조할 예산으로 더 많은 최신 전투기와 조기 경보기를 도입하면 충분히 대응이 가능하다고 주장하고 있지만, 군사전문가들은 한정된 전투기 수량만으로 바다와 공중을 모두 지킬 수는 없기 때문에 그러한 대체 전략은 대한민국의 해상 안보에 공백만을 초래할 것이라고 분석한다. 그렇다고 경항모를 건조하는 방법으로는 랴오닝함, 산둥함 같은 구형 재래식 항모에도 대응하기가 버거운 것이 사실이다. 만약 미국이 대한민국에 캐터펄트를 판매하더라도 배수량 만재 40,000톤급 수준에는 하나에 1,500톤이나 되는 증기식 캐터펄트를 설치할 수도 없다. 전자기식 캐터펄트를 탑재한다면 극심한 전력 부족에 시달릴 것이 분명하다. 결국 중국의 항모를 견제하기 위해서는 대한민국이 캐터펄트가 탑재된 항공모함을 보유해야 한다. 그러한 캐터펄트를 확보할 길이 차차 열리고 있다.

중국이 지금처럼 미국과 대립하며 세계 패권의 야욕을 꺾지 않는 이상 미국은 동북아시아에서 중국을 견제해 줄 강력한 우방을 찾을 수밖에 없다. 현재 미국이 신뢰하면서 강력한 국방력으로 중국을 견제할 수 있는 국가는 대한민국 외에는 없다.

21

대한민국 전차戰車 개발사

대한민국의 무기에 반해버린 폴란드군이 대한민국에 곧 '쳐들어온다'. 이것은 얼마 전 폴란드 국방부 장관의 "폴란드 장병들이 이르면 올해 10월부터 K-2 흑표 전차 훈련을 받으러 대한민국에 갈 것"이라는 초유의 발표를 침공侵攻에 빗대어 한 말이다. 사실 그런 농담이 나와도 전혀 이상할 것이 없을 정도로, 현재 폴란드는 일사천리로 대한민국의 무기 체계 도입을 결정하고 있다. 오죽하면 유럽의 한 외신은 대한민국산 무기가 유럽을 침공하고 있다는 보도를 연일 내보낼 정도이다.

실제로 대한민국은 폴란드가 대한민국 무기 체계 도입을 타진한 지 불과 2개월 만인 올해 말부터 K-2 흑표 전차의 초도 물량을 인도引渡하는 것으로 가닥을 잡고 있다. 그만큼 두 국가의 무기 거래는 빠르게 진행되었다. 폴란드가 그렇게 도입을 서두르는 이유는 다름 아닌 우크라이나 전쟁에 따른 불안감 때문이다.

폴란드는 대한민국과 마찬가지로 외세의 수많은 침략에 시달려온 나라이다. 심지어 과거에 이미 러시아에 강제 점령당했던 역사도 있으므로, 우크라이나 전쟁이 장기화되는 틈에 하루라도 빨리 자국을 무장하고 싶은 것은 당연한 일이라고 하겠다. 폴란드군이 당장 다음 달부터 대한민국을 찾아 훈련을 시작하겠다는

K-2 흑표 전차°

것도 K-2 흑표가 인도되자마자 공백 없이 즉시 전력으로 운용하기 위함이다.

폴란드의 사례로 알 수 있듯이, 이제 스스로의 힘으로 중화기를 만들지 못한다면 국가의 존망을 위협받을 정도로 심각한 문제가 된다. 자주국방은 돈이 많다고 이뤄지는 것도 아니고 튼튼한 동맹이 있다고 해결되는 것도 아니다. 오직 자국산 무기 체계를 완성해야만 비로소 가능해진다.

반면 대한민국은 이제 육·해·공군 어느 분야에서든 국산 무기를 개발할 능력을 갖추고 있다는 사실을 이미 국민들이 잘 알고 있다. 뿐만 아니라 전 세계적으로도 대한민국 방산 무기는 손꼽히는 수준에 들어섰다. 그러한 상황 변화는 불과 십여 년밖에 되지 않았다. 얼마 전까지만 하더라도 대한민국의 처지는 폴란드보다 못한 상황이었다.

실제로 1970년대 초반까지만 하더라도 대한민국이 보유한 전차는 제2차 세계대전 때나 쓰이던 M4 셔먼이었다. 그 노후화된 셔먼을 대체한 것도 M47, M48 패튼 전차가 고작이었다. 최후의 패튼이라고 불리는 M48은 90mm 주포에 전면

○ 출처 ©Simta

M 48 A2 C "Patton"[○]

110mm, 측면 76.2mm 장갑을 가진 1세대 전차였다. 당시 북한이 115mm 주포를 탑재한 2세대 전차인 T-62를 소련에서 지원받았다는 사실을 생각해 보면, 대한민국은 화력 면에서 북한보다 한참이나 열세인 전차를 사용했던 셈이다.

북한의 기갑 전력에 지독한 트라우마가 있던 대한민국은 어떻게든 패튼을 개량해서 북한에 맞서고자 했지만, 그 태생적인 한계는 극복할 수 없었다. 만약 북한이 또다시 남침을 시도한다면 국가 자체가 무너질 수 있는 상황이었다. 일제 강점기를 극복한 지 얼마 지나지 않았던 당시에는 그보다 끔찍한 미래가 없었던 것이다. 그런 암담한 미래를 해결하기 위한 유일한 해법은 대한민국이 자력으로 전차를 개발해 내는 것뿐이었다. 하지만 원대한 꿈에 비해 현실의 벽은 지나치게 높아서, 전차를 독자 개발하고 싶다는 의지는 충천했지만 관련 기술이 전무한 상황이었다. 만약 그런 상황에서 우리가 덮어놓고 전차 독자 개발을 결정했다면 개발 기간만 무려 34년이나 소요된 인도의 아준 전차와 같은 지경이 되었을 확률이 높다.

○ 출처 ©Huhu

그러한 여러 이유로 대한민국은 M60[1]의 면허 생산을 결정했다. M60은 105mm 강선포를 주포로 탑재한 미국의 첫 주력 전차이다. '슈퍼 패튼'이라는 별명처럼 대한민국에서 기존에 사용하던 패튼 전차와 상당히 유사한 점이 많았다. 당장 실전에 사용할 수 있는 전차가 필요했던 대한민국 입장에서는 유일한 대안이었다.

문제는 다름 아닌 미국의 사정이었다. 대한민국의 다급함과는 정반대로 미국은 대한민국에 M60이 필요하지 않다고 판단했다. 예나 지금이나 대한민국은 미국 무기 시장의 '큰손' 중 하나이며, 매년 놀라울 정도의 발전을 거듭하기 위해 새로운 기술과 무기 체계에 엄청난 예산을 투자했다.

문제는 그 발전 속도가 너무 빠르다는 것이었다. M48 패튼만 해도 미국이 공여하고 판매한 국가는 수두룩했지만, 당장 대한민국처럼 그 성능이 부족하다며 그것을 개량까지 시도한 나라는 손에 꼽을 정도였다. 대한민국은 관련 기술이 전무한 상황에서 독자적으로 기술을 습득한 후 M48 패튼을 개량할 정도였다. 만약 M60 면허 생산까지 진행한다면 전차의 독자 생산 기술을 확보하는 것은 시간문제라고 미국은 판단했다. 즉 미국은 대한민국이라는 거대한 무기 시장이 사라질까 봐 M60 판매를 거부한 것이다.

다행히 대안으로 미국만이 있는 것은 아니었다. 실제로 대한민국은 미국이 판매를 거부하자 서독에 레오파르트1 전차 수입을 타진했다. 당시 대한민국은 전차를 수입해서 국방력을 강화하고 북한이 보유한 전차를 능가할 전차를 제작할 기술을 습득한다면 그곳이 어디든 상관없는 상황이었다. 그렇게 대한민국이 초강수를 두자 결국 발등에 불이 떨어진 건 미국이었다. 서독의 레오파르트1이 대한민국

---

1 미국의 크라이슬러사가 개발한 2세대 전차로, 중형전차가 아닌 미군의 첫 주력 전차로 분류된 전차. 일명 '슈퍼 패튼'. 'M60 패튼'이라는 이름은 비공식적인 별명이며 M60은 공식적으로 패튼 계열에 포함되지 않음. M48 패튼까지는 미군이 주력 전차 분류를 공식적으로 사용하지 않고 중형전차라고 부르거나 주포 구경에 따라 구분했는데, M60 전차는 그런 틀에서 벗어난 첫 전차이기 때문에 M60, 특히 M60A1을 진정한 미국 MBT의 시작으로 보는 견해도 있음.

레오파르트 1°

에 도입된다면 앞으로 대한민국 기갑 전력의 무기 체계는 서독을 중심으로 돌아갈 것으로 생각할 수밖에 없었다. 대한민국 무기 발전을 경계하려다가 아예 무기 시장을 서독에 빼앗겨 버리는 불상사가 일어날 수 있다. 이에 미국은 처음 초강수를 둔 것과 달리 태도를 바꾸기 시작했다.

그런 상황에서 시작된 것이 바로 ROKIT, 즉 대한민국형 차기 전차 사업이었다. ROKIT의 골자는 아주 간단했다. 미국이 도입한 지 1년도 안 된 최신예 전차인 M1 에이브람스의 기술을 이용해 대한민국이 전차를 자체 생산하도록 도와주겠다는 것이었다. 대한민국 입장에서 독학밖에 방법이 없던 전차 개발 기술을 미국이 나서서 가르쳐 주겠다는 것은 한 마디로 엄청난 행운이었다.

그런 우여곡절 끝에 만들어진 것이 바로 대한민국 최초의 국산 전차인 K-1 전차였다. 105mm 강선포를 주포로 탑재한 K-1은 1987년부터 실전 배치가 시작되었다. 1988년 서울올림픽의 무사 개최를 기원하는 마음을 담아 '88전차'라는 별명이 붙게 되었다. 88전차의 외형을 보면 미국의 M1 에이브람스와 상당히 유사하

○ 출처 ©Rainer Lippert

육군 11사단 K-1 전차°

다는 것을 알 수 있다. 그 이유는 K-1 전차에 M1 에이브람스의 기술이 상당 부분 녹아들었기 때문이다.

K-1 전차의 외형은 비록 M1 에이브람스와 비슷할지라도 그 속은 전혀 다른 전차라고 봐도 무방하다. 애초에 M1 에이브람스는 피격 후 대응을 염두에 둔 만큼 육중한 중장갑에 중점을 둔 전차였지만, K-1은 관측 회피 및 피탄 회피에 중점을 둔 전차였다. 게다가 전 국토의 70%가 산악인 대한민국 지형에 맞춰 전장 9.7m, 전폭 3.6m의 비교적 작은 크기로 설계되었다. 높이도 에이브람스에 비해 상당히 낮은 편이었으며, 대한민국 특유의 험한 산세에 맞춰 기동력을 상당히 높게 설계된 것이었다.

K-1은 60% 수준의 경사 각도를 무리 없이 등반하였고 30%의 측면 경사에도 전복되지 않았으며 무엇보다 K-1에는 닐링 시스템Kneeling System이 탑재되었다. 닐링 시스템은 차체를 상하로 움직여 직사포인 전차의 주포 각도에 변화를 준다. 각 지형마다 높이의 차이가 큰 대한민국 국토를 방어하는 데 필수적인 기능이다.

○ 출처 ©대한민국 국군 이헌구

이처럼 기동력이 월등하면서도 기동 간 사격에서조차 초탄 명중률이 90%에 달할 정도로 뛰어난 사통 장치를 탑재했다. K-1전차는 그야말로 대한민국의 전시 상황에 최적화된 전차다.

하지만 성공적인 K-1전차 개발의 이면에는 일반인들이 잘 모르는 뼈아픈 비화가 숨겨져 있다. 미국이 자신들의 장삿속을 숨기고 대한민국의 전차 개발을 돕기 시작했더라도 K-1의 모든 개발 과정이 순탄하게 흘러갔던 것만은 아니었다. 특히 K-1에 탑재된 전차의 눈이라고 할 수 있는 조준경에 문제가 상당히 많았다. K-1에는 전차장과 주포수가 따로따로 표적을 찾는 헌터&킬러 기능이 탑재되었다. 이는 포수(킬러)가 최초 목표물을 포격하는 동안 전차장(헌터)이 다음 표적을 탐색해서 빠른 타격이 가능하게 도와주는 기능이다. 대한민국에 그 장비가 절실하다는 것을 알고 K-1 전차 개발 당시 포수 조준경의 기술을 제공하기로 했던 미국의 '휴즈'가 돌연 그 가격을 두 배 이상 올려버리는 갑질을 저질렀다.

겨우 경제 성장기에 돌입한 대한민국으로서는 조준경에 그 정도 예산을 지출할 수 없었으므로, 결국 미국의 또 다른 방산업체인 티아이의 포수 조준경 모델을 기술 도입하여 생산하기로 했다. 그런데 이번엔 1단계 납품 과정에서 티아이 조준경에 레이저 거리 특정 기능이 작동되지 않는 등 심각한 결함이 발생하기 시작했다. 심지어 티아이가 문제 해결을 위해 직접 나섰지만 결국 실패하기에 이른다.

대한민국의 첫 국산 전차가 자칫 한쪽 눈이 없는 상태로 실전에 투입될 상황에 처했지만, 다행히도 대한민국의 국방과학연구소가 그 문제점을 해결하였다. 국방과학연구소는 그 문제점을 해결하기 위해 무려 1년 동안이나 인력을 총동원하였다. 실패를 거듭하던 중 수리를 위해 티아이의 포수 조준경을 분해하다가 조준경의 원리를 완전히 파악하는데 성공하였다. 이런 고투 덕분에 K-2 흑표의 조준경을 완전 독자 생산하는 쾌거를 이룰 수 있었다.

그처럼 K-1 개발 과정에서 갈고닦은 기술로 이전보다 더욱 완벽에 가까운 K-2

흑표를 생산하였다. 일각에서는 이제 구닥다리가 되어버린 K-1을 퇴역시켜 버리자는 이야기가 나오고 있다. 어느새 30년이 넘어버린 K-1이 구형 전차처럼 보이는 것도 무리는 아니겠지만, 자국에서 전차를 생산하고 개량하는 것이 가능하다면 이야기는 달라진다. 일례로 오랜 운용에도 불구하고 M1 에이브람스는 시대의 요구에 따라 개량을 거듭하며 수많은 전장에 적응해 왔다. 심지어 초기형과 후기형은 전혀 다른 성능의 전차일 정도로 차이가 많이 나는 것이 사실이며, 그것은 K-1의 경우 또한 마찬가지다.

2000년에는 105mm 강선포였던 주포를 44구경장 120mm 활강포로 바꿔 화력을 크게 강화한 K1A1 484대로 개량해 신규 양산하면서 유효 사거리가 2,500m에서 3,500m로 1,000m나 증가하였다. 2013년에는 K-1 전차와 K1A1 전차에 탑재된 각종 장비를 K-2 사양으로 교체하는 대규모 개량 사업을 진행한 결과, 피아식별 장치, 위성 안테나, 디지털 지도 등을 탑재하며 전자전 성능이 K-2 수준으로 향상되었다. 그 정도 성능이라면 K-2 흑표와 같은 3.5세대 주력 전차라고 불러도 전혀 손색이 없었기 때문이었다. 대한민국군이 무려 1,500대 이상 보유한 K-1 계열 전차는 앞으로 수십 년은 더 현역으로 운용할 수 있었다.

바로 그러한 이유 때문에 폴란드가 대한민국의 전차를 대량으로 수입하려는 것이다. 즉 폴란드도 자국에서 K-2 전차를 생산해서 자신들의 기술력을 높이기 위함이다. 그렇게 되면 대한민국의 전차 기술력이 유출되는 것은 아닌지 우려할 수 있겠지만 절대로 그렇지는 않다.

폴란드의 K-2 흑표 전차 대량 생산으로 인해 규모의 경제[2]가 형성된다면 대한

2 생산량이 증가함에 따라 평균 비용이 감소하는 현상. 대규모 생산 설비를 갖추는 데 초기 비용은 많이 소요되지만, 그 이후로 재화의 생산이 시작되면, 총비용을 생산량으로 나눈 평균 비용은 감소하는 것을 의미함. 주로 고정비용이 높은 산업에서 발생하는데, 고정비용이 높은 산업은 손익분기점Break even point이 높아서 손익분기점을 돌파하기 이전에는 적자가 발생하지만 고정투자비를 전부 회수한 시점인 손익분기점을 돌파한 이후에는 매출액의 증가가 거의 그대로 영업이익으로 이어지게 됨. 원가에서 고정비용이 높다는 것은 변동비용이 낮다는 것이므로 이미 고정비 회수가 끝난 지점부터는 조업도가 증가하더라도 원가에서 비중이 낮은 변동비만 증가하기 때문임.

민국은 기존 계획보다 더 빨리 더욱 개량된 K-2 흑표 전차를 군에 도입할 수 있다. 이후 폴란드의 개량 사업과 후속 지원 및 정비 사업에서 막대한 수익을 올릴 수 있다. 무엇보다 그렇게 발생한 엄청난 수익으로 인해 우리는 차세대 전차인 K-3를 더 빨리 개발할 수 있는 교두보를 마련할 것이다. 즉 해외에 국산 무기를 수출한다는 것은 대한민국의 방산 기술력이 더 고도화되는 동시에 다른 나라가 따라올 수 없는 차세대 기술을 확보하는 일석이조의 기회로 볼 수 있다.

22

K-2 엔진 개발사

얼마 전 폴란드에 이어 루마니아에 대한민국의 K-2 흑표 전차[1]를 수출할 것이라는 분석이 나왔다. 그러한 분석은 지난 8월 8~9일에 걸쳐 대한민국 국회의장이 루마니아의 고위층 및 방위 산업 관계자를 만나 방산 물자 수출에 대해 논의한 것으로 알려졌기 때문이다. 그로 인해 방산 물자 수출에 관한 양국의 물밑협상이 이루어졌을 것이라는 전망이 지배적이다.

그러한 전망을 뒷받침해주는 근거는 또 있는데, 루마니아의 안보 상황 역시 최근 20조 원 규모의 대한민국산 무기 도입을 결정한 폴란드만큼이나 위태롭다는 사실이다. 루마니아뿐만 아니라 K-2 전차 공장 건설 이야기가 나왔던 이집트에서도 K-2 전차 도입에 대한 논의가 활발히 진행되고 있다.

지금까지 언급된 모든 국가에 수출할 물량과 대한민국에서 추가 생산될 K-2 전차의 물량을 더하면 K-2 전차의 총생산량은 최대 2,000대까지 확대될 것으로

---

1 대한민국 육군의 3.5세대 전차. K-1 전차의 후계 기종으로 개발되어 2014년부터 실전 배치 중이며, 구릉지가 많은 한반도의 작전 환경상 장갑과 화력, 기동성 같은 통상적 성능뿐 아니라 타국의 주력 전차에 비해 자동 장전장치나 전자장비에 많은 공을 들인 것으로 알려짐. 기초 연구는 1995년에 시작되었고, 2003년부터 정식 개발이 시작되어서 2008년에 운용 시험 종료, 2014년부터 양산에 들어감. 2008년 공개 당시 언론에 공개된 수치의 단순 비교로는 미국의 M1 에이브람스를 비롯한 각국의 주력 전차와 비슷하거나 상회하는 수치를 보여줌. 파워팩 논란 등이 있었지만 스펙상으로는 세계 최정상급 전차임.

K-2 "흑표" 전차 기동간 연막탄 발사 훈련○

보인다. 하지만 대한민국이 아직도 갈 길이 멀다는 비판도 있다. K-2 전차에 적용된 여러 체계가 제원諸元 면에서 객관적으로 세계 최고 수준인 것은 사실이지만, 완벽하다고 하기에는 아직 부족한 점이 많다는 것이다. 일면 그러한 비판을 인정할 수밖에 없는 것이 사실이다. 국산화에 성공한 엔진의 성능은 독일에 비하면 부족한 점이 있고 국산 변속기 역시 1~3차 양산분에 사용된 독일제 변속기에 비하면 신뢰성이 떨어진다. 개발 과정에서 여러 차례의 방산 비리 논란이 터지는 등의 문제점도 있었기 때문이다.

그럼에도 불구하고 국산 전차 엔진과 변속기 개발은 대한민국의 대단한 성과라고 본다. 실제로 러시아나 중국, 동유럽 국가들은 대한민국보다 훨씬 오래전부터 전차를 만들었음에도 불구하고 전차에 쓸 1,500마력 엔진조차 제대로 양산하지 못했다. 한때 우리가 절대 따라잡을 수 없을 듯했던 일본도 이제는 오히려 대한민국을 따라오기 힘들게 되었다. 그만큼 대한민국의 기술력은 충분히 자랑할 만한 성과이며 다른 나라에 무시당할 수준은 전혀 아니라는 것이다.

모든 나라가 더 나은 기술을 개발하기 위해 끊임없이 노력하는 상황에서 대한

○ 출처 ©대한민국 국군

K-2 "흑표" 전차와 탄환°

민국이 선진국을 능가하기 위해 얼마나 노력해 왔으며 어떻게 그러한 성과를 내게 되었는지를 알아야 할 필요가 있다. 그래서 K-2 전차 수출 대박이라는 신화 뒤에 감춰져서 일반인에게 알려지지 않았던 K-2 흑표 전차의 숨겨진 비화를 이야기하고자 한다.

최근 K-2 전차가 갑자기 날개 돋친 듯 팔리고 있다. 세계 각국에서 K-2 전차를 사겠다고 러브콜을 보내는데, 그것이 너무 놀라운 소식이다 보니 대한민국의 국민들은 대부분 뜻밖이라는 반응을 보인다. 요컨대 대한민국의 전차가 얼마나 우수하기에 독일을 지척에 둔 폴란드나 미제 M1전차를 1천 대나 가진 이집트가 K-2 전차를 사겠다는 것일까 하는 의문이 그것이다. 심지어 군사 분야에 관심이 많던 사람들이 더 놀란 이유는, 밀리터리 마니아들의 인식 속에서 이제까지 K-2 흑표 전차는 '방산 비리, 논란 덩어리' 그 자체였기 때문이다.

하지만 K-2 전차가 최초로 공개됐을 당시만 하더라도 국내의 반응은 굉장히 뜨거웠다. 세계 최대의 전차 생산국 러시아에서 전수한 첨단 능동방호체계, 우리 힘

° 출처 ©대한민국 국군

으로 개발한 복합 장갑 KSAP 개량형, 유기압식 현수 장치 ISU를 이용한 포각 조정, 첨단 센서와 네트워크 장비 등은 당대 최고의 전차라 하기에 부족함이 없었다.

그러나 그 환호는 얼마 지나지 않아 비난과 조롱으로 바뀌게 되었다. 그 이유는 완벽해 보였던 K-2의 여러 결함이 서서히 드러났기 때문이다. 알고 보니 능동 방호 체계는 주변 인명을 살상할 수 있는 매우 위험한 반쪽짜리 방어 체계였다. 전차의 핵심인 파워팩 개발이 지연되면서 전력화가 끝도 없이 지연되고 만다. 그중에서 파워팩 문제가 가장 심각했다. 파워팩은 엔진과 변속기를 하나로 합친 전차의 심장이라고 불리는 부분이다.

전장에서 수십 톤의 자체 무게를 급작스럽게 기동하기에 구동 계통에 상당한 스트레스가 쌓인다. 또한 엔진과 변속기는 정밀부품으로 그 구조가 너무 정밀해서 후방에서 분해해야 겨우 수리가 가능한 경우가 빈번했다. 고장이 잦은 엔진이나 변속기를 한 번에 교체하기 위해 엔진과 변속기를 하나로 합친 파워팩이 등장하기 전까지 전장에서 전차가 고장 나면 불가피하게 전차를 버려야 하는 일이 비일비재할 정도였다.

하지만 파워팩이 등장하자 상황이 달라졌다. 현장에서 수리가 어려운 엔진과 변속기를 일체화시켜 신속하게 교체할 수 있게 되었다. 덕분에 엔진이든 변속기든 파워팩이 망가지면 바로 교체하는 게 가능해져서 전차의 비전투 손실이 급감하였다. 그래서 처음 파워팩의 국산화가 추진됐을 때 국민들의 기대는 상당했다. 대한민국이 드디어 전차를 완전히 국산화할 정도로 발전했다는 자부심에 많은 이들이 흑표 전차의 파워팩 개발을 환영했다.

그러나 파워팩을 만들기 위해서 전차에 들어갈 만큼 작고 강한데다 튼튼하기까지 한 엔진과 변속기를 제조할 능력이 필요했다. 당시 독일과 미국을 제외하면 러시아, 일본 등 엔진 개발에 막대한 예산을 쏟아붓는 강대국조차 파워팩 개발에 완벽히 성공하지 못한 시기였다. 결국 우리 기술로 파워팩을 만드는 것은 무리라는 전문가들의 의견을 받아들였다. 신뢰성을 인정받은 MTU사의 MTU-883 엔진

M75 APC 파워팩°

과 렝크사의 변속기를 채용할 계획을 세웠다.

계속된 성공에 고무된 일부 국방관계자들은 그 시점에 자체 개발을 서두르지 않는다면 선진국과의 격차를 메울 수 없을 것이라는 점을 내세워 파워팩의 국산화를 주장했다. 하지만 국산화 반대론자들은 일본을 예로 들면서, 기술이 아직 성숙하지 않았으니 점차 단계를 밟아야 한다고 주장했다.

일본은 우리보다 훨씬 먼저 파워팩 국산화를 추진했다. 그들은 1990년대에 벌써 K-2 전차가 사용하는 MTU-883 엔진과 동일한 1,500마력 출력이 가능한 미쓰비시 10ZG32WT 엔진과 MT1500 6단 변속기로 구성된 90식 전차를 개발했다. 1989년 최종 테스트를 마무리한 후 1990년에는 30대가 양산됐다.

그에 비해 대한민국의 당시 수준은 처참했다. 1991년 대한민국에서는 대우자동차가 일본 스즈키에서 들여온 F8C 엔진으로 41마력 '티코'를 출시했다. 그나마 현대가 1991년 5월에 자연 흡기 92마력, 터보차저 129마력인 최초의 국산 알파 엔진을 제작했으나, 그것은 일본의 1,500마력 엔진에 비할 바가 아니었다. 당시

o 출처 ©AlfvanBeem

그런 격차를 불과 20년 만에 따라잡는 것은 누가 봐도 불가능한 것이었다.

찬반 주장이 첨예하게 대립한 가운데 전차 엔진의 국산화는 강행되었다. 전차, 장갑차, 자주포 등 국산 무기의 핵심 부품인 파워팩을 만들 수 없다면 수출은커녕 전시에 필요한 부품을 수급하는 것조차 쉽지 않을 것이라는 의견에 힘이 실리면서 국산화가 결정된 것이다. 전 세계 그 어디에서도 대한민국이 일본을 추월할 것이라고 생각하지 않았다. 놀랍게도 대한민국의 대역전이었던 것이다.

대한민국이 K-2 흑표용으로 개발한 DV-27K 엔진은 4행정 구조였다. 4행정 디젤 엔진은 구조가 복잡하고 배기량이 크지 않아서 고출력을 내기가 어려워 롱스트로크 방식을 채택했다. 이는 적은 연료로도 높은 출력을 낼 수 있어서 효율성이 높았다. 반면 일본의 90식 전차의 1,500마력 엔진은 2행정 디젤 엔진이다. 구조가 단순하고 엔진 무게가 가벼워서 출력을 올리기 쉽고 개발이 비교적 쉬운 장점이 있었지만 연비가 km당 무려 3L로 효율성이 높지 않았다.

그런데 문제는 어디까지나 그것이 일본과의 비교라는 것이었다. 일본 역시 전차 개발에서는 후발 주자이며, 대한민국 엔진의 경쟁 상대가 독일제 전차라는 것을 고려하면 아직 국산 엔진은 가야 할 길이 멀었다. 그런 상황은 개발사만 봐도 알 수 있다.

2005년 4월 파워팩 국산화가 결정되고 본격적인 개발이 추진되었지만 막상 개발이 시작되자 문제가 생겼다. 냉각팬 속도 제어, 가속 등에서 기준치에 미달하는 일이 발생했다. 그러한 문제를 개선하기 위해 여러 차례 개량이 이뤄졌으나 번번이 실패하고 말았다. 그 때문에 K-2 전차의 양산 수량이 크게 감소했는데, 엎친 데 덮친 격으로 같은 해에는 엔진 제작사인 두산이 K-2 개발 자금을 횡령했다는 소식까지 전해졌다. 이때 국민들을 더욱 경악하게 만든 것은, 당시 개발 당사자가 그 계획을 어차피 실패할 사업이라고 생각하고 전차 개발 자금을 빼돌려 중장비용 엔진을 개발했다는 사실이었다. 그러한 소식에 온 대한민국 전체가 발칵 뒤집혔다.

사건 사고는 그것으로 끝이 아니었다. 2012년 평가 시험에서는 엔진 실린더가 깨졌고 가속에서도 문제가 발생했다. 결국 국내에서 K-2 엔진은 방산 비리 엔진, 결함 제품이라는 이미지가 굳어지면서 K-2 양산론자들조차 독일산 엔진 사용을 주장하기에 이르렀다. 하지만 그러한 상황에도 대한민국의 연구진은 전차 개발을 포기하지 않았다. 과거에도 그와 유사한 상황이 있었기 때문이다.

1980년대 두산인프라의 전신이던 대우중공업은 대형차용 280마력 엔진인 D2848M을 독일 MAN사로부터 사들여 제작했다. 주로 버스에 쓰인 D2848M은 대한민국 첫 국산 장갑차인 K200에도 탑재했다. 하지만 그 성능이 너무 엉망이어서 국산 장갑차를 탄 장병들의 혹평이 이어졌다. 개발진은 그러한 혹평에도 굴하지 않고 개발 의지를 꺾지 않은 결과 마침내 개량형인 350마력 D2848T 엔진을 개발하는 데 성공했다. 이를 K200 장갑차의 개량형인 K200A1에 탑재했다. 그것은 참으로 엄청난 진보였다.

대한민국 개발진은 거기서 멈추지 않고 나아가 2848T 엔진을 다시 한번 개량해 K-21 보병 전투차가 쓸 750마력 D2840LXE 엔진을 만들었다. 그 때문에 개발진은 DV-27K 엔진 역시 언젠가는 독일제 엔진을 뛰어넘을 수 있다는 확신을 가지고 개발을 이어갔다.

기본적인 기술 격차가 너무 심해서 대한민국이 독일을 따라잡을 수 없으리라는 평이 압도적이었을 때, 기막힌 반전이 일어났다. 대표적 명품이라던 독일산 엔진에서 내리막길에서의 제동 장치 미흡, 1단 기어에서의 변속 불가능, 냉각팬 오작동으로 인한 주행 도중 엔진 정지, 용접 미흡으로 인한 누유 등의 결함이 속출한 것이다.

그러한 사실이 알려지면서 국산 엔진 개발에 대한 여론의 흐름은 다시 바뀌게 되었다. 우리 기술로 만들고 고칠 수 있는 엔진 개발의 가능성을 확신하게 된 것이다. 그 결과 지난해 튀르키예의 알타이 전차에 사용할 엔진인 DV-27K를 개발해서 K-2전차 파생형에 탑재하였다. 이는 오랜 설움을 딛고 국산 전차 엔진이 세계 시장에 내디딘 첫발이었다.

폴란드 수출형 K2PL°

일각에서는 아직도 대한민국의 파워팩이 독일산보다 성능이 떨어진다는 주장이 있다. 그러한 주장에도 일부 일리는 있지만, 대한민국이 그동안 보인 열정과 노력이라면 앞으로 수년 안에 생산될 K-2 개량형과 K-3 차세대 전차에서는 세계 최강 독일마저 압도할 전차용 엔진을 개발할 수 있다는 것이 관련 업계 전문가들의 지배적인 의견이다.

현재의 대한민국이 아직은 모든 나라를 압도할 만한 기술력을 갖추고 있지는 않지만, 불과 10년 전까지만 해도 그들을 따라갈 수 있으리라는 상상조차 하지 못했다. 하지만 지금의 대한민국은 세계 최고의 국가보다 약간 뒤져있을 뿐, 그들을 따라잡는 것은 시간문제라고 할 수 있다. '괄목상대刮目相對'라는 말처럼, 현재 대한민국 방위 산업의 위상은 이만큼 높아진 것이다.

° 출처 ©Hyundai Rotem

23

대한민국 미사일 개발사

최근 대한민국이 적성국의 간담을 서늘하게 할 역대급 전력 강화를 준비 중이라는 사실이 밝혀졌다. 그것은 다름 아닌 육·해·공 각 군이 보유한 첨단 전력을 단일 체계로 컨트롤할 수 있는 '전략 사령부[1]'의 창설이다. 국방부는 2022년 7월부터 특별 전담반까지 꾸려가며 전략사령부 창설에 온 힘을 집중하고 있다. 고작 사령부 하나 생기는 것을 두고 무슨 역대급 전력 강화라고 말하느냐고 반문할 수도 있겠지만, 그것은 전략사령부의 임무와 역할을 잘 모르는 입장에서 가질 수 있는 의문이다.

전략사령부는 유사시 대한민국 국토방위의 최전선을 책임지기 위해 각 군종의 지휘명령 체계를 초월한 특수한 임무를 담당한다. 그것은 전략사령부가 대한민국형 3축 체계의 컨트롤 타워 역할을 하기 때문이다. 대한민국형 3축 체계란 타격 순환 체계인 킬 체인Kill chain, 대한민국형 미사일 방어 체계인 KAMDKorea

---

1 문재인 대통령이 대선 공약으로 대한민국 전략사령부 창설을 공약했지만, 당선 이후 북한과의 해빙 무드에서 북한을 자극할 수 있다는 우려에 부딪혀 창설 계획을 백지화했음. 그러나 2021년 미사일 사거리 지침 폐지 후 재추진한 후 2022년 4월 1일부 육군 미사일전략사령부로 개편되며 그간 가능성으로 제기된 논의가 현실화됨. 2022년 7월 6일, 윤석열 정부가 현무 미사일, KTSSM, F-35, 도산 안창호급, 정찰 위성(425사업), 패트리어트 미사일, L-SAM 등을 모두 포괄해 미사일 방어, 미사일 공격, 보복 타격을 총괄하는 대한민국판 전략사령부를 출범시키겠다고 밝혔으며, 이후 합참 내 핵/WMD 센터를 '본부'로 격상시키면서 전략사령부 창설의 첫발을 내디딤.

현무-2 발사°

Air and Missile Defense, 그리고 대량 응징 보복의 KMPRKorea Massive Punishment & Retaliation을 통합해서 부르는 용어이다.

만약 적성국을 북한이라고 가정했을 때, 킬 체인은 선제 대응을 위한 공격 체계라고 할 수 있다. 만일의 경우 북한의 확실한 미사일 발사 징후가 포착된다면, 최대 속도 마하 7에 달하는 현무-2B와 KF-21 보라매, F-15K 슬램이글 등 모든 전략 자산을 총동원한 무자비한 폭격으로 적성국의 미사일 발사 행위 자체를 저지한다. 그러한 일련의 과정에 걸리는 시간은 고작 30분으로, 표적 탐지에 1분, 좌표 식별에 1분, 사용 무기 선정과 발사 결심에 3분이 소요되며 타격 완료까지는 25분이 소요된다.

게다가 추가로 3시간 이내에 미군의 토마호크 미사일, F-22 랩터, B-1 랜서까지 킬 체인에 동원된다. 북한의 스커드 미사일을 예로 들자면 액체 연료 주입과 발사 준비를 완료하는 데만 1시간 이상 소요되기 때문에 그사이 킬 체인에 얻어맞은 북한은 말 그대로 빈사 상태에 놓이게 된다.

° 출처 ©Sinthia Rosario

만약 북한에서 준비 과정이 극도로 짧은 고체연료 미사일을 발사하거나 중국처럼 킬 체인으로 선제 타격하기 힘든 원거리에서 미사일을 발사한다면 KAMD가 발동된다. KAMD는 북한이 미사일을 발사하는 순간 골든타임 5분 이내에 요격 미사일을 발사해 적의 공격을 방어한다. 그리고 킬 체인과 KAMD 뒤에는 대한민국의 무시무시한 분노라고 할 수 있는 대한민국형 3축 체계의 핵심 KMPR이 기다리고 있다. KMPR은 이름 그대로 적의 공격을 대량의 미사일로 되갚아주는 반격 체계이다. 그 과정에서 대한민국 공군의 공대지 미사일과 수천 발의 현무 계열 미사일이 동원된다. 이것은 그야말로 북한의 모든 군사기지와 사령부를 초토화하겠다는 전략 체계라고 할 수 있다.

정리하자면 대한민국형 3축 체계는 적성국의 공격과 동시에 작동하는 전면전의 신호탄이라 할 수 있다. 그 신호탄이 적성국의 전투 의지를 완전히 꺾어버릴 만큼 압도적인 위력을 지녔다는 것이 그 핵심이다. 그 모든 것을 가능하게 하는 대한민국의 국산 미사일 전력이다. 미사일은 자주포, 전차 등과는 비교가 불가능할 정도로 막대한 사거리를 갖추고 있으며 단일 개체 위력까지 생각한다면 전투기를 뛰어넘는 최강의 전략 무기이다.

대한민국은 러시아, 중국, 북한 같은 공산권 국가와 민주주의 국가지만 특이한 국가 형태인 일본에 둘러싸여 있기에 미사일 전력 개발은 그 과정에서 주변국의 온갖 견제를 받을 수밖에 없었다. 그런데도 대한민국이 이 정도로 놀라운 미사일 전력을 자체 기술력으로 개발했다는 것은 가히 기적이나 다름없다.

특히 대한민국의 미사일 개발사에는 당장이라도 개발을 포기하게 만드는 거대한 걸림돌이 있었다. 그것은 예상 밖의 나라인 미국이었다. 그 의지만큼은 세계 어떤 나라보다 강력한 대한민국조차 과거 미국의 압력에 의해 미사일 개발을 포기한 전력이 있었던 것이 사실이다.

그것은 대한민국 최초의 미사일인 'NHK-1 백곰'이었다. 1970년대 초반에 대

나이키 허큘리스 미사일°

한민국은 대외적으로 주권 국가의 초석을 다져가면서도 안으로는 비밀리에 백곰 미사일 연구 개발을 진행하고 있었다. 당시 백곰의 연구 개발을 담당했던 국방과학연구소를 '홍릉기계'라는 이름의 트랙터 제조 회사로 위장하여 운영했던 사실이 있다. 이는 대한민국의 연구 개발이 얼마나 은밀하게 이루어졌는지 알 수 있는 증거이다.

하지만 당시 백곰의 연구 개발은 답보 상태의 연속이었다. 지금은 대한민국이 전 세계 최정상 수준의 방산 기술력을 갖춘 나라가 되었지만 불과 1970년대까지만 하더라도 소총 한 자루조차 만들 기술력이 없어서 미국의 M-16을 면허 생산하고 있는 수준이기 때문이었다. 하지만 절실하면 통한다는 말처럼 대한민국에는 비장의 한 수가 있었다. 그것은 바로 미군에게 지원받아 운용하던 최대 사거리 180km, 탄두 중량 500kg인 나이키 허큘리스 지대공 미사일이었다.

나이키 허큘리스는 1954년에 초기 모델이 개발된 고물이어서 미사일 발사 후 계속해서 이동 좌표를 입력해야 하는 지령 유도 방식을 사용했다. 이에 지대공 미

° 출처 ©Dawn Endico

사일이었음에도 제한적으로 지대지 폭격이 가능했다. 바로 그 점이 백곰 연구 개발에 있어 천재일우의 기회였다. 당장 대한민국에 필요한 미사일 기능은 지상 타격이었기에 지대지 성능을 개량한다는 명분으로 나이키 허큘리스에 녹아있는 미사일 기술을 배워나갈 수 있었던 것이다.

그러나 미사일 기술 확보와 미사일의 생산은 전혀 차원이 다른 문제였다. 1970년대 당시 대한민국에서 미사일을 만들 수 있을 정도로 정밀 가공이 가능한 기업은 손에 꼽을 만큼도 없었다. 더군다나 백곰의 연구 개발은 성공 가능성 자체가 상당히 희박했다. 혹여 성공하더라도 기업체 입장에서 하등의 도움이 안 되는 '하이 리스크 로우 리턴 사업'이었던 것이다. 하지만 그런 가혹한 사업에 오직 사명감 하나로 뛰어든 기업이 있었는데, 그곳은 바로 금성정밀이었다.

금성정밀은 현재 천궁, 해룡, 범상어 등 대한민국 최고의 유도미사일 핵심 기술을 보유한 LIG넥스원의 전신이었다. 그렇지만 백곰의 제작 과정은 연구 개발 과정만큼이나 험난하기 그지없었다. 오죽하면 백곰 미사일의 추진 로켓 연소실에 쓸 고강도 강철이 부족해서 청계천에서 155mm 야포 포신을 구해다가 만들었다는 거짓말 같은 실화가 전설처럼 전해질 정도이다.

당시는 한국전쟁이 끝난 지 불과 20여 년밖에 흐르지 않았던 터라, 청계천 암시장에는 온갖 무기 체계가 분해되어 암암리에 거래되었다. 우스갯소리로 '청계천에서 말만 잘하면 전차도 만들어 올 수 있다.'라는 말까지 나돌 정도였다.

백곰은 그런 우여곡절 끝에 결국 1978년 시험 발사에 성공하면서 베일에 가려져 있던 모습이 공개되었다. 하지만 진짜 문제는 거기서부터 시작이었다. 백곰의 공개 발사가 이루어진 다음 날 화들짝 놀란 일본이 입에 거품을 물며 방해 공작을 시작한 것이다.

일본은 아사히 신문을 통해 "대한민국이 개발한 유도탄은 원시적인 포물선 비행 방식을 채택하고 있고, 그 정밀도 역시 부족하다."라는 비난과 함께 "그것은 핵 개발과 연관이 있는 것이 분명하다"라는 황당한 주장까지 이어갔다. 소련 또한 "대한민국의 핵 개발을 경고한다."라는 취지의 성명문을 발표하기까지 했다. 그동안 백곰의 개발을 까맣게 몰랐던 주변국들의 방해 작전이 본격적으로 시작된 것이었다. 하지만 거기까지는 대한민국이 무슨 일을 하더라도 깎아내리지 못해 안달인 적성국들의 방해였으므로 무시하면 그만이었는데, 진짜 문제는 미국이었다.

당시 미국 대통령은 희대의 암군暗君 중 한 명으로 평가받는 지미 카터(Jimmy Carter, 1924~)였다. 그가 암군으로 평가받았던 이유는 외교보다 인권과 반전을 중요시하면서 미국의 국익과는 반대되는 결정이 잦았기 때문이다. 그의 그런 행보는 대한민국에 대해서도 마찬가지였다. 당시 카터는 대한민국이 핵무기를 가져서는 안 된다며 압박했다. 백곰은 어디까지나 나이키 허큘리스의 기술을 이용해 만든 미사일이라는 그럴듯한 명분을 앞세워서 카터는 아주 강력한 어조로 백곰의 폐기를 요구했다. 그것은 대한민국의 입장에서 절대 무시할 수 없는 미국의 경고였다. 그런데도 진정한 자주국방의 첫걸음이라고 할 수 있는 백곰을 대한민국은 쉽게 포기할 수 없었다.

그때 등장한 신의 한 수가 바로 "어차피 백곰은 이미 개발한 것이니 그대로 두고, 대신 앞으로는 사거리 180km, 탄두 중량 500kg 이상의 미사일은 만들지 않겠다."라는 내용의 한미 미사일 사거리 지침이었다. 그것은 백곰의 최대 사거리와 탄두 중량을 상한선으로 그은 것이었다. 그렇게 한 이유는 당시 시대 상황을 감안할 때 정도 사거리면 평양을 타격하는 데에 아무 문제가 없었기 때문이었다. 게다가 당시 대한민국의 기술력으로 그 이상 가는 스펙의 미사일을 개발하기도 버거웠던 것이 사실이었다. 결국 대한민국은 주변국의 온갖 방해 공작에도 불구하고 미사일을 양산할 수 있는 기반을 마련한 셈이었다.

그러나 결론적으로 말하자면 끝내 백곰의 양산에는 성공하지 못했다. 정권이 바뀌면서 백곰의 개발은 결국 취소되었고, 심지어 그 충격으로 관련 기술자들까

국군 창설 65주년 기념식°

지 대거 이탈하였다. 이후 아웅 산 묘소 폭탄 테러[2](1983년 10월 9일)가 일어나고 그제야 북한을 직접 타격할 방법이 전무하다는 사실을 깨달은 정부가 개발 사업을 부활시킬 때까지, 백곰은 창고에서 먼지를 뒤집어쓰고 있어야 했다.

그런 우여곡절 끝에 백곰은 1986년이 돼서야 '현무[3]玄武-1'로 탈바꿈되어 전력화에 성공할 수 있었다. 하지만 여전히 최대 사거리는 180km에 불과했고 사업이 지체된 만큼 대한민국의 미사일 전력은 정체가 아니라 고급인력의 유출로 인해 오히려 퇴보를 맞이할 수밖에 없었다.

그러던 중 대한민국에 다시 없을 호재가 터졌다. 소련이 해체되면서 '불곰 사

---

2 버마 사회주의 연방 공화국을 방문 중이던 당시 대통령 전두환의 암살을 시도한 북한의 폭탄 테러. '아웅 산'은 버마의 독립운동가이자 국부의 이름으로, 그의 묘소에서 발생한 사건임. 대한민국 정부는 '버마 아웅 산 암살 폭발'이라는 명칭을 사용하고 있으며, 외국에서는 'Rangoon Bombing', 즉 버마의 수도 양곤에서 벌어진 폭탄 테러라 부름.

3 현무 미사일은 대한민국 국군의 주력 미사일 체계임. 탄도 미사일(현무-Ⅰ, Ⅱ, Ⅳ)과 순항 미사일(현무-Ⅲ)이 운용되고 있으며, 탑재 유형 또한 지대지 미사일(SSM), 함대지 미사일 및 잠대지 미사일(SLM) 등 다양한 변형이 존재함. 현무 미사일은 북한 및 주변국에 대한 핵심적인 억제 수단이며, 핵전력이 없는 대한민국 군이 보유한 가장 강력한 수준의 전략 무기임. 대한민국에서 전략 미사일 개발은 1970년대 초부터 시도되었으나 외부 사정 등에 의해 좌초되었고, 이후 백곰 미사일 계획의 후신으로 국방과학연구소 주도로 개발되기 시작함. 대한민국 군은 1986년 현무-Ⅰ을 시작으로 2001년 현무-Ⅱ와 현무-Ⅲ 시리즈를 개발하면서 미사일 전력을 증강하고 있음. 2020년에는 현무-Ⅳ 개발이 완료되었으며, 2021년에는 한미 미사일 사거리 지침이 폐지되면서 중거리 탄도탄은 물론, 이론적으로는 고폭탄두 및 집속탄두를 탑재한 대륙간 탄도 미사일 개발도 제도적 방해 없이 시도하게 되었음.

° 출처 ©이헌구

업[4]'의 일환으로 대량의 소련 무기 체계가 대한민국으로 유입되면서 미사일 기술까지 들어오게 된 것이다. 일각에서는 그 무렵 대한민국에 이스칸데르 미사일 기술도 들어왔다고 말한다. 일명 '도깨비 미사일'이라고 불리는 이스칸데르는 정점 고도에 도달한 뒤 하강하면서 회피기동을 할 수 있는 미사일이었다.

현무-1의 도입과 함께 부활한 대한민국의 미사일 기술력은 구소련 붕괴 과정에서 유출된 방산 기술력을 흡수하며 날개를 단 듯 빠르게 발전했다. 마침내 사거리 300km, 탄두 1톤에 달하는 현무-2A로 결실을 보았다. 현무-2는 대한민국 기술력 성장의 상징이 되었다. 실제로 현무-2의 개량형인 현무-2C는 사거리가 세 배 가까이 늘어난 800km에 달하고 정확도는 CEP 1~5m에 불과할 정도로 향상되었다. 그것은 고도로 발달한 순항 미사일과 비슷한 수준의 정확도로, 이스칸데르와 현무-2C를 비교한다는 게 불가능할 수준이라고 할 수 있다.

중국이 차차 미국의 세계 패권에 도전하면서 신新냉전시대가 열림에 따라 한미 미사일 지침도 완화되더니, 2021년 마침내 한미 미사일 지침은 폐지되었다. 결국 미국도 아시아에서 중국을 막을 수 있는 건 대한민국밖에 없다는 사실을 깨달은 것이다. 이는 현재 발사 시험까지 완료된 현무-5만 봐도 알 수 있다. 현무-5는 최대 탄두 중량만 무려 8톤에 달해 '핵탄두 없는 핵미사일'이라는 이름으로 불리며 대한민국의 적성국들을 공포에 떨게 했다. 대한민국은 현무-1 전력화 후 불과 40여 년 만에 온갖 역경을 뚫고 마침내 완벽한 전쟁 억제력을 보유하게 된 것이다.

---

4 구소련을 승계한 러시아 정부가 대한민국이 소련에 빌려준 돈을 갚지 못함에 따라 대신 부채의 일부를 현물로 상환하게 되면서 발생한 무기 도입 사업. 정식 명칭은 '대한민국 정부와 러시아 연방정부 간의 군사기술 분야·방산 및 군수 협력에 관한 협정안'

24

거함거포주의巨艦巨砲主義 변천사

얼마 전 대한민국 동해상에서 러시아의 충격적인 무력 도발이 자행되었다. 러시아 태평양 함대 소속 군함 14척이 동해를 가로질러 쿠릴 열도로 항해한 것이다. 그것은 러시아가 주관하는 다국적 연합 훈련인 보스토크East의 일환이었다. 현재 러시아는 우크라이나와 전쟁 중임에도 불구하고 굳이 대한민국의 영해를 가로질러 일본과 영토 분쟁 중인 쿠릴 열도에서 보스토크를 개최한 것이 주목할 만한 점이다.

그러한 사실만으로도 러시아의 영토 확장 야욕이 절대 우크라이나에서 끝나지 않으리라는 것을 충분히 느낄 수 있다. 더구나 보스토크와 유사한 목적의 림팩RIMPAC 훈련이 타국의 경계를 최대한 침범하지 않는 지역인 하와이에서 실시된다는 사실을 생각해 보면, 러시아의 그러한 행동은 명백한 무력 도발로 볼 수 있는 것이다. 그런데 일각의 군사 전문가들은 오히려 이번 훈련이 러시아의 자충수였다고 분석하고 있다.

오히려 보스토크로 인해 러시아 국방력의 처참한 현실이 전 세계에 알려졌다. 실제로 역대 최대 규모였던 보스토크 2018에 참가했던 총병력이 무려 30만 명에 달했던 것에 비해 이번 보스토크 2022에 참여한 총병력은 고작 1/6에 불과한 5만

림팩, 세종대왕함○

명밖에 되지 않았다. 게다가 훈련장도 기존 계획이었던 13곳에서 7곳으로 절반 가까이 줄였다. 이를 바탕으로 러시아가 우크라이나 전쟁으로 인해 치명적인 피해를 보았다는 것을 짐작해 볼 수 있다.

하지만 군사 전문가들은 러시아의 상황과는 별개로 보스토크 자체는 경계해야 한다고 경고했다. 그 이유는 바로 중국 때문이다. 이번 보스토크에 중국은 최초로 육·해·공 전 분야에 걸쳐 병력 2,000여 명, 군용차량 300여 대, 군용기와 헬기 21대, 군함 3척 등을 파견했다. 이는 자국의 군사력이 마침내 러시아를 뛰어넘었다는 중국의 무력시위라고 볼 수 있다.

중국은 우크라이나 전쟁을 계기로 힘의 균형이 자신들에게 넘어왔다는 것을 서방권 국가들에 과시하고 있다. 유감스럽게도 중국 특유의 허세가 아닌 듯 보인다. 실제로 현재 중국은 7,500톤 급 구축함을 무려 6대나 동시에 건조하는 등 폭발적인 전력 증강을 단행하였으며 중국 군함의 배수량이 단계적으로 증가하고 있다는 사실 때문이다.

배수량이 늘어난다는 것은 단순히 군함의 크기가 커지는 것뿐만이 아니라 탑

○ 출처 ©U.S. Navy Brandon Raile

재할 수 있는 무장의 절대량이 늘어난다는 의미이기에 상당히 위협적이다. 배수량이 커지면 강한 파도에도 군함이 버틸 수 있다. 중국이 최근 건조한 배수량 12,000~13,000톤의 055형 구축함 정도면 태평양과 같은 대양에서도 무리 없이 군사 작전을 수행할 수 있다는 의미이다. 그것은 곧 중국이 전 세계를 상대로 전쟁을 벌일 능력을 갖추게 되었다는 의미로도 해석된다. 미국이 세계 경찰을 자처하는 이유가 압도적 배수량의 해군력에서 나온다는 것을 생각하면 중국의 전력 증강은 대한민국 입장에서 상당한 위협이 될 수밖에 없다.

과거에 이러한 원해遠海 군사 작전을 방지하기 위해 세계 각국이 모여 군함의 배수량을 제한하는 해군 조약을 맺었다. 그것을 기반으로 만들어진 것이 현대에도 사용되고 있는 군함 구분법이다. 일례로 초계함은 배수량 400~1,500톤의 함선을 의미하고 그다음이 배수량 1,500~3,000톤의 호위함, 그리고 그 위 체급이 본격적인 원해 군사 작전이 가능한 배수량 3,000~7,000톤의 구축함과 배수량 10,000톤 이상의 순양함이다. 하지만 이는 어디까지나 과거 해군 감축 조약이 유효할 때 사용되던 암묵적인 기준일 뿐이다. 현대에 와서는 기술력만 갖추고 있다면 중국의 055형처럼 필요에 따라 10,000톤 이상의 구축함을 건조할 수 있다. 이런 양상은 제1차, 제2차 세계대전 직전의 모습과 상당히 유사하다.

1차 대전 직전의 강대국들은 상대를 제압하기 위해 경쟁적으로 해군을 키웠다. 심지어 종국에는 거함거포주의의 시작이라고 할 수 있는 배수량 21,000톤의 드레드노트급 군함이 등장하며 순양함의 다음 체급의 전함이라는 개념이 대두되었다. 이를 계기로 군함의 규모가 폭발적으로 커지면서 각국의 군비 경쟁이 심화되었다. 그 때문에 상호 간 해군력 증강을 일정 부분 제한함으로써 힘의 균형을 이룰 목적으로 전함의 최대 규모를 만재 35,000톤 이하로 제한하는 워싱턴 해군 군축 조약[1]을 맺었다. 그러나 그마저도 일본과 독일의 폭주暴走로 파기되고 만다.

---

1 1921년~1922년 두 해에 걸쳐 타결되어 1936년 말까지 예고되었던 미국, 영국, 일본 제국, 프랑스, 이탈리아 왕국 등 5대 열강 국

1941년 건조 중인 야마토○

결국 배수량을 기반으로 한 체급 차이가 해전의 승패를 결정지었던 만큼 적성국의 군함에 대항하기 위해서 보다 큰 전함 건조가 유일한 해법이었다. 조약 파기를 계기로 배수량 35,000톤 이상의 대형 전함들이 우후죽순으로 건조되기 시작했다. 더군다나 그 당시의 해전은 서로 함포를 겨냥하고 적의 군함이 침몰할 때까지 포탄을 쏘아대는 방식이었으므로, 군함이 얼마나 거대하고 얼마나 큰 함포를 탑재했느냐가 곧 국방력의 상징이었다.

이러한 거함거포주의에 경도되어버린 일본은 1941년 국가 총예산의 1%(현재 가치로 10조 원 상당)가 넘는 돈을 들여 만재 배수량만 무려 72,800톤에 달하는 초대형 전함인 야마토급 전함을 건조하였다. 2015년 기준 대한민국의 KF-21 보라매 개발 비용이 8조 8천억 원이었다는 것과 비교하더라도, 당시 전함 한 척에 무려 10조 원을 들였다는 것이 얼마나 엄청난 야욕인지를 짐작할 수 있다. 야마토

가의 해군 군축 조약. 현대의 가장 유사한 예를 들자면 핵확산금지조약으로, 당시에는 핵무기와 유사한 전략 병기에 해당하던 군함 생산 제한을 위한 열강 국가 간의 조약이었음. 이 조약의 목적은 끔찍했던 제1차 세계 대전을 겪은 인류가 더 이상의 대규모 전쟁을 방지하기 위함이었으며, 특히 일본 제국의 해군 팽창을 억제하는 데 공헌하였음. 군축 이행 완료 약속 시점인 1936년을 2년 앞둔 1934년, 일본 제국에 의해 깨지게 됨.

○ 출처 ©Yamato Museum

급 전함은 일본 군국주의의 상징이자 세계를 지배하겠다는 시대착오적인 욕망의 산물로, 상상을 초월하는 막대한 금액이 소모된 만큼 그 규모는 실로 경악할 만한 수준이었다.

전장은 축구장 2개보다 긴 263m에 달했고 전폭은 39m, 탑재한 무장도 주포로 460mm 35구경장 3연장 주포를 3대 탑재했다. 부포로 일반적 구축함이나 경순양함에서 주포로 사용할 155mm 함포를 탑재했다. 그 크기만큼이나 방어력도 엄청나서 야마토급 주포 포탑의 전면 장갑 두께는 무려 660mm에 달했다. 이는 일반적인 전함의 주포 포탑 장갑의 2배에 달하는 수치여서 이론상으로는 다른 어떤 전함도 이 장갑을 뚫어낼 수 없었다.

하지만 일본이 만든 무기 체계의 대부분이 그렇듯 야마토급 전함 또한 겉만 화려했다. 주포의 포탑이 어마어마한 방어력과 공격력을 가진 것과는 달리 부포 포탑의 장갑은 고작 25mm에 불과했다. 철옹성 같은 야마토함의 치명적인 약점이 바로 그곳이었다. 심지어 부포 포탑 밑에는 주포의 탄약고가 연결되어, 적의 포탄 한 방이 부포 포탑에 떨어지면 야마토급 전함 전체의 탄약고가 폭발을 일으킬 수 있는 어이없는 구조였다.

문제는 그것뿐만이 아니었다. 적의 함선을 큰 대포로 격침하는 것에만 집중한 결과 대공 능력은 처참한 수준이었다. 전함이 클수록 전투기가 타격하기도 쉬워진다는 기본적인 사실조차 생각하지 못한 듯했다. 실제로 야마토급 전함의 대공포 대부분은 장갑 하나 없는 노천식露天式이었고 기본 탄창도 고작 15발이 다였다. 게다가 기술력 부족으로 대공 사격을 통제할 수 있는 레이더마저 갖추지 못했다. 그러한 상태라면 전투기가 선회하면서 기관총을 한 번만 쏘아도 대공 전력이 전멸할 정도의 수준이었다. 오죽하면 일본 해군조차도 2번 함인 무사시함의 주포를 이용해 대공화망을 구축하려고 시도할 정도였다. 기존의 대공포가 유명무실한 수준이니 주포로 산탄과 비슷한 개념인 유산탄을 발사해 미군 전투기를 격추하려고 했다. 하지만 막상 무사시함이 유산탄을 발사하자 눈앞에서 그야말로 지옥도가 펼쳐졌다. 460mm에 달하는 주포의 후폭풍이 너무나 거세서 가뜩이나 위태롭던 대공포가 부서져 나갔다. 심지어 대공포를 운용하던 병사들까지 후폭풍에 휘말려 생을 마감하는 참사가 벌어졌다. 결국 무사시함은 미군 전투기들의 집중 폭격에 제대로 된 반항 한번 못해보고 비참하게 격침되고 말았다.

야마토급 전함은 그 밖에도 엔진 기술 부족으로 인한 느린 속도, 예비 부품과 수리 자재의 부족, 각종 레이더 기술 부족 등 전함으로서 반드시 갖춰야 할 모든 부분에서 함량 미달이었다. 실제로 야마토급 전함은 자신의 포탑 1개의 무게만도 못 한 배수량의 구축함에 격퇴당하는 등 온갖 추태를 보였다. 결국 일본 해군의 손에 자침自沈되는 치욕스러운 결말을 맞이하고 말았다.

사실 야마토급 전함이 건조될 즈음에는 이미 거함거포주의가 몰락하던 시기였다. 전술한 바와 같이 전함은 전투기에 너무도 무력했고, 항공모함이 발전하면서 그런 약점은 더욱 커져만 갔다. 결정적으로 미사일이 등장하면서 덩치만 큰 전함은 돈 잡아먹는 애물단지로 전락하고 말았다.

실제로 야마토급 전함의 주포 사거리는 40km 정도에 불과했고 전함 간 해상전이 발생할 경우 주포의 명중률은 고작 10% 정도였다. 그러한 상황에 엄청난 사거리와 압도적인 명중률을 갖춘 미사일이 등장했으니, 구시대적인 전함이 역사의 뒤안길로 사라지는 것은 당연한 수순이었다. 오늘날 함대 구성의 핵심이 이지스 구축함이라는 사실이 증명하듯이, 현대는 미사일 기술이 발전하면서 무작정 군함의 크기를 키우지 않아도 압도적인 화력을 보유하는 게 가능해졌다.

놀랍게도 그 분야의 대표주자가 만재 배수량 10,600톤에 달하는 대한민국의 세종대왕급 구축함이다. 대한민국이 세종대왕급 구축함은 적성국의 군함에 대응하기 위해 만들어졌다. 북쪽에는 북한이 위치해 있고 고작 300km 남짓한 서해 너머에서는 중국이 호시탐탐 대한민국을 노리고 있는 상황에서 우리만 암묵적인 규정을 지킬 수 없는 노릇이기 때문이었다. 그렇게 한 번 각오를 다진 대한민국의

SM-3 수직 발사°

화력은 그야말로 상상 이상이었다.

세종대왕급 구축함에는 Mk.41 수직 발사관 80셀, KVLS이 48셀이나 탑재되어 있으며 Mk.41 수직발사관 80셀에만 사거리 170km의 SM-2 함대공 유도탄까지 탑재되어 있다. 거기에 최대 탐지거리 450km, 동시 최대 24개의 목표물과 교전할 수 있는 이지스 시스템까지 더해졌다. 이 정도라면 적의 전투기나 순항 미사일을 거의 완벽히 방어할 수 있다. 게다가 세종대왕급 구축함에는 KVLS 48셀에 달하는 해성-2 함대지 순항 미사일을 탑재할 수 있다. 현무-3의 해상 운용 버전인 해성-2는 탄두 중량만 500kg에 달하며 사거리가 무려 최대 1,500km이다.

결국 그 정도면 가히 공격과 방어 양면에서 완벽에 가까운 전투를 수행할 수 있다. 중국이 대한민국의 세종대왕급 구축함보다 더 크게 건조한 최신 구축함인 055형의 수직 발사관이 112셀에 불과하다는 것과 비교한다면 대한민국의 화력 사랑이 얼마나 대단한지 알 수 있다. 이처럼 대한민국은 타국 침략이나 전시 효과를 목적으로 하지 않으면서도 오직 자국의 수호를 위해 최강이라고 부를 만한 화력 체계를 완벽히 구축해 가고 있다.

° 출처 ©U.S. Navy

25

제3차 중동전쟁

최근 유가油價 상승세가 심상치 않다. 유가가 리터당 2,100원을 돌파하면서 주유하기가 겁날 정도인데, 전문가들 사이에서는 현재 상황과 1970년대에 일어난 석유 파동[1]oil shock; oil crisis을 비교하는 분석까지 나오고 있다. 그러한 분석이 일리가 있는 이유는, 최근의 경우와 마찬가지로 석유 파동 역시 전쟁에서 비롯된 유가 조작 사건이었기 때문이다.

당시 아랍 국가들은 이스라엘과의 제4차 중동전쟁[2](1973년 10월 6일~10월 23일)에서 승리하기 위해 석유를 마치 무기처럼 휘둘렀지만, 처참하게 패배하고 말았다. 하지만 그것은 어디까지나 표면적인 결과였고, 아랍 국가들의 패배는 어디까지나

---

1 1973년 아랍 산유국의 석유 무기화 정책과 1979년 이란 혁명 이후, 각각 두 차례에 걸친 석유 공급 부족 및 석유 가격 폭등으로 세계 경제가 큰 혼란과 어려움을 겪은 사건. 제2차 세계 대전이 종전되고 브레튼우즈 체제가 성립된 이후, 서방 선진국들이 누리던 지속적인 경제 성장과 중산층 확대라는 자본주의의 황금기를 끝낸 사건으로 손꼽힘.

2 이집트와 시리아가 주축이 된 아랍 연합군과 이스라엘이 1967년 6일 전쟁 후 이스라엘이 점령한 시나이반도와 골란 고원을 중심으로 벌인 전쟁. 1973년 이스라엘의 전통적 속죄일인 욤 키푸르이자 이슬람의 신성한 기간인 라마단이던 날 아랍 연합군이 이스라엘 점령지에 기습적인 합동 공격을 개시하면서 시작되었기 때문에 '욤 키푸르 전쟁' 또는 '10월 전쟁'이라고도 불림. 이집트와 시리아는 휴전선을 넘어 각각 시나이반도와 골란 고원을 향해 진격했는데, 미국과 소련은 전쟁 기간에 그들의 동맹국에 대량으로 물자를 보급함으로써 전쟁은 두 강대국의 대결 양상을 띠게 됨. 이집트의 바드르 작전이 성공적으로 개시되면서 이집트군은 휴전선을 건너 시나이반도를 향해 진격했으나, 3일 후 이스라엘은 병력 대부분을 동원해 이집트군의 공세를 정지시킴으로써 교착 상태가 됨. 시리아군은 이집트의 공세와 더불어 골란 고원 공격을 시작했으나, 이후 이스라엘 방위군은 시리아 중심부를 향해 반격을 가하면서 이집트군의 공세를 저지함. 이스라엘군은 수에즈, 이스마일리아에서 벌어진 이집트군과의 1주일 격전으로 인해 양측 모두 큰 피해를 입게 됨. 10월 22일 유엔의 중재안이 발표되었는데 10월 24일 이스라엘군은 거점을 강화해 이집트 제3군과 수에즈를 포위함으로써 미국과 소련 사이에 긴장이 높아지게 되었고, 제2차 휴전안이 10월 25일 발표되며 전쟁이 종결됨.

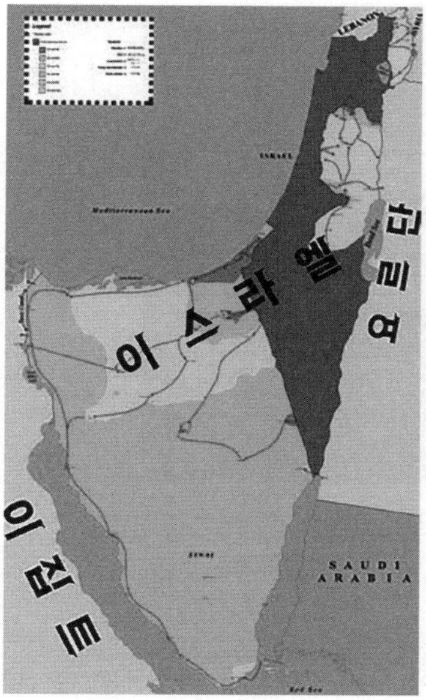

6일 전쟁, 이스라엘 점령지°

정치적으로 실보다 득이 많은 값진 패배였다. 석유의 무기화를 계기로 국제 사회에서 아랍 국가들의 영향력은 무시할 수 없을 정도로 급성장했는데, 제3차 중동전쟁(1967년 6월 5일~6월 10일)부터 시작된 유가 조작이 마침내 결실을 본 셈이었다.

이스라엘과 아랍 국가들은 1948년 이스라엘이 독립을 선언한 이래 지금까지 첨예한 대립 상태를 유지하고 있다. 이슬람권인 아랍 국가들은 어느 날 갑자기 나타나 성지 예루살렘의 소유권을 주장하는 유대교 국가 이스라엘을 인정할 수 없었기 때문이다. 1948년과 1956년에 벌어진 두 차례의 중동 전쟁도 이스라엘의 독립을 인정할 수 없었던 이집트, 요르단, 시리아 연합군의 선제공격으로 시작되었다.

하지만 제3차 중동전쟁부터는 사정이 조금 바뀌었다. 먼저 치러진 두 차례의 전쟁에서 상상 이상으로 오합지졸이던 이집트, 요르단, 시리아 연합군은 제대로 편제조차 갖춰지지 않은 이스라엘에 무참히 패배했다. 두 차례의 승리에서 자신감을 얻은 이스라엘이 이집트의 군비 강화를 트집 잡아 선제공격을 감행했다. 여기에는 이스라엘의 영토 확장에 대한 야욕이 숨어 있었다.

이스라엘이 1967년 6월 5일 아침 레이더 기지의 교대 시간을 노려 이집트 공군 기지에 기습 폭격을 가하며 제3차 중동전쟁이 시작되었다. 세 시간에 걸친 폭격에 이집트 공군은 450여 대의 항공기 중 무려 80%에 달하는 300여 대를 잃었고, 이스라엘 공군은 요르단과 시리아의 비행장에 공습을 가해 무려 100대가량의

○ 출처 ©Zvikorn

시나이, "Shaked" 부대 정찰군°

전투기를 파괴했다. 즉 이스라엘은 개전과 동시에 무려 3개국의 제공권을 완전히 장악해 버린 것이다. 게다가 부족한 명분으로 전쟁을 시작한 이스라엘은 자국의 육군까지 동원해서 이집트 국경으로 진격했다. 국제 사회가 개입을 시작하기 전에 최대한 넓은 지역을 점령할 속셈이었던 것이다.

그러나 문제는 따로 있었다. 이집트가 역사상 최악이라고 불리던 선전 전술을 감행한 것이다. 이스라엘 육군이 시나이반도의 북쪽을 뚫어내자 이집트 육군은 수에즈 운하까지 패퇴를 거듭했다. 반면 이집트 지휘부는 오히려 이집트가 이스라엘을 압도 중이라고 가짜 뉴스를 배포했다. 오죽하면 당시 이집트의 대통령 가말 압델 나세르까지 그 가짜 뉴스에 속을 정도였다. 또한 국제 사회의 개입을 염려한 이스라엘이 본인들의 전쟁 성과를 공개하지 않아 제3차 중동전쟁 초기에는 외신도 이집트가 승리 중이라는 뉴스를 내보낼 정도였다.

뒤늦게 전쟁에 참전한 시리아는 이집트의 가짜 뉴스만 철석같이 믿고 전황을 오판하여 병력의 2/3를 잃고 말았다. 이후 뒤늦게 아랍 국가들이 완패했다는 사

° 출처 ©Rafi Rogel

실을 깨달은 국제 사회가 중재에 나서며 제3차 중동전쟁은 막을 내리게 되었다. 하지만 그때는 이미 이스라엘이 이집트의 시나이 반도, 시리아의 골란 고원, 요르단의 요르단강을 점령한 후였다. 불과 전쟁 개시 6일 만에 이루어 낸 이스라엘의 대승이었으며 그로 인해 전쟁 직후 이스라엘의 영토는 세 배 가까이 확장되었다. 전라도 정도의 면적이었던 나라가 일주일 만에 대한민국 절반에 해당하는 크기로 커진 것이다.

영토가 이스라엘의 몇 배나 되는 데다가 당시 소련이 뒤를 봐주던 아랍 연합은 어째서 그렇게 무기력하게 패배한 것일까. 가장 큰 이유는 아랍 연합의 지휘 연계가 엉망이었음을 들 수 있다. 현재 이슬람 국가들은 종교관의 차이 때문에 서로 총부리를 겨누고 있는데, 그 당시에도 상황은 별반 다를 게 없었다. 즉 아랍 연합은 이름만 '연합'이었지 서로를 신뢰하지 않는 상황이었고, 자국 내에서 소규모 내전이 계속되면서 제대로 전쟁을 치를 상황이 아니었다.

군비를 강화하면서 전쟁을 준비하는 듯한 분위기를 풍겼던 이집트가 사실은 전쟁을 원하지 않았다는 분석도 있다. 이스라엘의 국제적 입지를 줄이기 위해 일종의 무력시위를 했을 뿐이라는 것이다. 실제로 이집트는 병력의 절반을 예멘 내전에 투입하는 등 전쟁에 대비하지 않고 있었지만, 결과만 놓고 보자면 이스라엘이 아랍 연합의 병력 공백을 기가 막히게 파고들어 대승을 거둔 셈이었다. 그때부터 예루살렘은 중동의 화약고가 되어 지금 이 순간까지도 크고 작은 분쟁이 이어지고 있다.

26

전격전電擊戰

“개전과 동시에 키이우[1]Kyiv(Київ)를 점령한 러시아군이 우크라이나 동부로 세력권을 넓히고 있다.”

만약 러시아가 개전 병력을 키이우에 집중했다면 우리는 3월쯤 위와 같은 헤드라인headline을 단 뉴스를 시청할 수 있었다. 하지만 현실은 그렇지 않았다. 러시아는 20만 명의 병력을 특정한 목적 없이 여러 곳에 투입함으로써 전쟁의 주도권을 완전히 상실했다. 그 작전이 통하지 않자 동시에 세 방향으로 진격해도 충분히 우크라이나를 점령할 것이라고 오판했다. 이는 러시아가 전쟁의 대원칙 두 가지를 위반했기 때문이다.

먼저 군사적 긴장감을 고조시키면서 우크라이나가 전쟁에 대비하도록 했다는 점이다. 우리가 익히 알고 있는 사실처럼, 현대전에서 선전포고 후 전쟁을 시작하는 경우는 극소수이다. 한국전쟁을 그 사례로 들어보면 북한이 대한민국군이 가장 약해지는 시점을 노려 기습했음을 알 수 있듯, 대부분의 전쟁은 정보력에서 압

---

1 키이우(Київ) 또는 키예프(Киев)는 우크라이나의 수도이자 최대도시. 키이우 주의 주도이지만, 행정구역은 주와 분리되어 있음. 우크라이나, 러시아, 벨라루스까지 동슬라브 3국의 발상지이기도 한 역사적 고도古都.

도적 우위에 있는 공격자의 기습에서 시작되었다. 하지만 러시아는 그런 기습의 원칙을 스스로 포기하면서 군사적 이점을 버린 것이나 다름없었다. 이는 베이징 올림픽이 끝날 때까지 개전을 미뤄달라는 중국의 요청 때문이었다.

러시아가 위배한 다른 하나의 전쟁 원칙은 바로 집중의 원칙이다. 전술前述한 것처럼 만약 러시아가 개전과 동시에 20만 병력을 모두 키이우에 집중했다면, 우크라이나의 반격은 결코 쉽지 않았을 것이다. 만약 병력의 질이 서로 비슷한 양쪽 군대가 싸운다고 가정한다면 병사의 수로 그 전쟁의 우위가 정해진다. 러시아는 20만 명의 대군을 특수 작전이라는 명목으로 우크라이나의 여러 곳으로 분산하면서 방어 전략을 단순화할 수 있게 만들었다.

그렇게 된 이상 러시아가 아무리 많은 병력을 끌더라도 우크라이나는 그 길목만 차단하면 되었기에, 상대적으로 수월하게 병력을 운용할 수 있었다. 즉 러시아의 가장 큰 실수는 개전 초 전략의 실패와 우크라이나가 충분히 대응할 시간을 줬다는 것이다. 반대로 러시아가 국가의 핵심 병력을 잘게 나누어 수적 우위를 선점하였다면 승리의 가능성이 비약적으로 높아졌을 것이다. 또한 만약 러시아가 키이우를 점령한 뒤 구심점을 잃은 우크라이나군을 동부 전선 중심으로 하나씩 격파해 나갔다면 전쟁은 3개월 이내에 러시아의 승리로 끝났을 것이다.

유사한 교훈은 지나간 역사 속에서도 찾을 수 있다. 집중의 원칙을 귀신같이 잘 활용한 국가가 바로 나치 독일이었다. 1940년 프랑스는 나치 독일의 침공에 대비하여 국경에 강력한 방어선을 구축했다. 하지만 방어선을 선형으로 구성하는 중대한 실수를 저지르고 말았다. 선형 방어선이란 그 이름처럼 한 줄로 길게 늘어선 방어선을 말하는데, 당시 프랑스를 대표하던 방어선이 바로 '마지노선[2] Ligne

2 1929년부터 1938년까지 프랑스가 독일과의 전쟁을 염두에 두고 프랑스-독일 국경에 설치한 대규모 요새 지대. 그 이름은 요새 건설을 주장한 프랑스의 정치인이자 전쟁부 장관인 앙드레 마지노André Maginot에서 유래함. 마지노선 건설에는 50억~70억 프랑의 예산이 들어갈 것으로 계획되었지만, 최종적으로는 30억 프랑만이 사용되었음. 제2차 세계 대전에서 독일군은 마지노선을 우회하여 프랑스 침공을 실행했기 때문에, 실제로 마지노선에서 벌어진 전투는 많지 않았음. 오늘날에는 더 이상 물러설 수 없는 한계선을 의미하는 관용적 표현으로 쓰임.

마지노선 벙커 입구°

Maginot; Maginot Line'이다.

마지노선은 콘크리트와 강철로 지어진 단단한 요새로 프랑스와 독일의 국경에 위치했다. 대구경 포를 발사할 수 있는 벙커형 포대와 완전 콘크리트화된 수십 미터 깊이의 참호로 구성되었으며 병사들이 휴식할 때 사용할 당구장까지 구비된 첨단 요새였다. 그래서 프랑스인들은 이 강력한 마지노선에서 시간만 끌면 승리는 자신들의 몫이라고 생각하고 있었는데, 나치 독일은 프랑스의 그런 안일한 생각을 역이용했다.

나치 독일은 네덜란드와 마지노선 방면으로는 전투력이 다소 떨어지지만 그 수가 많은 대규모 보병을 보내 양동작전[3]陽動作戰을 펼치는 한편, 전차와 차량으로 이뤄진 최정예군을 아르덴 숲에 투입했다. 아르덴 숲은 벨기에와 프랑스 사이에 위치한 국경지대였다. 다만 그 지형이 너무 험해서 대군이 오지 않으리라 판단한 프랑스가 그 지역에는 요새를 설치하지 않는 치명적인 실수를 저질렀다. 그래

3 적의 경계를 분산시키기 위하여, 실제 전투는 하지 않지만 병력이나 장비를 기동함으로써 마치 공격할 것처럼 보여 적을 속이는 작전.

○ 출처 ©John C. Watkins V

제24기갑사단°

서 독일기갑부대가 아르덴에 나타났다는 소식에 프랑스 지휘부는 발칵 뒤집어졌다. 선형 방어선은 아주 단단한 방어가 가능했지만 그와 동시에 한 점만 돌파되더라도 곧바로 배후가 노출되는 치명적인 단점을 안고 있었다. 마지노선의 북쪽이 뚫린 이상 길게 늘어선 마지노선에 들인 노력은 전혀 쓸모가 없어졌다.

나치 독일군의 전차는 이미 프랑스의 선형 방어선을 돌파한 후 프랑스군의 배후를 공격하였다. 그 결과 나치 독일군은 파죽지세로 프랑스군과 연합군을 쓸어버렸고 히틀러는 고작 6주 만에 파리를 점령할 수 있었다. 그 후 적의 저항을 급속히 분쇄함으로써 기계화 부대와 공군력에 의해 펼치는 신속한 기갑 돌파와 포위 기동을 '전격전電擊戰'이라 부르게 되었다. 하지만 전격전으로 대표되는 독일의 포위 섬멸 기동이 언제나 만능인 것은 아니었다.

그 일례로 나치 독일은 1943년 동부 전선의 판세를 뒤집기 위해 대대적인 포위 기동을 시도했으나 처참히 실패하고 말았다. 그것이 바로 쿠르스크 전투[4]이다.

4 독소전쟁 중 1943년 7월 4일~1943년 8월 23일까지 쿠르스크 일대에서 벌어진 소련군과 독일 국방군 간의 전투. 제3차 하르코프 공방전 이후 형성된 쿠르스크 돌출부를 포위하려는 독일군의 시도에서 발생함. 소련군의 우세로 넘어가던 동부 전선의 승패

○ 출처 ©Bundesarchiv

그 전투에서 독일군은 강력한 기갑 전력을 북부와 남부 돌출부에서 동시에 선봉으로 진격시켰다. 빠른 진격으로 포위선을 닫아 쿠르스크 지역의 소련군을 완전히 고립시킨 뒤 섬멸할 계획이었지만, 나치 독일의 야심 찬 계획은 소련군의 다층 종심 방어에 막혀 무참히 부서지고 말았다. 독일은 최대의 전차전을 벌이면서까지 진격에 모든 걸 쏟아부었다. 그런데도 한 달 남짓한 전투 기간 중 나치 독일이 진격한 거리는 고작 30km 정도에 불과했다. 포위망을 만들기 위해서는 350km 전진이 필요했다는 걸 생각해 보면 지극히 미미한 수준이었다. 결국 쿠르스크 전투는 나치 독일의 패배로 끝났다. 심지어 나치 독일은 이 전투로 공세 역량을 완전히 상실한 나머지 독소 전쟁과 제2차 세계대전에서 패배의 수순을 밟게 되었다.

아이러니한 사실은 그와 같이 거대한 악에 맞서 훌륭한 전과를 기록했던 러시아가 지금은 역사상 최대의 적이었던 나치 독일과 똑같은 실수를 범하고 있다는 것이다. 이러한 사실을 통해 알 수 있는 것은, 전쟁의 판세는 병력의 우위보다는 뛰어난 전략 전술로 언제든 뒤집어질 수 있다는 사실이다.

를 확정지은 전투로, 이 전투에서 패배한 독일군은 기갑전력에 치명적인 피해를 입고 이후 동부 전선에 공세를 펼칠 역량을 완전히 상실했음.

27

최초의 무기

- 야포野砲 편

최근 유럽 일각에서 대한민국의 K9A2 자주포에 대한 졸렬한 주장이 제기되고 있다. 얼마 전 영국은 노후화된 AS90 자주포 116문을 대체하기 위해 대규모 차세대 자주포 도입 사업인 MFP를 시작했다. 외적인 규모만 따져봐도 수십 조兆를 호가하는 사업인 만큼 영국과 스웨덴이 공동 개발한 아처, 프랑스의 세자르, 독일의 RCH-155 등이 그 사업에 참여했다. 또한 대한민국이 K9A2로 MFP에 뛰어들자 위기의식을 느낀 유럽 경쟁사들이 담합하여 온갖 비방을 쏟아냈다.

우선 지리적 한계 때문에 영국은 절대로 K9A2를 도입할 수 없다는 주장이 있다. 영국은 지리적으로 유럽 대륙에 더 가까우므로 효율성을 위해 유럽산 자주포를 도입할 수밖에 없다는 것이다. 얼핏 들으면 일리가 있지만, 그 속을 들여다보면 어불성설語不成說이라는 것을 알 수 있다. 주변국에서 사용하는 무기 체계는 비슷한 기후나 환경로 충분히 검증되었다는 의미이다. 유사시의 후속 군수 지원을 감안한다면 무기 체계를 동맹국과 통일시키는 것이 더 유리할 것이다. 하지만 안타깝게도 현재 유럽은 경쟁적인 군비 축소로 인해 자국의 방위 산업 인프라가 심하게 위축되었다. 유럽의 무기는 '체계'라고 말하기 민망할 정도의 답보 상태인

K-9 자주포°

것이 사실이다. 그나마 사정이 나은 독일조차도 2017년 리투아니아와 복서 장갑차 90대를 2021년까지 납품하기로 계약했지만, 현재까지 납품한 수량은 고작 40여 대에 불과할 정도로 방산업체들이 몰락한 상태이다.

반면 대한민국의 무기 체계 생산 능력은 가히 경이로운 수준이다. 그 단적인 사례가 바로 K-9 자주포이다. K-9은 완전한 새 제품을 생산하고 무려 115회나 되는 성능 시험까지 통과하는 데 고작 100일밖에 걸리지 않는다. 이미 구비된 여러 개의 생산 라인을 감안하더라도 한 달 만에 수십 대의 생산도 가능하다. 자세한 생산 능력에 관한 사항은 기밀이지만, 군사 전문가들에 따르면 대한민국은 1년에 최대 200대의 K-9을 생산할 능력을 보유하고 있다.

웬만한 국가로서는 믿기지 않을 정도의 생산 능력이다. 애초에 그만한 능력을 갖추지 못했다면 인도, 튀르키예, 폴란드 등에 수백 대의 K9을 수출하는 것 자체가 불가능했을 것이다. 가격도 비싸고 후속 지원도 형편없는 데다 납기일까지 지키지 못하는 물건을 구매하는 나라는 없을 것이다. 국토방위와 직결된 자주포 같

° 출처 ©Imgur

은 무기라면 두말할 필요가 없다.

유럽의 견제는 그쯤에서 끝나지 않았다. 일각에서는 K9A2가 궤도형 자주포이기 때문에 현대전에서는 아무 쓸모 없다는 비방을 했다. 실제로 MFP에 참가한 유럽산 자주포들이 대부분 차륜형 자주포인 것도 궤도형 자주포는 현대전에 어울리지 않는다는 기조에서 비롯되었다. 그러나 정작 우크라이나 전쟁이라는 실전을 통해 뼈저린 한계를 느낀 것은 궤도형 자주포가 아니라 바로 차륜형 자주포였다.

이는 차륜형 자주포의 사격 제한 때문이었다. 차륜형 자주포는 접지 면적이 좁아서 필연적으로 궤도형 자주포에 비해 균형 감각이 떨어지므로 험지 사격 능력이 상당히 제한적이다. 물론 아웃트리거를 펼쳐서 수평을 잡을 수는 있겠지만, 그것도 자주포의 무게를 감안하면 지면이 그만큼 단단해야 한다는 제약이 있다.

요컨대 차륜형 자주포는 완전히 준비된 포병 진지에서 사격할 때만 제 성능을 발휘할 수 있다는 의미이다. 게다가 차륜형 자주포는 포의 반동 때문에 특정 각도와 측면 사격에 상당한 제약이 있다. 급박한 전시 상황에서는 그런 제약을 무시하고 사격할 수는 있겠지만, 그것은 곧 명중률 하락과 차체 파손으로 이어질 가능성이 크다. 게다가 차륜형 자주포는 구조상 궤도형 자주포에 비해 내부 공간이 좁을 수밖에 없다. 차륜형 자주포가 빠른 이동 속도와 정비의 용이성을 앞세워 소규모 전투나 분쟁에서는 활약할 수 있지만, 대규모 교전이나 전면전 같은 상황에서는 단점이 더 두드러진다.

포병에게 최대의 적은 포병이기에 사격 후 이탈은 포병 전술의 기본인 동시에 핵심이다. 하지만 프랑스의 세자르 같은 경우 정차 후 유압식 안정화 장치를 전개하여 155mm 52구경장 포를 방열한 뒤 수동으로 포탄을 장전해야 한다. 포를 조준하고 사격만 가하면 되는 K9A2에 비하면 세자르 자주포는 견인포와 다름없을 정도로 느리고 복잡한 무기이다. 영국과 스웨덴의 아처 자주포는 생존성이 상당히 떨어지는 세자르의 약점을 극복하기 위해 제작되었다. 완전 자동화 방열 장치를 채택했지만, 내부 공간 부족으로 적재 가능한 포탄이 고작 21발에 불과하다. 포

프랑스 "세자르" 자주포°

탄을 모두 소진하면 일일이 손으로 재보급해야 한다는 단점을 안고 있다.

반면 K9A2는 그 내부에만 아처의 두 배가 넘는 48발의 탄약을 적재가 가능했다. K-10 탄약 운반 장갑차와 함께 운용하면 추가로 104발의 포탄을 완전 자동으로 보급 받을 수 있다. 즉 K9A2와 아처는 비록 포의 방열 속도 면에서는 비슷하더라도, 전투 지속 능력과 화력 면에서는 비교가 불가능한 수준이다. 그러한 상황이라면 영국이 무조건 K9A2를 선택할 수밖에 없어 보인다. 하지만 아직 방심하기에 이른 이유는 독일의 차세대 자주포인 RCH-155가 K9A2와 비슷한 성능을 보여주고 있기 때문이다.

독일의 RCH-155는 전장 7.9m, 전폭 3m의 복서 장갑차 차체에 155mm 52구경장 포신을 탑재했다. 이 포신은 독일이 새로 개발한 신형 155mm 모듈형 포탑을 탑재해서 단 두 사람만으로도 운용할 수 있는 데다가 완전 자동화 장전 시스템을 갖추고 있다는 장점을 지녔다. 게다가 분당 발사 속도 9발로 상당히 빠른 사격이 가능하며, 포탄으로 로켓 추진 보조탄인 LAP을 사용하면 최대 사거리가 무려

° 출처 ©Mikki Sprenkle

54km에 달할 정도로 준수한 성능을 보유하고 있다.

하지만 그것도 대한민국의 K9A2에는 한참 못 미치는 성능이다. 가장 중요한 사격 능력만 해도 K9A2의 최대 발사 속도는 분당 최대 10발로 RCH-155와 비슷하지만, 수 시간 동안 포탄을 쉬지 않고 쏠 수 있는 전투 지속력은 RCH-155에 비할 바가 아니다. 대한민국의 K9A2는 더 큰 차체 덕에 안정성이 높고 탑재된 포탄의 수가 많으며, 사거리는 K315 HE-RAP 탄을 사용하면 55km, 개발 중인 제트추진 포탄의 경우 100km가 넘는다. 심지어 K9A3부터는 신형 58구경장 포신을 사용해 일반탄의 사거리까지 크게 늘릴 계획이다. 그런 엄청난 업그레이드는 거대한 155mm 포탑을 자그마한 복서 장갑차에 욱여넣은 모양인 RCH-155가 도저히 따라갈 수 없는 것이다.

독일이 현재 복서 장갑차의 기본형조차 제대로 생산하지 못하고 있는 상황에서 세상에서 제일 비싼 자주포라는 PzH-2000의 포탑까지 올렸으니, 자주포 한 대당 가격이 얼마나 비싸질지는 가늠할 수 없다. 즉 RCH-155는 가격이나 생산 능력 면에서 대한민국의 K9A2와 전혀 경쟁이 될 수가 없어 어느 나라라도 RCH-155를 선택할 가능성은 거의 없다. 또 결정적으로 K-9 자주포 계열은 전 세계 자주포 시장을 독점할 만큼 충분히 검증된 무기이다. 이는 성능, 가격, 후속 지원, 생산 능력 등 모든 요소가 맞아떨어진 결과라고밖에는 설명이 불가능하다.

그러한 사항과는 별개로 K-9이 명품 자주포가 될 수밖에 없었던 이유가 있다. 그것은 악전고투를 이겨낸 대한민국 연구진의 인간 승리에 가까운 노력이라고 할 수 있다. 사실 대한민국 최초의 야포는 KH-178 105mm 견인포이다. 대한민국 무기 체계의 첫 시작이 대부분 그러했듯, KH-178 역시 관련 기술이 전무한 상태에서 개발을 시작해야만 했다. 하지만 다른 무기 체계와 다른 것이 있다면 KH-178은 대한민국의 운명이 경각에 달린 상태에서 개발되었다는 점이다.

당시 대한민국은 미군이 대여해 준 구형 M2와 M101 105mm 견인포를 사용했다. M2는 1934년에 초도 생산되었고 그 개량형인 M101조차 1940년에 생산되었다. 그것이 우리가 흔히 말하는 '똥포'였다. 상황이 그렇다 보니 고장이 나도 수리할 방법이 전무했다. 이에 KH-178의 개발 현장은 "만들지 못하면 대한민국을 지킬 수 없다."라는 필사의 각오가 녹아들 수밖에 없었다.

대한민국이 관련 기술을 요청할 수 있는 곳은 미국뿐이었지만, 유감스럽게도 미국에게 과거의 대한민국은 '버린 땅'이었다. 대한민국은 군사력도 미미하고 경제력도 없던 나라면서 지형학적으로 북쪽으로는 북한과 소련, 서쪽으로는 중국이 버티고 있었으므로, 공산화되는 것은 시간문제일 뿐이라고 여겼다.

실제로 미국은 대한민국이 105mm 견인포를 개발할 때 관련 기술을 요청하자 "No, Gun, Never."라고 대답했다. 그때 미국은 문화 개방을 위해 중국을 구슬리던 중이어서 가능한 한 중국의 심기를 거스르고 싶어 하지 않았다. 당연히 북한과 대한민국의 관계도 원만하길 바라는 상황이었다. 또 미국은 105mm 견인포 관련 기술을 제공하더라도 대한민국이 그것을 개발하는 것은 불가능한 일이라고 생각했다. 국내 개발진들조차 대한민국이 105mm 견인포를 만들 거라고 생각하지 않았다.

대한민국이 보유한 기술력이라고는 간신히 입수한 105mm 견인포 청사진 몇 장과 미국 주재 대사들이 긁어모아 준 미국의 곡사포 관련 신문 기사가 전부였다. 그때부터 대한민국 특유의 불굴의 의지가 발현되기 시작했다. 당시 개발진들은 도저히 관련 정보를 습득할 수 없자 아예 직접 자를 들고 M2, M101의 구석구석을 실측해서 도면을 만들었다.

그렇게 도면을 만들었지만 야포에 강선을 팔 기계가 없었다. 이에 일제 강점기 조병창에서 일했던 기술자를 수소문해서 강선 가공 기계를 만들어 포신의 강선을 파냈다. 그런 노력 끝에 마침내 1973년 대한민국형 KH-178의 시제품을 완성하였다. 그런 방법으로 개발된 KH-178은 시험 발사까지 성공하게 된다.

게다가 KH-178은 뜻하지 않은 선물까지 안고 온 복덩이였다. 대한민국이 차

KH-178 105mm와 KH-179 155mm°

세대 포의 개발을 천명한 후 불과 11개월 만에 KH-178을 만들어내자 그에 감복한 미국은 105mm 견인포 도면 일체와 관련 기술을 제공하기로 결정했다. 그 기술력은 KH-179 155mm 견인포의 기반이 되었다. KH-179는 대한민국이 첫 수출에 성공한 야포로서 현재도 이란과 인도네시아에서 현역으로 운용되고 있다.

그러한 대한민국의 열망은 '포砲'에 있어서 만큼은 세계 최고의 자리를 차지해야겠다는 일념이 되었다. 그런 일념으로 탄생한 K-9 자주포가 현재 전 세계에서 가장 우수한 자주포로 평가받는 이유도 대한민국의 집요함이 일궈낸 성과라고 할 수 있다. 대한민국은 여기에서 멈추지 않고 또 한 번 K9A3로 새로운 도약을 예고하고 있다. 부디 영국 MFP 사업을 성공적으로 따내 대한민국의 방산 기술력을 다시 한번 전 세계에 알리는 계기로 삼을 수 있기를 바라 마지않는다.

○ 출처 ©전쟁기념관

28

대한민국 어뢰魚雷 개발사

얼마 전 미국의 원자력 항공모함 로널드 레이건[1]USS Ronald Reagan(CVN-76) 호號가 부산항에 입항했다. 미국의 주력 항공모함이 대한민국의 군사훈련에 참가한 것은 무려 5년 만의 일이었다. 다수의 군사 전문가들은 로널드 레이건 호의 입항이 최근 들어서 갈수록 안하무인眼下無人한 중국과 북한에 대한 한미 양측의 경고로 해석할 수 있다고 분석했다. 그러한 분석이 타당한 이유는, 중국과 북한에 대한 경고의 의미로 '로널드 레이건'이라는 항공모함의 등장만 한 것은 없기 때문이다.

로널드 레이건함에 탑재된 미 해군의 '195 타격 비행 중대'는 대한민국과 매우 특별한 의미를 맺고 있다. 195 타격 비행 중대는 '댐 버스터Dam-buster 중대'라고도 불렸다. 이는 말 그대로 댐을 파괴하는 비행 중대라는 뜻이었다. 항공모함에서 해상 공중 작전을 펼치는 미 해군 함재기 중대에 그런 독특한 별명이 붙은 이유는, 한국전쟁 때 화천댐을 폭파함으로써 중공군을 수공水攻으로 막은 것이 바로 195 타격 비행 중대이기 때문이다. 그것은 세계 전쟁사에서도 손꼽힐 만한 특이

---

1 미국 해군의 니미츠급 항공모함. 1981년부터 1989년까지 미국의 대통령을 역임한 로널드 레이건의 이름을 따서 명명됨. 길이 332.8m(1,092ft), 높이 62.97m이며, 비행 갑판의 면적은 축구장의 3배 크기에 해당하는 1만 8,210m^2. 열출력 550MWt A4W 원자로 2기를 갖추고 있어서, 한 번 연료를 채우면 20년 동안 재공급하지 않고도 운항할 수 있음.

USS 로널드 레이건(전경)°

한 이력이다. 한국전쟁에서도 화천댐 폭파 작전은 상당히 중요한 의미를 지닌 사건이었다.

화천댐은 일제 강점기의 일본이 군수공장에 사용할 전력을 생산할 목적으로 만들었다. 실제로 화천댐 건설 공사에만 조선인 3,000여 명이 강제 징용되었고 공사 과정에서 그 가운데 1/3에 해당하는 1,000여 명이 사고로 사망했다.

한국전쟁 이전만 하더라도 화천댐은 북한 영토였다. 북한은 서울의 전력을 차단하기 위해 의도적으로 댐의 가동을 멈추는 등 온갖 만행을 저지르기도 했다. 상황이 그렇다 보니 화천댐은 전략적으로 보나 미래의 가치로 보나 매우 중요한 요충지일 수밖에 없었다.

하지만 한국전쟁이 발발하고 화천댐은 중공군의 차지가 되었다. 험한 주변 지형과 수공 위험 때문에 탈환을 시도하기가 쉽지 않았다. 하지만 그때 댐 버스터 중대가 폭격으로 수문을 파괴하면서 수공을 무력화했다. 지상의 대한민국군은 미군과 일제 공격을 가해 인근 호수에 무려 6만 명의 중공군을 수장水葬시키는 대승

ㅇ 출처 ©U.S. Navy Todd P. Cichonowic

을 거둘 수 있었다. 그래서 그곳이 오랑캐를 깨뜨렸다는 의미를 지닌 '파로호破虜湖'인 것이다.

여기서 생기는 한 가지 의문은, 댐은 폭격으로 파괴하는 게 거의 불가능한 구조물인 데다가 아무리 미국이라 하더라도 당시에는 강력한 미사일을 보유했을 리도 만무한데, 댐 버스터 중대는 어떻게 화천댐을 파괴할 수 있었을까 하는 것이다.

1951년 화천댐 공습°

그에 대한 첫 번째 해답은, 댐 버스터 중대는 댐 본체가 아니라 수문을 파괴했다는 사실이다. 당시 화천댐은 서울에 전력을 공급하는 중요한 역할을 담당했다. 이에 수공을 저지하기 위한 최소한의 타격으로 댐의 일부만 파괴할 필요가 있었다. 실제로 댐을 완전히 파괴할 만한 화력이 있었던 것도 아니었다. 만약 댐 전체를 무너뜨렸다면 화천댐이 복구되기 전까지 서울은 일몰 후에는 늘 암흑 속에서 살아야 했을 것이다. 그런 이유로 댐 버스터 중대는 댐 전체에 피해가 가지 않도록 정확히 수문만을 노려 폭격을 가했다.

그것이 가능했던 것은 두 번째 이유와도 관련이 있다. 댐 버스터 중대는 놀랍게도 화천댐 폭격에 어뢰를 사용했다. 비행기로 지상의 건축물을 파괴하는 데 어뢰를 사용한다는 것이 의아하게 들릴 수 있겠지만, 그것은 한편으로 당연한 일이기도 했다. 어뢰는 수중에서 정확히 원하는 목표물을 타격할 수 있고 애초에 수심 깊은 곳에서 폭발하도록 설계되었기 때문이다. 물속이라고 해서 불발에 그치거나 그 폭발력이 줄어들지 않는다. 즉 어뢰는 댐을 부수기에 완벽한 무기였던 것이다. 그만큼 어뢰는 바다와 민물을 가리지 않고 수중 목표물 타격에 있어서 절대적인 강력함을 자랑하는 무기이다.

° 출처 ©U.S. Navy

1952년 댐버스터 중대°

당시의 실전 경험에 감탄한 대한민국은 어뢰의 자체 개발을 위한 초석을 닦기 시작했다. 어뢰는 댐이나 거대한 전함이라 할지라도 단번에 파괴할 수 있는 강력한 병기이다. 그 파괴력에 매료된 대한민국은 어뢰 전력 개발에 상당히 많은 투자를 했다.

일례로 국산 중어뢰 범상어[2]만 해도 구경이 자그마치 530mm에 달하였다. 이는 K-239 천무에서 발사되는 전술탄도미사일과 거의 비슷한 수준이다. 게다가 길이 6.5m에 무게는 약 1톤 정도이며 고도로 발달한 유선 유도 방식으로 사거리가 무려 50km에 최대 속도는 시속 111km가 넘는다. 중국이 주력으로 사용하고 있는 Yu-6 중어뢰의 최대 시속도 120km로 빠른 편이지만, 사거리가 범상어에 한참 못 미치는 45km 정도에 불과하다는 것을 감안하면 범상어는 세계 최정상 수준의 중어뢰라고 부를 만하다.

더욱 놀라운 점은 대한민국의 어뢰 기술력은 미국과도 견줄 만하다는 것이다. 대한민국의 홍상어[3]는 미국에 이어 전 세계 두 번째로 대한민국만이 전력화에 성공한 수직 발사형 대잠對潛 로켓이다. 대잠 로켓이란 말 그대로 잠수함을 잡기 위한 로켓이다.

홍상어의 경우 대한민국형 수직발사관인 KVLS에서 발사되어 목표 지점까지 비행한 후 탄두부에 탑재한 어뢰가 분리되어 수중에서 적 잠수함을 타격하는 방

2 뱀상어의 다른 이름인 '범상어'에서 그 이름을 따온 국산 중어뢰로, 대한민국 해군의 차기 533mm(21인치) 중어뢰임. 영문명은 Tiger Shark이며, SUT와 백상어 중어뢰를 대체함. 제식 명칭 공개 이전에는 차기 중어뢰라는 뜻에서 '중어뢰-II'라는 표현이 붙었음.

3 대한민국산 경어뢰인 청상어를 기반으로 한 대잠 미사일. 한국형 수직발사기(K-VLS)가 장착된 충무공 이순신급 구축함 후기형과 세종대왕급 구축함에서 운용하며, 대구급 호위함(인천급 batch2)에도 탑재 예정임. 청상어 어뢰를 내장한 유도 로켓으로, 수직발사기에서 발사된 직후 로켓은 추력편향노즐을 통하여 방향을 꺾어서 지정된 위치로 날아가며 정해진 곳에 도착하면 로켓이 분리되고 어뢰는 낙하산을 타고 내려온 후 입수, 주변의 잠수함을 찾음. 홍상어는 미국의 ASROC와는 달리 중간 단 분리 이후에도 청상어 어뢰부 분리까지 중간 유도로 비행함.

° 출처 ©USS Princeton website

식을 사용한다. 대잠 로켓은 그 특성상 타격 직전까지 공중에서 비행하기 때문에 적 잠수함이 위험을 알아차리기가 극도로 어렵다. 게다가 미국의 대잠 로켓 RUM-139 VL-ASROC의 사거리가 22km에 불과한 데 비해 홍상어의 사거리는 무려 30km에 달하므로, 홍상어를 세계 최고의 대잠 로켓이라고 할 수 있다. 이렇듯 대한민국은 현재 운용 중인 경어뢰 청상어, 중어뢰 범상어, 대잠 로켓 홍상어뿐만 아니라 차세대 수중 전략 무기로서 초공동 어뢰의 개발에도 박차를 가하고 있다.

지상에서 발사하는 미사일의 경우 최대 속도가 음속의 5배가 넘는 극초음속 미사일까지 개발된 반면, 왜 어뢰는 고작 시속 100km 언저리가 최대 속도일까. 그것은 바닷물의 밀도와 관련이 있다. 바닷물의 밀도는 공기에 비해 약 836배 이상이나 크므로 어뢰가 미사일만큼 빠른 속도로 움직이기 위해서는 836배의 강력한 힘이 필요하다. 그래서 바닷물의 저항 자체를 줄일 수 있다면 어뢰의 속도도 빨라질 것이라는 발상에서 초공동 기술이 탄생했다. 초공동 현상[4]을 이용한 이 기술은 어뢰의 머리 부분에서 기포를 발생시켜서 어뢰 전체를 감쌌다. 그렇게 되면 기포가 바닷물을 밀어내면서 어뢰의 속도 또한 비약적으로 빨라진다.

실제로 초공동 어뢰는 1977년 러시아가 최대 시속 350km에 달하는 VA-111 쉬크발의 실전 배치에 성공하면서 상당한 연구가 이루어졌지만, 소음이 매우 크고 사거리가 10~15km 수준이라 실전에서는 그다지 운용 가치가 없었다. 독일 역시 시속 800km에 근접한 초공동 어뢰 바라쿠다를 개발했으나 결국 사거리를 늘리지 못하고 개발을 포기하고 말았다.

하지만 대한민국은 1990년대 중후반부터 초공동 어뢰를 연구해 왔고 현재

---

4 수중에서 물체가 매우 빠른 속도로 달릴 때 나타나는 현상으로, 초공동은 물체가 물속에서 빠른 속도로 나갈 때 뒷부분에 발생하는 기포인 '자연 공동'과는 반대로 머리 부분에 생김. 앞부분이 뭉툭한 물체가 시속 약 190㎞로 수중에서 달릴 때 초공동 현상이 발생함. 하나의 큰 기포를 물체의 앞부분에 만들어 추진체를 거의 다 둘러싸게 하면 어뢰 등이 공기 중을 비행하는 것과 비슷한 효과가 나타나게 됨. 날씬한 원뿔 모양의 물체의 경우 초공동은 머리에서 꼬리 부분까지 걸친 타원 형상이 되며, 그 크기는 머리의 형태와 속도에 따라 달라짐.

는 상당한 수준에 도달한 것으로 파악된다. 대한민국형 초공동 어뢰는 2015년 ADEX에서 시제품이 공개되었다. 관계자의 말에 따르면 이미 시속 800km에 도달하는 데 성공했으며, 초공동 어뢰의 최대 단점으로 지목되던 사거리 또한 유선 유도 방식으로 무려 100km 수준까지 도달한 것으로 밝혀졌다. 즉 단순 계산으로 100km 밖의 목표물을 8초 만에 타격할 수 있는 '게임 체인저'를 개발한 셈이다. 전 세계가 포기한 무기 체계를 끈질긴 집념과 높은 기술력으로 결국 성공한 것이다. 한편으로 중국이나 일본에 비해 절대적으로 군함 수가 부족한 현실이 어뢰 개발에 전력을 다하도록 했다는 대한민국의 현실을 돌아볼 수 있다.

여러 가지 현실적인 이유로 대한민국은 야포, 전차, 전투기 등 무엇도 제대로 갖추지 못한 상태인 1974년부터 어뢰 개발을 시작해야 했다. 수중에서 작동해야 하는 어뢰의 특성상 개발 난이도는 다른 무기 체계와 비교할 수준이 아니었다. 대한민국이 만든 최초의 경어뢰인 KT-75, 통칭 '상어'는 백곰 미사일보다 더 일찍 시제품이 나왔지만 백곰 미사일이 1978년 시험 발사에 성공한 데 비해 상어는 1979년이 돼서야 시험 발사에 성공하였다. 즉 개발 기간으로만 따지면 백곰 미사일보다 상어가 더욱 개발진들의 골머리를 썩게 했다. 심지어 상어는 1차 수중 발사 시험 도중 해저에서 분실되는 사고까지 일어났으니, 당시의 상황을 생각해 보면 그것은 사활을 걸고 개발한 무기 체계라고 할 수 있다.

그러한 악전고투에도 불구하고 결국 경어뢰 상어의 전력화에는 실패하고 만다. 그 이유는 상어를 개발하게 된 계기와 관련이 깊다. 대한민국이 애초 무리하게 상어의 개발을 시작하게 된 것은 미국이 Mk-44 경어뢰의 판매를 거부했기 때문이다. 결국 경어뢰 상어 또한 대한민국의 다른 무기 체계와 마찬가지로 구할 방법이 없으니 스스로 만들기 시작한 것이었다.

그런데 미국은 대한민국이 정작 상어의 시험 발사에 성공하고 나서야 자신의 오판을 깨닫고 대한민국이라는 거대한 시장을 놓치지 않기 위해 Mk-44의 판매를 허가했다. 미국은 부랴부랴 Mk-44를 예상보다 싼값에 판매하면서 어뢰의 자

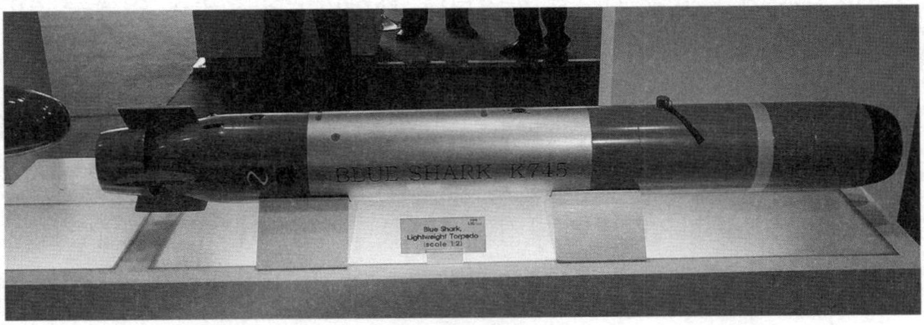

청상어 어뢰°

체 개발 기술력까지 일부 제공했다. 무기 국산화를 위한 대한민국의 무모한 도전이 결과적으로는 일거양득의 효과를 가져온 셈이었다.

대한민국의 개발진은 미국이 본래 심해 작전용으로 개발한 경어뢰인 Mk-44를 한반도의 해양 환경에 맞추어 천해와 심해 겸용으로 그 성능을 개량하면서 어뢰 기술을 한 단계 더 발전시켰다. Mk-44 경어뢰를 K744 경어뢰로 개량하면서 얻은 값진 기술력을 바탕으로 구경 234mm, 길이 2.7m, 중량 280kg에 국산화율이 무려 93%에 달하는 '청상어'를 만들어냈다.

청상어는 대한민국이 만든 첫 번째 어뢰라는 사실이 무색할 정도로 최대 사거리 12km, 최대 시속 83km에 육박했다. 심지어 수중에서 1.5m의 철판을 관통할 수 있을 만큼 그 위력이 막강했다. 대한민국의 어뢰 개발사를 돌이켜보면 비 온 뒤에 땅이 굳는다는 말이 떠오를 정도로, 대한민국의 어뢰는 대부분 그와 유사한 계기와 과정을 거쳐 만들어진 것이다.

대한민국 최초의 중어뢰인 '백상어' 역시 고래급 잠수함에서 사용할 어뢰를 미국이 수요가 부족하다는 핑계로 판매하지 않았기 때문에 탄생할 수 있었다. 그

○ 출처 ©KIZILSUNGUR

런 열악한 상황을 차례로 극복하면서 습득한 기술력은 대한민국이 전 세계 최고 수준의 중어뢰인 '범상어'를 보유하게 된 밑바탕이 되었다. 그렇게 확보한 어뢰 기술력과 노하우로 인해 현재는 대한민국이 세계 최강 미국과 어깨를 나란히 할 정도의 위치를 확보하였다.

29

방위 산업防衛産業 발전 비화秘話

최근 중국과 일본에서 대한민국에 대한 어이없는 비방이 제기되고 있다. 물론 두 나라가 '대한민국 죽이기'에 혈안이 된 것이 어제오늘의 일은 아니지만, 이번에는 도를 넘어선 것으로 보인다. 그들이 그렇게 안달을 내는 이유는 대한민국 방위 산업의 연이은 대박 행진 때문이다.

확실히 2022년 한국 방산업계는 전례 없는 호황을 맞이하했다. 실제로 2022년 누적 방산 수출액은 벌써 25조 원을 넘어섰다. 이는 2021년 누적 수출액인 9조 6천억 원의 2.5배가 넘는 금액이자 최근 5년 치 방산 수출액을 모두 합한 것보다 큰 액수이다. 더군다나 말레이시아와 호주의 FA-50 도입, 영국의 K9A2 도입 전망이 상당히 긍정적인 만큼, 최종 누적 수출액은 당초 목표액인 15조 원의 두 배를 넘어설 것으로 예측된다. 이제 대한민국은 전 세계 방산 시장에 새로운 공룡으로 등장하는 셈이다. 군사 전문가들조차 가까운 미래에는 전 세계 방산 시장을 대한민국과 미국, 중국이 삼분三分하게 될 것이라는 분석을 내놓고 있다.

상황이 그렇게 전개되다 보니 위기감을 느낀 중국과 일본은 여론몰이를 통해 시기심을 표출하고 있다. 대한민국이 정부 차원에서 방위 산업을 장려하고 있으

TA-50°

니 민간 방위 산업체들이 대한민국 정부를 조종하고 있다는 음모론까지 등장하는 실정이다. 방위 산업체의 특성상 기밀 유지 때문에 그 폐쇄성이 짙고 무기 체계의 가격이 수십억 원에서 수조 원씩 하다 보니 그런 음모론까지 나오게 된 것이다. 황당하게도 일본은 그러한 주장을 사실로 받아들이는 듯하다.

일본의 주장대로 민간 방위 산업체는 어마어마한 자본을 움직이는 초거대 기업 같지만, 정작 현실은 그리 녹록지 않아서 실제로 대부분의 방위 사업은 그 수익성이 바닥을 기는 수준이다. 이는 방위 사업의 구조를 훑어보면 알 수 있는 사실이다. 우선 방위 사업은 자금 순환이 매우 느리다는 특성을 지니고 있다.

우리에게 익숙한 KF-21 보라매를 예로 들더라도, 무려 8조 8,000억 원이 소요된 것은 사실이지만 시험 비행에서 도입까지 무려 11년이 걸렸고 전력화가 완료되는 시점까지 앞으로 수년이 더 필요하다는 사실을 감안하면 기업 입장에서는 도저히 그 수익성을 기대할 수 없는 상황이다. 전력화가 완료된 이후에도 그 양산 대수가 상당히 적어서, KF-21 같은 전투기는 많아야 백 단위의 수량에서 양산이

° 출처 ©KAI

끝나는 게 일반적인 일이다. 사정이 그렇다 보니 무기 체계의 가격이 아무리 비싸더라도 정작 방산업체들이 손에 쥘 수 있는 수익은 그리 크지 않은 것이다.

또한 방위 사업은 대부분 국가 주도적이다 보니 정부의 사업 방향에 맞춰 사업 방향이 조정된다. 즉 방위 산업체들은 '슈퍼 을'의 입장이다. 무엇보다 자재 원가를 전부 정부에 제공해야 하니 일반적인 민간 기업처럼 마진율을 높게 책정하는 것이 불가능하다. 그러니 일본의 주장처럼 방위 산업체들이 정부를 뒤에서 조종할 정도로 막대한 영향력을 행사하는 것은 불가능한 일이다.

전 세계 방위 산업체 중 1위를 기록하고 있는 미국의 록히드 마틴의 2019년 총 매출액은 89조 9,800억 원 정도이다. 일견 엄청나 보이는 금액이지만 2021년 삼성의 매출액이 378조 7,400억 원이 넘는다는 것을 생각해 보면 그저 1/4에 불과하다. 그럼에도 불구하고 방위 산업체들이 기업을 지속하는 이유는, 시장이 안정적이며 정부 지원으로 무기 체계에 사용되는 최첨단 신기술을 연구할 수 있기 때문이다. 그래서 대부분의 방위 산업체들은 민간 분야에 본업을 따로 보유하고 있다. 이는 무기 체계를 연구하며 습득한 기술력을 민간 분야에 적용해서 시장을 선도하려는 의도로 볼 수 있다.

하지만 그마저도 마냥 이점만 있는 것은 아니다. 우크라이나 전쟁이 일어나기 얼마 전까지만 하더라도 방위 산업은 담배, 주류, 도박 산업과 함께 대표적인 죄악 산업 중 하나였다. 방위 산업은 무기 체계를 생산함으로써 국제 평화를 저해하는 부도덕한 일이기 때문에 투자하지 말아야 하는 분야였다. 실제로 그런 기조가 매우 강했던 EU 투자자들의 절반에 달하는 45.7%가 무기 체계를 생산하는 모든 기업을 대상으로 투자 중단을 결정했다.

그러한 결정은 방위 산업을 주력 사업으로 삼는 기업뿐 아니라 자회사를 통해 무기 체계를 생산하는 기업에도 적용되었다. 전 세계 점유율 48%를 달성한 K-9을 제작한 삼성테크윈조차 결국 방위 산업 분야에서 철수를 결정할 정도였다. 그러한 사례처럼 수익 부족에 따른 경영 악화로 인해 민간 방산업체들이 다른 회사로 넘어가는 사례가 발생했다. 과거 삼성 테크윈을 인수한 곳이 오늘날의 한화 디펜스이며 한화 디펜스의 모기업인 한화 에어로스페이스 역시 삼성에서 운영하던 방위 산업체를 인수한 사례이다.

저간의 사정을 보면 방위 산업체를 보유한 기업들이 그동안 국제 사회에서 얼마나 핍박받았는지를 짐작할 수 있다. 최근의 우크라이나 전쟁 발발로 국제 사회는 "국가 안보 없이는 평화도 없다"라는 만고불변의 진리를 다시금 깨닫게 되면서 방위 산업의 위상도 반전을 맞이하였다. 대한민국 방위 산업체들이 지금의 자리에 오를 수 있었던 건 그만의 특별한 이유가 있기 때문이다. 그러한 이유가 없었더라면 대한민국의 방위 산업은 미국의 무기 체계를 수입하는 데 의존하는 불모지가 되었을 것이다.

대한민국 방위 산업의 위상을 끌어올린 데 가장 큰 공헌을 한 곳이 바로 국방과학연구소[1]ADD이다. 대한민국은 국방과학연구소로 인해 자주국방의 첫발을 뗄 수 있었다. 국방과학연구소가 없었다면 방위 산업이 지금처럼 전 세계를 호령하는 것도 불가능했다.

국산 무기 체계의 개발은 대부분 국방과학연구소에서 초기 연구를 진행하고, 그 후 민간 방위 산업체에서 세부 설계와 생산을 담당한다. 정부와 군에서 새로운 무기 체계에 대한 소요를 발생시켜 도입 검토에 들어가기 때문에 이후 민간 방위 산업체가 신무기 개발에서 짊어져야 할 위험성이 극단적으로 줄어든다. 이는 독일 굴지의 방위 산업체인 H&K가 소총 한 자루 때문에 망했다는 것을 생각하면 엄청난 이점이다. 국방과학연구소의 존재가 대한민국 방산 시장의 호황을 일으켰다고 해도 과언이 아니다.

---

1 대한민국 방위사업청 산하 공공기관. 본부는 대전광역시 유성구에 있으며, 창원, 태안, 서울, 포천, 해미에 연구소와 시험장이 있음. 1960~1970년대 인고의 시절을 견디고 현재는 세계적으로 수준급 효율의 국책 연구소로 발돋움했음. 설립 초반, 홍릉에 위치해 있을 때는 대외적으로 트랙터를 만드는 회사인 '홍릉기계'라는 이름으로 위장했었음. 연구 분야는 소총, 전차, 장갑차, 포, 수상함, 잠수함, 항공기까지이며, 항공기의 경우 KT-1 개발, T-50 골든이글 탐색 개발 등을 진행했고 전자전 장비인 ECM 포드도 개발했음. 현재 개발 중인 무기로는 세간에 알려진 것만 EMP, HPM, 레이저포, 레일건, 초공동 로켓 어뢰, 고위력 탄도미사일, 극초음속 미사일 등이 있고 2011년도에 개발에 착수했던 40mm 급 소구경 레일건 시제품의 테스트 영상이 2014년 민군기술협력박람회를 통해 공개되었음.

하지만 국방과학연구소가 처음부터 그러한 성공을 노리고 창설된 것은 아니었다. 국방과학연구소는 한국전쟁 이후 백지상태에서 무기 체계를 개발해야 하는 열악한 상황에서 민간 기업을 참여시킬 수 없었기에 궁여지책으로 탄생한 기관이었다. 1960~1970년대에 국민들이 먹고살기도 바쁜 상황에서 국산 무기 개발이라는 수익성 없는 사업에 뛰어들 기업은 없었기 때문이었다. 게다가 1970년 국방과학연구소가 처음 만들어질 당시의 불안한 안보 상황도 큰 문제였다. 국방과학연구소를 '홍릉기계'라는 트랙터 제조 회사로 위장해서 설립한 이유도 국방과학연구소가 대한민국의 첫 번째 지대공 미사일인 '백곰' 개발을 위한 것이기 때문이었다. 당시만 하더라도 북한의 첩보원이 어디에 숨어 있는지도 모르는 상황이라 보안을 위해 국방과학연구소 직원들의 가족까지 초대해 발설 금지 서약서를 받을 정도였다. 미국을 포함한 세계 어느 나라도 대한민국의 미사일 보유를 원하지 않았던 상황을 감안하면 그것은 당연한 조치였다. 얼마나 기밀 유지가 철저했는지, 1978년 백곰의 시험 발사가 이루어지고 나서야 전 세계가 대한민국의 미사일 독자 개발 사실을 깨닫고 놀랄 정도였다. 한국전쟁으로 인해 망해가는 나라로 인식되었던 대한민국이 미사일을 개발했다는 소식은 그들에게 엄청난 충격이었던 것이다.

국방과학연구소 창설 초기에는 마땅한 기술력은 고사하고 관련 기술자조차 없었다. 당시 연구원의 주축은 갓 대학을 졸업한 20대의 공학도들이었고, 그들을 이끄는 박사들조차 40대가 대부분이었다. 숙련된 기술자조차 없었던 열악한 현실이었지만, 국방과학연구소는 한반도 내에서 전쟁이 재발하지 않도록 하겠다는 신념과 열정으로 뭉친 차별화된 조직이었다. 그런 의지와는 달리 당시의 현실은 녹록지 않았다. 아무 기반 없이 첨단 기술력이 응집된 무기 체계를 개발한다는 것은 불가능에 가까운 일이었다.

국방과학연구소를 지탱할 수 있었던 것은 구성원들의 집요한 열정과 집념이었다. 한국형 미사일 개발 당시 국방과학연구소에서는 '백곰'에 쓸 조향 날개 부

KT-1 "웅비" 시범비행°

품이 필요했지만, 당시에 그것을 제작할 만한 기술력이 없었다. 결국 여러 국내 업체를 찾아다니며 발품을 팔았다. 15m짜리 미사일 날개 하나를 만들기 위해 부산의 자동차 하청 업체를 6개월 동안 오갈 정도로 연구진의 열정은 대단했다.

그러한 집념은 대한민국이 순수 독자 기술로 개발에 성공한 항공기인 KT-1 웅비의 개발 과정에서도 유감없이 발휘되었다. 애초에 웅비는 대다수 공군 장군들조차 독자 개발은 무리라고 평가하던 기체機體였다. 웅비의 개발에 착수한 1980년대 중반 대한민국의 기술력은 턱없이 부족했다. 이에 국방과학연구소 연구진은 웅비와 끝까지 도입 경쟁을 벌였던 PC-9을 견학하여 열정을 불태우며 웅비 개발에 박차를 가했다.

당시 개발국인 스위스에서는 기술 유출을 염려해서 대한민국 연구진들에게 연필과 수첩 이외에는 아무것도 반입하지 못하게 했다. 심지어 부품의 크기를 잴 수 있는 자조차 반입을 금지했을 정도였다. 그런데도 연구진들은 연필로 크기를 비교하고 수첩에 그것을 옮겨 적을 정도로 항공기 제작 기술 습득에 최선을 다했

o 출처 ©Doo Ho Kim

다. 그런 노력 끝에 탄생한 웅비는 대한민국 최초의 항공기이자 군용 연습기로서 대한민국 공군의 전력 발전의 밑바탕이 되었다. 그처럼 어렵게 탄생한 웅비가 없었다면, 현재 전 세계를 휩쓸고 있는 FA-50이나 KF-21은 지금보다 훨씬 먼 미래에나 탄생할 수 있었을 것이다.

또한 웅비를 발판으로 전 세계가 대한민국의 항공 기술력에 대한 신뢰를 쌓게 되었다. 실제로 웅비는 인도네시아, 페루, 튀르키예, 세네갈 등지로 수출되어 현재까지 현역으로 활약할 정도로 그 신뢰성을 확보한 상태이다. 과거 대한민국의 국방과학연구소와 민간 방위 산업체들의 집념이 될성부른 떡잎이라는 것을 보여줬다면, 이제는 그 떡잎이 실한 열매를 맺고 있다고 할 수 있다.

현재 대한민국의 국방과학연구소는 다른 나라의 방산기업과는 다른 차별화된 시스템으로 운영되고 있다. 그러한 체계적인 운영 방식과 구성원의 집념이 단시간에 대한민국의 방위산업 수준을 극한까지 끌어올리게 된 것이다. 앞으로도 국방과학연구소와 민간 방위 산업체가 다져둔 단단한 뿌리를 바탕으로 대한민국의 방위 산업이 더 큰 결실을 맺을 수 있기를 기원한다.

30

대한민국 방위 산업防衛産業 발달사

우크라이나 전쟁을 통해 또다시 러시아군의 충격적 현실이 전 세계에 폭로되어 이목이 집중되고 있다. 매번 상식의 틀을 깨던 러시아군이지만 최근의 추태는 경악을 금치 못할 수준이다. 러시아군이 사용하던 무기 체계와 장비를 직접 우크라이나군에게 판매했다는 사실이 알려졌기 때문이다.

그들의 은밀한 무기 거래는, 우크라이나군이 텔레그램을 통해 비밀리에 러시아 병사에게 접근해서 무기 판매 방법을 안내하면 러시아 병사는 특정 위치에 판매할 무기 체계와 장비를 두고 좌표와 함께 본인의 계좌를 전송하는 방식으로 이루어졌다. 우크라이나군이 무기를 수거하고 적정 금액을 입금하여 거래되었다. 평상시의 불법 무기 거래도 용서받지 못할 일인데 심지어 전쟁 중인 나라의 병사가 적군에게 무기를 판매한다는 것은 믿을 수 없는 일이다.

더욱 놀라운 점은 그런 병사가 너무 많아서 이미 러시아 무기 체계에 대한 매입 가격표까지 마련되어 있다는 사실이다. 실제로 우크라이나군이 러시아군에게서 일반 전차 7,215만 원, 자주포 1,443만 원, 장갑차를 721만 원 선에서 구매한 내역까지 남아있다. 그 장비들은 외장만 바꾼 채 그대로 우크라이나군의 노획 장비로 사용되고 있으므로, 무기 체계를 팔아치운 러시아군은 자국의 기갑 전력 약화라는 결과까지 초래하게 된 것이다.

그러한 사실을 통해 러시아군은 더 이상 군대라고 부를 수 없는 조직이라는 것이 증명되었다. 러시아군의 현실은 누구보다 러시아 국민이 잘 알고 있는 듯하다. 군사 동원령이 선포된 뒤 러시아 대표 포털 사이트에 '팔 부러뜨리는 방법'에 대한 검색이 폭주한 사실은 러시아군의 현실을 방증傍證하는 것이다. 그러한 사회 현상은 30년 전 소련이 해체되던 당시의 모습과 놀랍도록 유사하다. 과거 소련의 해체와 현재 러시아의 몰락이 대한민국에 미치는 영향 역시 흡사하다.

모스크바 맥도널드 1호점°

1991년 소련의 붕괴는 대한민국에 막대한 경제적 타격을 입혔지만, 반대로 군사 분야에 있어서는 성장을 위한 발판이 되었다. 그 가운데 하나가 바로 우리에게 잘 알려진 '불곰사업'이다.

1990년 소련은 모스크바에 맥도널드 1호점을 허가하는 등 상당히 적극적인 개방 정책을 취하였다. 당시 대한민국은 국가 기반의 초석을 다지는 동시에 K-1 전차, K-55 자주포의 실전 배치에 성공하면서 경제와 군사 양쪽에서 성장세에 접어들고 있었다. 그런 상황에서 소련의 개방 정책은 대한민국 입장에서는 강대한 적을 아군으로 만들 기회였다. 이에 수교를 위해 경제 협력 차관 명목으로 14억 7,000만 달러를 빌려주기까지 했다. 이는 현재 가치로 무려 6조 원에 가까운 어마어마한 금액이었다.

사실 그 금액은 애초 계획에 비해 절반에도 미치지 못하는 금액이었다. 국가 간 거래에서 차관이란 어차피 돌려받을 금액이고 당시 대한민국은 소련과의 관계 개선과 소련 시장 개척이 더 중요했기 때문이다. 우리 정부는 큰 결단을 내려 소

° 출처 ©fdecomite

련과의 거래를 진행했던 것이다.

그런데 1991년 소련이 갑자기 해체되었다. 대한민국 입장에서 6조 원의 거액을 빌려준 나라가 갑자기 사라져버리는 초유의 사태가 일어난 것이다. 그 때문에 자원 강국인 러시아가 지불할 수 있는 모든 방법을 동원하면서, 자원과 방산 무기 거래를 통해 차관을 회수하려고 노력하였다. 그중 불곰사업은 그러한 시대적 상황과 빌려준 돈을 어떻게든 받아내려는 대한민국의 의지가 결합하여 시작된 것이다. 현금으로는 차관을 받아낼 방법이 없어졌으니 소련이 붕괴하면서 그 유지비조차 없어 골칫거리가 되어버린 최신 무기 체계라도 넘기라는 요구였다.

그것은 러시아 입장에서도 실업난과 경제난을 동시에 해결할 수 있는 구미가 당기는 제안이었다. 1990년대 중반부터 1차 불곰사업이 진행되었고 상당량의 소련제 무기들이 한국에 흘러들어오기 시작했다. 실제로 그 기간에만 T-80U 전차 33대, BMP-3 장갑차 33대, Metis-M 대전차 미사일 발사기 70문과 탄약 1,250발, 이글라 휴대용 대공미사일 50문과 탄약 700발이 유입되었다.

그중에서 T-80U 전차나 BMP-3 장갑차는 현재도 러시아군이 우크라이나 전쟁에서 주력으로 사용하고 있는 기갑 장비로 익숙하다. 그만큼 러시아군의 장비가 낙후되었다는 뜻이지만 그 장비들이 30년 전에 생산되었다는 사실을 고려해보면 우수한 성능을 지녔다는 의미가 된다. 실제로 BMP-3는 전쟁 이전만 하더라도 러시아 방산 시장을 대표하는 스테디셀러 중 하나였다.

일선에서는 불곰사업으로 처음 도입된 소련 무기 체계들을 그리 탐탁지 않게 생각했다. 전차와 장갑차는 이미 K-1이나 K200처럼 대한민국 자체 기술력으로 생산에 성공한 기갑 장비가 있었다. 소련제 무기들을 사용하다가 고장이라도 나면 그 부품 수급이 어렵기 때문에 자유로운 운용이 불가능하다는 것이 그 이유였다. 게다가 소련제 장비들을 실전에 투입했다가 만에 하나라도 피아彼我 식별이 잘못되어 오발 사고라도 일어난다면 그것은 돌이킬 수 없는 참사가 된다. 처음 소

제3기갑여단 T-80U°

련제 무기를 받아들였을 때는 적성국의 장비 교육용이나 연구용 정도로만 사용할 계획이었다.

하지만 막상 소련제 무기를 받아본 순간 그 성능이 우리의 예상보다 훨씬 뛰어나 놀랄 수밖에 없었다. 그중에서 특히 T-80U 전차는 냉전 시기 소련이 서방 세계 전차에 대항하기 위해 개발한 최신 장비였다. T-80U 전차는 전장 7m, 전폭 3.5m의 차체에 125mm 주포를 탑재했다. 종합적인 성능은 K-1 전차에 비해 다소 떨어지는 편이었지만 주포의 파괴력 자체는 당시 K-1 초기형이 탑재하고 있던 105mm 포에 비해 훨씬 강력했다. 더군다나 대한민국에 들여온 T-80U는 타국 수출을 목적으로 다운그레이드한 버전이 아니라, 소련에서도 400대밖에 생산하지 못한 내수용 신형 장비였던 것이다.

T-80U는 자동 장전 장치를 탑재해서 탄약수 없이 전차장, 포수, 조종수 3명만으로 운용하였고 주포에서 대전차 미사일을 발사하는 놀라운 기능이 탑재되어 있었다. 또한 일반 전차가 디젤 엔진을 사용하는 것과 달리 가스터빈 엔진이 장착되어서 가볍고 저온에서의 활동성이 좋았으므로, 겨울마다 극한의 추위와 싸워야

○ 출처 ©박종훈

하는 대한민국 최전방 부대 입장에서는 더할 나위 없는 조건이었다.

그렇게 대한민국은 불곰사업을 통해 방산 기술력을 한 단계 진일보시킬 수 있는 천재일우의 기회를 만나게 된 셈이었다. 실제로 T-80U 연구를 위해 대한민국에서 전차를 해체하려고 하자, 미국 군사 관계자들과 연구원들이 비밀리에 입국해서 그 해체 작업을 참관했다는 소문이 돌 정도였다.

T-80U는 대한민국의 K-2 흑표 개발에도 상당한 영향을 주었다. 그중 하나인 핵폭발 지역에서도 원활하게 작전을 수행할 수 있도록 방사능 투입을 막아주는 중성자 라이너가 T-80U에서 획득한 기술로 개발된 것이었다. 아이러니하게도 소련 군사기술의 영향을 받은 K-2가 현재는 폴란드로 무려 1,000여 대가 수출되어 러시아의 마수로부터 폴란드 국토를 수호하고 있다.

이처럼 불곰사업은 대한민국 방산 기술력 발전에 많은 공을 세웠다. 그렇다고 해서 불곰사업이 무조건 대한민국에만 이득인 것은 아니었다. 소련의 무기 체계를 나르기 위해 입항했던 러시아 선원들은 귀항하는 배에 대한민국 물품을 가득 실어서 돌아갔다. 그것이 바로 러시아의 국민 간식으로 자리 잡은 도시락 컵라면과 초코파이였다. 결국 대한민국은 전차를 얻고, 러시아는 컵라면과 초코파이를 얻은 셈이었다.

당시 양국에 나름의 이득을 안겨 준 불곰사업은 두 차례나 성공적으로 진행되었고, 3차 사업까지 논의되었다. 특히 2차 불곰사업 시에는 Ka-32A 헬기가 들어와 현재까지도 산림청에서 산불 진화용으로 사용되고 있다. 현재 대한민국이 전 세계에서 Ka-32A를 두 번째로 많이 운용하는 나라로 추정되고 있다.

결정적으로 대한민국은 불곰사업을 통해 냉전 기간에 쌓아온 소련의 군사 기술력을 흡수할 수 있었다. 일례로 지난 2월 28일 비밀리에 전력화가 완료된 대한민국형 초음속 대함 미사일에도 소련제 P-800 야혼트 초음속 순항미사일의 기술이 적용되었다는 말이 있을 정도였다. 소련제 P-800은 사거리만 무려 최대

P-800 "야혼트" 목업°

800km에 달하는 순항미사일임에도 불구하고 음속의 수 배에 달하는 초음속으로 비행할 수 있다. 탄두가 무력화되어도 운동에너지를 이용해서 적의 군함을 격침할 수 있는 게임 체인저로 각광받았다.

대한민국형 초음속 대함 미사일은 적성국 항공모함을 격침할 목적으로 실전배치될 예정이며 지대함 미사일로의 개량에 대해서도 연구를 진행 중이다. 현재 밝혀진 최대 사거리는 500km 내외이므로 그 정도면 서해상의 중국 항공모함을 정면으로 타격이 가능하다. 연구진에 따르면 대한민국형 초음속 대함미사일은 비슷한 성능을 내려다보니 생김새가 비슷해진 수렴진화일 뿐 완전한 독자 설계라고 전한다.

소련 해체 당시에도 대한민국은 무기 체계에 있어 독자적 기술력을 구축 중인 상태여서 불곰사업이 없었더라도 방산 기술력이 답보 상태에 머무르지 않았을 것이다. 불곰사업은 그러한 상태 위에 중요한 팁을 얹어준 것이라고 할 수 있다. 그 때문에 이후 대한민국이 뛰어난 무기 체계를 개발하면 중국과 일본에서는 "미국

° 출처 ©Boevaya mashina

의 껍데기, 대한민국의 엔진, 소련의 기름칠이 접목된 환상종"이라는 말이 나올 정도이다.

불곰사업으로 인해 대한민국에 대한 중국과 북한의 견제가 심해졌다. 대한민국의 방산 기술력은 불곰사업 전후로 나눌 수 있을 정도로 극명한 차이를 보이기 때문이다. 그런 현상은 지난 십여 년 동안 지속되었다. 대한민국의 방위 산업은 하루가 다르게 발전해서 이제는 북한을 압도할 정도의 국방력을 확보한 상태이다.

지난 9월 26일 진행된 UN 회의에서 북한은 이례적으로 한미 동맹을 강도 높게 비난했다. 북한이 중국의 스피커 역할을 한다는 사실로 미루어 볼 때 이제는 중국조차 무시하지 못할 정도로 대한민국의 국제적 영향력이 커졌다는 것을 알 수 있다. 대한민국이 그 경제 규모에 걸맞게 향상된 강력한 군사력을 갖게 된 원동력은, 마치 선견지명처럼 시작된 불곰사업과 어떻게든 자주국방을 실현하려는 연구진들의 노력과 신념 때문이라고 할 수 있다.

31

전투기 체급體級에 관한 진실

대한민국 안에서 우크라이나와 러시아의 '소규모 교전交戰'이 벌어졌다. 최근 진행된 대한민국 방위산업전 'DX 코리아 2022'에 우크라이나와 러시아 국방 관계자들이 참가하면서 불꽃 튀는 신경전이 벌어졌다. 결국 양국은 우크라이나와 러시아 국방 관계자가 하루씩 참가하는 격일제 방식으로 극적 협의에 도달했다.

전 세계 언론은 앞다퉈 관련 내용을 보도했다. 전쟁 중인 두 나라가 외교적 리스크까지 감수하면서 동시에 DX 코리아에 방문했다는 사실은 대한민국 무기 체계의 우수성을 증명한 것이다. 특히 이번 DX 코리아에서는 그동안 명품으로 명성이 자자했던 지상 무기 체계 외에도 FA-50 파이팅 이글[1]을 중심으로 대한민국 공군 전력에 대한 세계 각국 장성들의 관심이 쏟아졌다. 이는 그동안 FA-50이 평가절하되었던 것을 고려할 때 상당히 이례적인 일이다.

FA-50은 개발 초기만 하더라도 훈련기로서 지나치게 고성능이고 전투기로 사

---

1 한국 KAI가 개발, 생산하는 초음속 다목적 경전투기/공격기. 미국 록히드 마틴사와 KTX-2 사업을 통해 만든 초음속 훈련기인 T-50 골든이글이 그 기반임. FA-50 초기형 기준으로 AIM-120이 장착되지 않아 BVR 능력은 제약되지만, 일선기급에 약간 못 미치는 비행 성능과 동급에서는 비교적 우수한 레이더 덕분에 상황 인식 능력이 우월함. 북한 공군기와의 공중전 시 저추력의 MiG-21 및 그 이하 기종과의 전투에서는 절대 우세, MiG-23과는 백중, MiG-29와의 비교에서는 열세일 것으로 예상됨. 공격기로서의 성능은 전통적으로 레이더의 대 지상 모드와 폭장량이 부실한 소련기의 단점을 그대로 안고 있는 MiG-21이나 23은 물론 MiG-29와 비교해도 우세로 점쳐짐.

FA-50 공격기°

용하기에는 스펙이 너무 낮다는 비난에 시달렸다. 그러한 비난은 군사적 지식이 없는 사람만이 가능한 것이었다. 대한민국은 왜 성능도 떨어지는 전투기를 굳이 개발하려는지 모르겠다는 중국과 일본의 빈정거림도 있었다. 하지만 그런 폄하와는 별개로 모든 무기 체계는 그 목적에 맞는 용도가 따로 있기 마련이다.

F-35나 F-22 같은 초고성능 스텔스 전투기로 공군 전력을 모두 채운다면 세계 최강의 공군을 구성할 수 있겠지만, 끊임없이 돈이 솟아나는 화수분이 아닌 이상 실현 불가능한 망상에 불과한 것이다. "전 세계 군사력 1위는 미 공군이고 2위는 미 해군이다"라는 말이 있을 정도로 압도적인 전력을 보유한 미국조차도 그렇게 초고성능 전투기로만 공군 전력을 구성하는 것은 불가능하다.

F-35만 해도 수명 주기 비용이 1대당 6억 1,400만 달러가 넘는다. F-35를 실전에 배치한 후 퇴역까지 운용하는 유지 보수 비용만 해도 무려 8,783억 원 정도가 소요된다. 현재 대한민국 공군의 주력 전투기인 F-35A의 구매 비용이 1,000~1,200억 원 정도임을 감안하면, 그 유지 보수 비용에만 7배가 넘는 예산

o 출처 ©ROKAF

이 쓰이는 것이다. 즉 미국 하원에서 밝힌 바와 같이 F-35를 운용하는 데만 시간당 38,000달러, 원화로 따지면 시간당 5,400만 원 이상이 소모된다는 의미이다. 더구나 일반적인 전투기의 평균 비행 수명이 8,000시간 정도이니, 초계 임무나 작은 도발마다 일일이 F-35를 출격시킨다는 것은 닭 잡는 데 소 잡는 칼을 쓰는 것과 같다.

F-35 "라이트닝 II"°

그것은 대한민국의 공군 전력만 봐도 잘 알 수 있다. 현재 한반도 이외의 공중 작전에는 하이급인 F-15K나 F-35A를, 북한까지 직접 타격이 가능한 한반도 내부 작전에는 미들급 전투기인 KF-16과 KF-21을 운용할 계획이다. 남한 내부의 제공 작전에는 로우급 전투기인 F-4, KF-5와 함께 FA-50을 운용하고 있다. 하지만 한국 공군 전력의 24%를 차지하는 F-4와 KF-5가 지나친 노후화로 실전 성능을 의심받고 있는 상황에서 로우급 전력에 FA-50은 전력 공백을 메워줄 완벽한 대안이었다.

게다가 FA-50의 최신 개량형인 Block 20은 300갤런의 연료를 추가 탑재하는 방식으로 개선되었다. 이에 440km 수준이던 전투 행동 반경을 30~40% 향상시키는 한편 기존에 불가능했던 공중급유 기능을 프로브 방식으로 추가할 예정이다. 또한 AESA 레이더를 탑재하고 사거리만 무려 100km 내외인 AIM-120 암람 공대공 미사일을 탑재하면서 교전 거리 자체를 비약적으로 향상시킬 계획이다. 그 정도면 시계 외 교전, 즉 BVRBeyond Visual Range이 가능한 정도로 성능이 향상된다.

다시 말해 로우급 전투기임에도 불구하고 미들급의 F-16C/D Block 30/32

° 출처 ©U.S. Air Force Donald R. Allen

L-15(JL-15)°

와 거의 유사한 전투력을 발휘할 수 있다. 그런 개량에 힘입어 FA-50은 애매한 포지션의 애물단지라는 비난과 반대로 한반도 영공 방어에 있어 가장 효율 좋은 전투기로 재탄생했다. 실제로 대한민국 공군에서 가장 많이 사용하게 될 전투기가 KF-21과 FA-50이라는 사실은, 로우급 전투기라고 해서 절대 성능이 떨어지는 전투기가 아니라는 증거일 것이다. 그런 이유 덕분에 전 세계 군사 관계자들이 참석한 DX 코리아 2022에서도 FA-50의 인기는 가히 폭발적이었다.

최근 폴란드는 FA-50 Block 20과 동급 사양인 FA-50PL 48대 도입을 확정했다. 이집트와 말레이시아 또한 FA-50 Block 20의 도입을 순조롭게 진행하고 있다. 특히 말레이시아의 FA-50 Block 20 도입이 주목할 만하다.

그 이유는 두 가지이다. 우선 말레이시아의 전투기 도입 사업에서 대한민국의 FA-50과 중국의 L-15가 경쟁하고 있기 때문이다. 중국의 L-15는 FA-50과 여러모로 자주 비교되는 경공격기이다. 크기 면에서도 FA-50은 전장 13.1m, 전폭 9.5m이고 L-15는 전장 12.3m, 전폭 9.5m로 둘은 거의 비슷한 수준이다. 중국 L-15의

° 출처 ©Xu Zheng

무장 또한 사거리 70~100km 수준의 PL-12 공대공 미사일을 탑재하고 있어서 교전 거리까지 상당히 흡사하다.

하지만 FA-50과 L-15의 결정적 차이는 실전 경험이다. FA-50은 이미 지난 2017년부터 필리핀에서의 이슬람 무장 세력 소탕에 눈부신 활약을 하고 있다. 그런 이유로 필리핀은 FA-50의 추가 도입을 논의하고 있다. 심지어 지난해 남중국해를 둘러싼 중국과의 영토 분쟁이 격화되자 중국 선단을 위협하기 위해 FA-50을 출격시켰을 정도이다. 물론 이슬람 무장 세력의 대공 능력이야 뻔한 수준이고 남중국해 출격도 어디까지나 중국의 민간 선단이 대상이었으니 FA-50의 실전 경험이 별로 대단치 않아 보일 수 있다. 하지만 애초에 FA-50과 같은 경공격기의 제1 임무를 생각한다면, 지금껏 FA-50이 보여준 활약은 최고의 퍼포먼스였다고 해도 과언이 아니다.

사실 앞서 말한 대로 공군 전력을 하이-미들-로우로 운용한다면, FA-50과 같은 경공격기의 우선 과제는 BVR 능력이 아니라 필리핀에서의 실전 경험 같은 CASClose Air Support와 BAIBattlefield Air Interdiction 능력이다. 근접 항공 지원을 의미하는 CAS는 우리에게 가장 익숙한 경공격기의 운용 방식이다. 영화에서 적과 교착 상태에 놓인 지상군이 폭격을 요청하면 아군의 공격기가 적진을 향해 폭탄과 미사일을 쏟아붓는 것이 바로 CAS이다. CAS를 수행할 경공격기는 아군이 폭격 지원을 요청할 때까지 장시간 체공할 수 있는 능력과 아군과 인접한 적군을 정밀 폭격할 능력이 매우 중요하다.

FA-50은 Block 20으로 개량되면서 체공 시간의 비약적인 상승을 이루어 냈다. 필리핀의 실전에서 확인할 수 있듯 밀림에서 게릴라전을 벌이는 이슬람 무장 세력의 근거지를 족집게처럼 골라 폭격할 정도의 정밀도를 보인다. 물론 조종사의 역량이 가장 중요한 요소라고 하겠지만, FA-50 Block 20은 그 역량을 보완할 수 있을 만큼 놀라운 무장과 첨단 센서가 탑재될 예정이다.

핀란드 공군 F-18에 탑재된 JDAM°

우선 GBU-54 JDAM을 꼽을 수 있다. 기존 FA-50에 탑재되었던 JDAM은 GPS와 관성항법 장비로 유도되는 폭탄이어서 고정된 목표물에는 놀라운 명중률을 자랑했지만 움직이는 목표물에는 비교적 정확도가 낮았었다. 하지만 GBU-54는 레이저광선 유도 방식을 추가하여 최대 28km 사거리 밖에서도 움직이는 목표물을 타격할 수 있다. 기존 JDAM에 비해 최대 6배에 달하는 압도적인 명중률을 보인다. 실제로 미군이 이라크전에서 GBU-54를 사용하면서 "전투기 조종사의 능력이 크게 향상되었으며 광범위한 이동 표적과 교전할 수 있었다"라고 감탄할 정도였다. 현존하는 로우급 전투기에서 GBU-54를 탑재할 수 있는 것은 FA-50 Block 20이 거의 유일하다. 그 정도 성능만 따져봐도 FA-50 Block 20을 도입하지 않는 것이 이상할 정도다.

FA-50 Block 20의 장점은 거기서 끝이 아니라 BAI, 즉 전장항공차단에서도 압도적인 성능을 발휘한다. 전장항공차단이란 통상 20km 내외의 적 후방 지역에 대한 항공 지원을 뜻한다. 주로 적의 포병 부대나 적 지원 부대 또는 통신 부대 등

° 출처 ©MKFI

에 대한 공격이다. 거리를 생각하면 GBU-54로도 충분한 타격이 가능하지만, FA-50 Block 20에는 추가로 국내에서 개발한 KGGB가 탑재될 예정이다.

KGGB는 JDAM과 유사한 GPS 유도 방식을 사용하지만, 마치 글라이더를 연상시키는 큰 날개가 특징인 국산 항공 유도 폭탄이다. KGGB는 일반 폭탄을 유도 폭탄으로 바꿔주는 일종의 유도 키트이다. 하단부에 폭탄을 장착해서 초장거리에서도 공대지 목표물의 정밀 타격을 가능하다. 실제로 KGGB의 사거리는 최대 110km에 달하므로 적 후방의 포병 진지에 대공 포대가 구축되더라도 안전하게 사거리 밖에서의 폭격이 가능하다. 이 정도라면 중국의 L-15와 대한민국의 FA-50 Block 20은 외형적인 면만 유사할 뿐 체급은 전혀 다른 기체라고 할 수 있다.

대한민국의 FA-50 Block 20이 다른 나라들의 경공격기 대비 압도적인 성능을 갖추었기 때문에 대부분의 군사 관계자들은 말레이시아가 FA-50 Block 20을 도입할 것으로 예측한다. 여기에는 놀라운 사실 한 가지가 더 있다.

현재 말레이시아와 인도네시아의 관계는 마치 대한민국과 일본의 관계와 같다고 할 수 있다. 반면 대한민국과 인도네시아는 과거부터 오랜 군사적 파트너였다. 인도네시아는 근래 KF-21 분담금 지연과 같은 행동 때문에 대한민국 국민의 비난을 받기는 했지만, KF-21 사업을 함께 할 정도로 인도네시아가 대한민국의 군사적 파트너라는 것은 분명한 사실이다.

그럼에도 불구하고 말레이시아가 적국과 우호 관계인 대한민국의 경공격기를 수입한다는 사실은 국제 무기 수출 시장에서 상당한 의미를 지닌다. 말레이시아가 FA-50 Block 20의 성능에 매료된 것이 아닌 이상 국제 외교 관계에서의 그러한 결정은 상당히 이례적이다. 말레이시아가 FA-50 Block 20을 도입한다면, 대한민국 입장에서는 그동안 흡사한 외형 때문에 비교되었던 중국의 L-15를 따돌릴 좋은 기회를 얻게 되는 것이다.

현재 대한민국은 우수한 성능의 경공격기 개발로 세계 방산무기 시장에서 괄목할 만한 성과를 거두었다. 자금이 넉넉하지 않은 제3세계 국가들의 가려운 곳을 정확히 긁어주는 최고의 대안으로 급부상하고 있다. 다만 아직 대한민국의 기술력으로는 하이급 전투기를 개발할 능력이 다소 부족하다는 것이 아쉽다.

KF-21의 전력화가 가시화되면서 그것을 토대로 한 항공 기술력이 비약적으로 향상되고 있다. KF-21은 원래 로우급 포지션으로 개발했지만, 대한민국이 독자적으로 개발한 여러 첨단 기술들을 접목하면서 현존하는 최강의 미들급 전투기로 평가받게 되었다. 그런 노하우의 지속적인 축적은 대한민국이 하이급 전투기를 개발할 발판이 될 것이 분명하다.

32

대한민국 K-인증 마크

최근 국내외로 대한민국에 대한 심각한 오해가 번지고 있다. 이는 폴란드발 방산 무기 수출을 시작으로 전 세계가 대한민국의 무기 체계에 열광하면서 불거지기 시작했다. 이번 대한민국과 폴란드의 방산 협력은 역대 최고 금액인 40조 원을 달성하며 전 세계를 놀라게 했다.

그와 같은 초유의 방산 거래는 폴란드뿐만이 아니다. 현재 대한민국이 진행 중인 주요 방산 수출만 해도 한 건당 웬만한 국가의 1년 치 수주 규모와 비슷한 수준이다. 일례로 레드백이 참여한 호주 장갑차 도입 사업은 50억~75억 달러에 달하고, 이집트와는 최대 55억 달러 규모의 FA-50, K2 흑표 전차 도입을 협상 중이다. 말레이시아, 노르웨이, 콜롬비아, 사우디아라비아 등의 국가와도 대한민국산 무기 체계 도입을 위한 협상을 진행 중이다.

상황이 그렇다 보니 일각에서는 세계 방산 시장에서 최근 들어 대한민국의 영향력이 급성장한 것으로 생각하지만, 대한민국은 과거부터 전 세계 방산 시장의 최대 무기 수입국 중 하나였다. 2015년만 하더라도 대한민국은 세계에서 무기 체계를 가장 많이 수입하는 나라 가운데 하나였고, 국산 무기 체계 개발이 안정화되

F-16°

기 시작한 2016~2020년에는 전 세계 7위의 국가였다. 그러한 사실은 대한민국이 처한 특수한 상황으로 인해 방산 시장에서 대단히 중요한 의미를 지녀왔다.

대한민국은 상당한 경제 규모를 갖추고 있지만 언제나 전쟁의 가능성을 안고 있는 휴전 국가이므로, 항시 무기 체계의 실전성과 신뢰도를 엄격하게 심사해야 했다. 게다가 비교적 최근까지 개발도상국이었던 만큼 국방 예산이 빠듯한 편이었다. 사정이 그렇다 보니 외국산 무기 도입에 있어 항상 최소 금액으로 최대의 효과를 노려야 했다. 그래서 대한민국의 방산 협상 담당자들은 언제나 복잡하고 엄격한 조건을 내세웠지만 무기 구매 규모로는 손꼽히는 고객이었기 때문에 '까다로운 큰손'으로 정평이 나 있었다.

그러한 상황은 대한민국 입장에서는 서글픈 현실일 수 있지만 협상 상대국 입장에서는 쌍수를 들고 환영할 일이었다. 대한민국이 어떤 무기 체계를 도입했다는 사실은 세계에서 가장 기준이 엄격한 나라에서 성능 인증 마크를 받았다는 의미이기 때문이었다. 게다가 대한민국 방산 협상 담당자들의 신들린 듯한 흥정 기

° 출처 ©Andy Dunaway

술로 가격까지 낮출게 뻔할 테니, 그 무기는 이미 신뢰성과 가성비를 두루 갖춘 우수한 무기 체계나 다름없는 것이었다. 그래서 대한민국이 구매한 무기는 국제 방산 시장에서 특별한 표식이 붙었다. 그것이 바로 K-인증 마크이다.

K-인증이 방산 시장에서 얼마나 큰 영향력이 있었는지를 보여주는 단적인 사례가 있다. 대한민국의 선택에 따라 전략 무기의 운명이 송두리째 뒤바뀐 사건이 있었다. 그 대표적인 것이 1993년 시작된 대한민국의 중형 전투기 도입 사업인 FX 사업이었다. 당시 대한민국이 주력기로 운용하고 있던 F-16C/D는 전투 행동 반경이 550km에 불과해서 한반도 전역에서 작전을 수행하기에 문제가 많았고, 최대 이륙 중량도 19.2톤이라 공대지 폭격 능력도 그리 만족스럽지 않았다. 때마침 F-4D 등 노후 전투기 문제가 심각해지면서 중형 전투기에 대한 소요가 제기되었다. 대한민국 무기 체계 도입의 역사가 대부분 그랬듯 FX 사업 역시 실전을 대비한 필사의 각오로 시작되었다.

그러한 대한민국의 상황은 곧 전 세계 방산 시장에 흘러 들어갔다. FX 사업은 당시 침체되었던 전 세계 방산 업계에 가뭄의 단비가 되었다. 1993년은 소련이 붕괴하면서 냉전이 끝나고 전 세계적으로 군비 축소 추세가 일반화되었다. 세계적으로 대부분의 방산 업체들이 불황에 시달리던 때였다. 그 와중에 대한민국이 중형 전투기 도입을 검토하겠다고 나서니, 너도나도 뛰어들 수밖에 없었던 것이다.

그 가운데 가장 발 빠르게 움직인 산업체는 F-15E 스트라이크 이글을 들고 온 미국의 보잉이었다. 확실히 F-15E는 쌍발기[1]雙發機라 신뢰도가 우수했고 전투 행동 반경도 F-16에 비하면 무려 3.5배 이상이 넓은 1,967km에 달했다. 최대 이륙 중량도 36.5t에 달해서 무장 탑재량 역시 F-16과 비교할 수준이 아니었다.

하지만 문제는 F-15E가 최신 하이급 전투기답게 가격이 너무 비싸다는 것이었다. 오죽하면 미군도 예산이 너무 많이 든다며 F-15E의 추가 도입과 개량을 중단

1 엔진을 두 개 가지고 있는 비행기. 보통 좌우 주익主翼에 한 대씩 장치함.

F-15E°

할 정도였다. 그 때문에 갑자기 최대 운용국을 잃어버린 보잉은 FX 사업에 실패하면 F-15E 생산 공장을 닫아야 할 위기에 처해 있었다. 그 절호의 기회를 포착한 대한민국은 신의 한 수를 발휘해 FX 사업에 다수의 경쟁자를 참여시켰다. 거기에는 러시아 수호이의 Su-30, Su-35와 유럽 EADS의 유로파이터 타이푼, 프랑스 다쏘의 라팔이 포함되면서 당대 내로라하는 4세대에서 4.5세대 전투기 대부분이 FX 사업에 참여하였다.

이에 대한민국은 철저하고 치밀한 구매자의 입장을 발휘하면서 엄격한 심사를 진행했다. 1996년에는 서울 에어쇼[2]를 개최해 사업에 참여한 전투기들의 실제 성능을 전 국민 앞에서 테스트할 정도였다. 물론 지금도 대규모 무기 도입 사업에 앞서 각종 전시회나 에어쇼가 진행되는 경우가 있다. 하지만 당시 전 세계적인 군비 축소 기조로 방산업체들이 불황에 빠져 있었으므로 대한민국의 FX 사업에 참여한 업체들은 그 절박함이 남달랐다.

IMF 여파에도 불구하고 대한민국이 하이급 전투기를 40대나 도입한다는 소식은 세계 방산업체들의 열의에 불을 지폈다. 결정권을 쥔 대한민국은 최종 후보로 두 개의 기종을 염두에 두고 있었다. 그 하나는 가장 먼저 사업에 참여한 데다 오랜 동맹으로 무기 체계가 익숙한 미국 보잉의 F-15E였고, 다른 하나는 프랑스

2 1996년과 1998년 '서울 에어쇼'로 시작해 7회째인 2009년부터 '서울 ADEX'라는 이름으로 2년마다 제15특수임무비행단에서 열리는 방위 산업 전시회 겸 에어쇼. 평일 4일, 주말 2일로 총 6일에 걸쳐 진행되는 국내 최대의 에어쇼답게 보잉, 에어버스, 미합중국 공군, 대한민국 공군, 대한항공 등 수많은 항공기 업체가 전시회에 참여함. 에어쇼에서 방위 산업 전시회로 개편된 이후에는 항공기 업체뿐 아니라, 다른 분야 방위산업체들도 다수 참가하고 있음. 이 기회에 국내 업체를 중심으로 지상군 장비들도 다수 전시하며, 보통 10월 세 번째 주에 열림.

° 출처 ©Phc Johnny Bivera, USN

라팔[○]

다쏘의 라팔이었다. 그때부터 최종 후보인 두 업체 간의 피 말리는 경쟁이 시작되었다.

먼저 프랑스 다쏘는 라팔과 세트로 스칼프 순항 미사일을 제시했다. 스칼프 순항 미사일은 관성항법장치, GPS와 적외선 지형대조항법을 사용하는 공대지 스텔스 순항 미사일로, 사거리가 무려 560km에 달하며 최신예 순항미사일답게 CEP도 고작 1m에 불과한 초정밀 폭탄이었다. 그 정도 성능이라면 서울에서 북한 전역을 사정권에 둘 수 있었다. 스칼프가 현재 대한민국 공군에서 사용하는 KEPD 350 타우러스 개발에 지대한 영향을 미쳤다는 것을 생각하면 프랑스 다쏘가 얼마나 FX 사업에 적극적이었는지 충분히 짐작할 수 있다.

이에 뒤질세라 미국 보잉은 SLAM-ER 순항 미사일을 제안했다. SLAM-ER은 최대 사거리가 270km로 비교적 짧았지만 중량은 스칼프의 절반 정도인 674kg에 불과해서 대한민국 공군이 운용하던 F-16에서 사용하기 쉽다는 점이 부각되었다. 이는 새 전투기를 사면 기존에 사용하던 전투기에까지 최신 무장을 달아주겠다는 의미였다.

○ 출처 ©Tim Felce (Airwolfhound)

미국 보잉은 거기서 한 발 더 나가 초강수를 던진다. 그것은 F-15E를 그대로 판매하는 게 아니라 동급 기종 중 성능 면에서 최강인 F-15K로 개량해서 넘겨주겠다는 약속이었다. 미국은 프랑스 다쏘가 승부수를 띄웠다는 사실을 포착하자 대한민국이라는 시장을 포기할 수가 없어서 자신들의 밑천까지 드러내는 제안을 했다. 그것이 큰 의미를 지녔던 이유는 현재 일본이 사용하는 F-15J 전투기가 F-15E의 구형인 F-15C/D형을 다운그레이드해서 면허 생산한 것이기 때문이다.

미국의 제안에 화들짝 놀란 프랑스 다쏘는 약점으로 지적받던 라팔의 엔진을 자신들이 직접 새로 개발해서 추가금 없이 장착해 주겠다는 역대급 공약을 했다. 그처럼 경쟁이 과열되자 FX 사업은 전 국민적 관심사로 부상하였다. 두 업체는 대한민국 여론을 끌어오기 위해 신문에 광고까지 싣는 등의 홍보전마저 벌였다. 실제로 F-15K와 라팔은 1차 평가에서 3% 차이로 승패가 엎치락뒤치락하는 접전을 벌이기도 했다. 결국 2002년 2차 평가까지 치르고 나서야 최종적으로 F-15K가 선정되면서 기나긴 싸움의 종지부를 찍을 수 있었다.

하지만 그 전투의 진정한 승자는 대한민국이었다. 도입이 결정된 F-15K 슬램이글은 미국이 판매한 F-15 중에서 역사상 처음으로 업그레이드되어 판매하게 된 기종이었다. 이전까지 F-15를 구입한 나라들의 기종은 모두 일부 기능이 제한된 다운그레이드 버전이었지만 특이하게도 오직 대한민국만 미국도 아직 운용하지 못한 최신 개량형을 운용할 수 있다.

F-15K 슬램이글은 레이더 등의 장치가 개량되면서 최초 제안인 F-15E보다 월등히 우수한 기체가 된 반면 가격은 훨씬 저렴했다. 게다가 보잉이 미국 의회에 로비를 함으로써 SLAM-ER에 그동안 수출 금지 상태였던 AIM-9 사이드와인더의 최종 개량형인 AIM-9X의 판매 승인까지 받아냈다. 미국 공군과 상당수의 무장을 공유하는 대한민국으로서 그 협상은 초유의 성과였다.

물론 보잉 역시 손해를 본 것은 절대 아니었다. 대한민국이 F-15K를 도입하자 그 상황을 주시하던 싱가포르와 사우디아라비아가 곧바로 F-15 도입을 결정지으면서 보잉은 그야말로 기사회생하게 된 것이다. 기본적으로 수십 년을 현역으로 사용하는 전투기의 특성상 계속해서 후속 지원이 필요하기 때문에 지속적으로 추가 수익이 발생하는 것은 덤이라고 할 수 있었다.

반면 미국과의 승부에서 패한 프랑스 다쏘는 전 세계 방산 시장 역사상 최악의 저주를 경험하였다. FX 사업에서 최종 탈락한 후 라팔은 전투기 도입 사업마다 최종 경합에서 미끄러지는 징크스를 겪게 된다. 앞서 말한 싱가포르의 경우도 라팔을 도입하려다가 대한민국의 사례를 보고 F-15로 급선회한 경우였다. 리비아, 영국, 모로코, 폴란드 등의 전투기 도입 사업에서 라팔은 계속 실패하다가 2016년 인도의 도입 결정으로 간신히 기나긴 인고의 시간을 끝냈다.

프랑스 다쏘는 대한민국 FX 사업에서의 패배 이후로는 단 한 번도 대한민국의 전투기 도입 사업에 참가하지 않았다. 프랑스 다쏘가 참가했던 FX 사업 이후로도 대한민국은 3차까지 FX 사업을 이어갔고 KF-X 사업까지 진행했지만, 프랑스는 그 모든 사업에 참가하지 않았다.

그처럼 대한민국의 방산 무기 도입이 철두철미할 수밖에 없는 이유가 있다. 대한민국의 무기 도입 사업의 전 과정과 무기의 성능, 가치, 신뢰성 등을 모든 국민이 매의 눈으로 항상 지켜보기 때문이다. 그것은 세계 어느 나라에서도 보기 힘든 특수한 무기 도입 생태계이다. 일반적인 무기 도입 과정은 기밀인 경우가 많아서 어느 나라든 그 과정에서 온갖 로비와 비리가 개입하는 것이 보통이다.

중동권에서는 로비를 얼마나 많이 하느냐가 도입 기종을 결정짓는 요인이 되기까지 한다. 그러나 대한민국의 경우 전 국민이 그 도입 과정 모두를 지켜본다는 특성상 그런 가능성은 극히 희박할 수밖에 없다. 그러한 국민의 관심과 현명한 판단이 다른 국가들과는 차별화된 시스템을 독자적으로 갖추게 한 것이다. 그것이 단시간에 대한민국의 방위 산업을 발전시킨 원동력이 되었다.

33

KF-21의 미래

얼마 전 KF-21 보라매 개발진이 중국의 황당한 주장으로 인해 억울하게 모욕당한 일이 있었다. DX 코리아 2022에서 공개된 KF-21N에 대해서는 "함재기[1] 艦載機를 만들 기술도 없는 대한민국이 한낱 모형으로 눈속임을 하고 있다"라는 어이없는 험담까지 들었다. 그런 비난에 불을 붙인 것은 지난 9월 28일 공개된 KF-21 시험 비행이었다.

비공개로 진행되던 KF-21 시험 비행이 최초로 언론에 공개되었다. 드디어 랜딩 기어를 접고 대한민국 영공을 비행하면서 국내외 언론을 포함한 세계 각국 군사 관계자들의 이목이 집중되는 순간이었다. 그런데 일각에서는 "고작 랜딩 기어 하나 접은 게 대수냐"라며 역사적인 순간을 평가절하하였다. 중국의 한 군사 전문가는 "KF-21은 현재 대한민국이 허풍 떠는 것처럼 대단하지는 않다", "무장창을 내장하지 않고 모두 외장에 걸었다는 점은 KF-21의 큰 문제다"라며 KF-21이 중국의 스텔스 전투기인 J-20을 절대 이기지 못할 것이라고 장담했다. 하지만 그런 발

---

1 군함에 탑재, 운용하는 군용 비행기의 통칭. 수송을 위해서 임시로 항공모함에 적재해서 함재기가 아님. 예를 들어 B-25는 항공모함에서 발진해서 폭격했지만 본래부터 함재기로 개발된 기종은 아니고 항공모함에서 발함은 가능했지만 착함은 할 수 없었으므로 분류상 함재기라고 할 수 없음. '함상기'라고 부르지만 그것은 대부분 항공모함에서 운용되는 랜딩 기어가 달린 기종을 의미하는 경우가 대부분이므로 함재기의 하위 분류라고 할 수 있음.

KAI KF-X 모델°

언은 '전문가'라는 수식어가 아까울 정도의 망언이라고 할 수 있다.

KF-21이 랜딩 기어를 접었다는 것은 본격적인 성능 시험을 시작하겠다는 의미이다. 이·착륙과 저속 순항 성능은 이미 완벽한 검증이 끝났다는 뜻이다. 즉 이제부터 마하 1.8에 달하는 최대 속력 비행과 최대 중량까지 무장을 탑재하는 시험이 진행될 것이다. 그것은 KF-21의 성능이 하나씩 세상에 증명될 일만 남았다는 의미이다. 국내를 포함한 수많은 국가의 외신, 군사 관계자들과 중국 같은 적성국에서까지 KF-21의 비행에 초집중하는 것도 그러한 이유 때문이었다. 그만큼 KF-21의 미래 가치는 아직 단언하기 어려운 수준이다. KF-21이 절대 J-20을 이길 수 없다는 식의 단정은 공중전의 승패를 전투기의 세대 구분으로밖에 예측하지 못하는 무지의 소치라고 할 수밖에 없다.

KF-21은 4.5세대 전투기의 최종 완성형이라는 평가를 받고 있어서 4.75세대니, 4.9세대니 하는 말까지 나올 정도이다. 그 정도라면 사실상 전투기의 세대 구분은 무의미한 것이다. 애초에 4.5세대 전투기와 5세대 전투기의 결정적 차이는 스텔스 기술의 가능 여부이다.

초음속 비행과 레이더 유도 미사일을 통한 시계 외 교전이 가능하면 3세대, 적

° 출처 ©Alvis Cyrille Jiyong Jang

외선 유도 미사일 등으로 전천후 요격 작전 수행이 가능하면 2세대, 초음속 비행이 불가능하면 1세대 전투기로 분류하고 있다. 세대마다 수행이 가능한 작전 범위가 명확하기 때문에 4세대와 3세대의 차이처럼 세대 구분이 확실하다면 전투에 많은 제약이 따른다. 4.5세대는 초창기 4세대 전투기와는 완전히 다른 기종이라고 할 만큼 스텔스 기술과 탐지 분야에서 엄청난 개량이 이루어졌기 때문에 5세대 전투기와는 그 경계가 상당히 희미하다.

KF-21은 이미 기본적인 스텔스 기능을 갖추고 있다. 공대공, 공대지 표적의 식별, 탐지, 추적을 담당하는 AESA 레이더와 공대공 표적의 적외선 신호를 탐지 및 추적하는 IRST가 탑재되었다. 즉 스텔스기를 포착하는 능력까지 확보하고 있다. 게다가 공격 측면에서도 레이저 유도와 광학 유도를 모두 수행할 수 있는 EOTGP 타겟팅 포드를 달 수 있어서 주야간을 가리지 않고 정밀 타격을 가할 수 있다.

더욱 놀라운 것은 그 모든 레이더 장비가 모두 국산화에 성공한 독자 개발 장비라는 것이다. 그 때문에 KF-21은 아직 개발이 완료된 상태가 아님에도 불구하고 이미 Block 3 개량부터는 완벽한 5세대 스텔스기나 제한적인 6세대기의 성능을 예고하고 있다. 거기에는 65%에 달하는 놀라운 국산화율도 한몫했다. KF-21이 대한민국의 독자 개발에 성공한 전투기로서 무궁무진한 변화가 예고되었다. 그런 상황에서 단지 세대 구분에 따라 중국의 J-20에 비해 KF-21이 부족하다고 주장하는 것은 악의적인 비방에 불과한 것이다.

그 진위를 가려내고 싶지만 유감스럽게도 중국의 질적 주력기로서 J-20의 스펙이 너무나 과장되어 모의 공중전조차 불가능한 실정이다. 오죽하면 세계 군사 전문가마다 J-20의 스펙을 서로 다르게 얘기할 정도다. 하지만 J-20의 바로 아래 체급인 4.5세대 전투기 J-10C와 KF-21을 비교해 보면 두 기종의 우위를 파악할 수 있다.

J-20°

시계 외 교전이 보편화된 현대의 공중전에서 얼마나 멀리 보고 얼마나 먼저 타격할 수 있느냐로 승패가 결정된다. 그런 측면에서 KF-21은 레이더 반사 면적 1㎡인 대상을 최소 160km 밖에서도 포착하는 것으로 알려져 있다. 실제 탐지 능력은 그보다 우수할 것으로 보이지만, 대한민국 공군이 요구한 KF-21 성능의 최소 조건은 RCS 1㎡인 물체를 160km에서도 탐지하는 것이다. 반면 J-10C는 같은 조건에서의 탐지 능력이 최대 130km로, KF-21에 비해 한참 떨어지는 수준이다.

여기서 또 한 가지 고려해야 할 점은 RCS 1㎡라는 단서가 붙는다는 것이다. J-10C의 RCS는 1㎡여서 KF-21이 160km 밖에서도 포착할 수 있다. 이와 반대로 KF-21은 외형적인 스텔스 설계로 인해 RCS 값이 그보다도 훨씬 낮다. RCS 1㎡는 형성만으로도 달성이 가능하고 실제로는 RCS 0.1㎡에 해당하는 LO 수준의 저피탐성을 목표로 하고 있다.

특히 블록3의 경우 RCS 0.01㎡가 목표이므로 J-10C로는 100km 바깥에서 절대 KF-21을 탐지할 수 없다. 실제로 계산해 보면 J-10C가 KF-21을 탐지하는 거리

° 출처 ©N509FZ

FC-31°

는 고작 70~90km밖에 되지 않으므로 거의 1.7배 이상 성능이 떨어진다는 것을 알 수 있다. 그런 상황임에도 현재 중국은 J-10C가 4.5세대의 끝판왕급 기체라고 과장하고 있다.

또한 J-20은 지난 2018년 인도의 4.5세대 전투기인 Su-30MKI에 탐지 및 추적을 허용하면서 실제 그 스텔스 성능에 대한 의혹에 시달리고 있다. 더군다나 Su-30MKI이 개발된 지 20년도 넘은 전투기라는 사실을 감안하면 무조건 J-20의 우위를 논할 수도 없다. 중국의 형편없는 전투기 제조 기술도 공중전에서 반드시 고려해야 하는 변수가 된다. 중국은 대한민국의 항공 기술력 수준이 어느 정도인지를 알고 있기 때문에 "한국이 모형으로 KF-21N을 만들어 놓고 함재기 개발이 가능하다며 눈속임하고 있다"라는 억지 주장을 펼치고 있다.

중국의 최신예 5세대 스텔스 전투기이자 함재기인 FC-31는 표절 의혹을 받고 있다. FC-31를 개발하는 동안 미국의 F-35 설계도를 빼내기 위한 중국의 대규모 해킹이 벌어진 후 공개된 FC-31는 쌍발기라는 것을 제외하면 실제로 F-35와 놀

° 출처 ©Phc Johnny Bivera, USN

랍도록 유사한 외형이었다. 하지만 중국의 전투기들이 대부분 그런 식으로 발전해 온 것이어서 전문가들은 새삼 놀라지 않았다.

중국은 그들이 힘을 축적하고 있던 시기에 러시아 전투기를 카피 생산했다. 본색을 드러내도 될 만큼 힘을 쌓았을 때는 미국 전투기들을 카피했다. 하지만 그러한 중국의 관행은 오히려 중국 전투기 제조 기술에 독이 되었다. 탄탄한 기본 기술 없이 답안지부터 확인하면서 모래 위에 고등 기술을 쌓아 올리다 보니 전투기를 개량해서 실전 쓸 만한 기술이 부족했기 때문이다.

일례로 2023년 배치 예정인 FC-31는 지금도 중국 조종사들에게조차 "함재기로 FC-31를 타느니 차라리 구형 J-15를 유지하겠다"라는 말이 나올 정도이다. 함재기는 단순히 전투기를 항공모함에 싣기만 하면 끝나는 것이 아니라 우선 그 내구성 면에서 우수해야 한다. 일반적으로 전투기가 이륙하기 위해서 500~1,000m의 활주로가 필요하며, 그 과정에서 최소 시속 200km를 돌파해야만 무사히 이륙할 수 있다. 하지만 일반적으로 항공모함에서 이륙에 사용할 거리는 기껏해야 200m에 불과하다. 대부분의 현대식 항공모함은 캐터펄트를 이용해 강제적으로 전투기를 이륙 가능한 속도로 가속한다. 이는 중국의 최신 항공모함이자 FC-31의 모함이 될 003형 푸젠함 역시 마찬가지이다.

이륙 과정에서 함재기에는 무려 80톤 이상의 하중이 가해진다. 캐터펄트는 랜딩 기어를 잡아끄는 방식으로 함재기를 이함시키기 때문에 노즈 기어와 랜딩 기어에만 30톤 이상의 하중이 걸리게 된다. 하지만 그 하중을 견디고자 무작정 함재기의 장갑裝甲을 두껍게 만들 수만은 없다. 이는 활주로의 한계로 함재기 이륙 중량에 제약이 있기 때문이다.

대표적인 함재기인 F-35B의 최대 이륙 중량은 27톤이다. 기본형인 F-35A의 중량인 31.7톤보다 무려 4톤 이상 가벼운 것이다. 장갑 두께가 아니라 내부에서 상당한 내구성 강화가 이루어졌기에 전체적으로 크기가 작아졌다. KF-21N의 경우도 비슷하다. 함재기의 내구성 문제를 해결하기 위해 대들보 역할을 하는 벌크

헤드를 강화하고 랜딩 기어의 둘레를 키우는 방법을 택했다. 즉 크기를 키우지 않으면서도 함재기의 내구성을 강화할 수 있는 조건을 연구하여 실전에 응용할 단계까지 왔다는 뜻이다.

반면 중국은 지금까지 한 번도 FC-31의 개량 사항을 공개하지 않았다. 이는 중국이 함재기를 만들 능력이 없다기보다 FC-31의 스텔스 성능을 유지하면서 벌크헤드 등을 강화할 기술력이 부족하다고 봐야 한다. 즉 중국 함재기 개발력은 사상누각沙上樓閣이라는 표현이 적절할 정도로 그 기본기가 약한 것이 사실이다. 그들에게는 자체 연구를 통해 스텔스 함재기를 만들어 본 경험이 없으므로 당연히 개량을 시도할 수가 없는 것이다.

또 다른 문제는 날개 면적에 관한 것이다. 앞서 말한 대로 함재기는 짧은 항공모함의 활주로에서도 충분한 양력을 얻기 위해 날개 면적이 상당히 큰 편이다. 일례로 중국의 기존 함재기인 J-15의 주익[2]主翼 면적은 62㎡가 넘고, KF-21N도 기존 46.5㎡에서 주익 면적을 20% 이상 키웠다. 하지만 주익을 키우면 공간이 제한적인 항공모함에 함재기를 격납할 수가 없어서 KF-21N을 포함한 대부분의 함재기는 날개를 접는 방식을 선택했다.

하지만 FC-31의 주익 면적은 40㎡에 불과하다. 지금까지 공개된 내용을 분석해 보면 날개를 접지 않고 그대로 격납하는 방식을 택하고 있음을 알 수 있다. 이는 FC-31의 성능에 비해 중국이 보유한 기술력이 현저히 떨어지기 때문이라고 해석된다. 거기에 중국 전투기의 고질적 문제인 엔진 출력 부족까지 더해지면 FC-31가 얼마나 강력한지를 내세우기보다 FC-31가 제대로 이함할 수 있는지부터 고민해야 할 듯하다.

이쯤 되면 왜 중국 해군 내부에서 FC-31를 거부하는지 알 수 있다. 이처럼 시간이 지날수록 대한민국과 중국의 국방력은 질적 차이가 극명해지고 있다. 게다

2 비행기 동체의 좌우로 뻗은 날개.

가 지난 9월 국회에서 열린 국방위원회 회의에서 합참의장이 직접 KF-21N의 개발 검토를 시사하면서 대한민국이 다시 한번 중국과의 격차를 벌릴 기회를 얻게 되었다.

합참의장은 현재 공개된 KF-21N이 수직 이착륙이 불가능하기 때문에 경항모를 중항모급 이상으로 변경하는 것을 검토 중이라고 언급했다. 만약 그것이 현실화된다면 대한민국은 함재기부터 항공모함까지 완전한 국산 무기 체계를 구비하게 된다. KF-21N과 중형항모 개발의 확실한 천명으로 더 이상 중국의 저열한 정치 공작이 지속될 수 없기를 바란다.

34

탄도탄[1] 彈道彈의 종류와 그 방어 체계

최근 국내 군사전문가들의 충격적인 분석이 나왔다. 그것은 북한의 남침 가능성이 높아지고 있다는 결과였다. 지난 10월 6일 북한은 전투기 8대와 폭격기 4대를 이용해 특별감시선 이남에서 1시간가량 공대지 훈련을 진행하며 대한민국을 포함한 전 세계를 긴장하게 했다.

특별감시선은 북한 군용기가 남쪽으로 접근했을 때 대한민국 군이 대응하는 가상의 마지노선으로서, 휴전선 북쪽으로 50~60km 위쪽에 설정되어 있다. 현대 전투기의 속도를 고려하면 그것은 불과 수 분 이내 대한민국 영토를 침범하고 무력을 행사할 정도로 가까운 거리이다. 지난 6일 자행한 북한의 도발은 그야말로 일촉즉발의 상황이었다. 하지만 북한은 결국 휴전선을 넘지 못했다. 북한의 일거수일투족을 집중 감시하던 대한민국군이 도발 징후를 포착한 즉시 F-15K 등 전투기 30대를 출격시키면서 사건은 일단락되었다.

1 탄도 곡선대로 포물선을 그리며 비행하는 미사일. 발사한 다음 얼마 동안은 로켓이 작동하여 일정한 궤도와 방향을 잡지만, 그 뒤에는 보통 포탄처럼 탄도를 그리며 날아감. 기본적으로 대기권에 진입할 때까지만 지상에서 유도하고 목표에 도달할 수 있는 궤도를 확보하면 자유 낙하를 시작함. 이때 탄두에 내장된 자이로스코프와 가속도계를 이용해 낙하 탄도를 미세 조정하면 낙하 중 세밀한 궤도를 변경하며 목표 지점까지 도달하여 터지게 됨. 초창기에는 높은 명중률을 기대하긴 어려웠으나 기술의 발전으로 세밀하고 빠른 계산이 가능해지는 한편 자이로스코프 성능이 향상되고 위성항법장치나 레이더로 비행 중 궤도 수정이 가능해지면서 명중률이 크게 향상됨.

ATACMS

북한은 대한민국과의 압도적인 전력 차이를 느끼며 도주했다. 물론 북한도 2010년대에 들어서면 남북의 군사력 격차가 심하게 벌어진 것을 아는 이상 무턱대고 대한민국을 도발한 것은 아니다. 그럼에도 불구하고 북한이 특별감시선을 침범한 것은 최근 다시 시작된 한미연합훈련에 대한 불만을 드러내기 위한 것이라고 군사 전문가들은 분석했다. 그만큼 북한은 대한민국과 미국의 군사 동맹이 공고해지는 것을 경계했다.

특히 지난 9월 23일 부산 해군기지에 로널드 레이건 항공모함이 입항한 후 한미연합훈련이 시작되자 북한은 9월 25일부터 10월 1일까지 총 4차례에 걸쳐 동해상으로 단거리 탄도미사일을 발사하는 만행을 저질렀다. 그만큼 북한은 한미연합훈련을 강력한 위협으로 받아들였다. 올해 들어 북한은 지속적으로 무력 도발을 일삼았다. 한미 연합훈련이 재개되면서 그 빈도는 더욱 잦아졌으나 이는 군에서 예상한 범위 내의 일이었다.

하지만 지난 10월 4일 북한은 특수 탄도미사일을 발사하면서 기어코 선을 넘어버렸다. 결국 훈련을 끝내고 모항으로 되돌아가던 로널드 레이건함이 다시 선

수船首를 동해로 돌렸다. 대한민국 군과 주한미군은 동해상에 각 2발씩 총 4발의 ATACMS를 발사했다. 이는 전례를 찾아보기 힘들 정도의 강력하고 위협적인 대응이었다. 북한이 발사한 미사일이 도대체 무엇이었기에 대한민국과 미국은 그토록 강력한 대응을 한 것일까.

현대전에서 탄도미사일의 위험도를 결정짓는 제1요소는 사거리이며 제2요소는 탄두 중량이다. 그런 측면에서 대한민국은 다른 나라에 비해 탄도미사일 개발에서 고려해야 할 부분이 상당히 적은 편이다. 북한의 평양까지는 200km 남짓한 사거리의 탄도미사일 사정권 안쪽이므로 대한민국 현무-2의 가장 초기형인 현무-2A의 최대 사거리가 300km였다.

이처럼 사거리 300km 이하인 탄도미사일을 '전술탄도미사일TBM'이라고 한다. 북한의 미사일 도발에 대응하기 위해 대한민국과 주한미군에서 발사한 ATACMS도 사거리 300km 이하에 탄두 중량은 227kg인 TBM이었다. 그것은 현무-2A처럼 미사일 발사대에서 발사하는 것이 아니라 M270 MLRS 로켓포에서 발사하는 탄도미사일이기 때문에 탄두 중량이 매우 가벼웠다. 북한을 상대한다는 전제하에서는 그 정도의 사거리로도 충분한 것이다.

하지만 유감스럽게도 최근 대한민국의 적성국은 북한만이 아니며, 중국이 그보다 더 큰 위협이 되고 있다. 현재 중국의 행보는 가히 파격적이다. 중국 인민해방군 해군 소속의 육전대만 봐도 왜 중국이 대한민국의 안보에 위협인지를 알 수 있다. 중국 해군의 육전대는 우리나라의 해병대와 비슷한 조직이다.

과거 육전대는 1980년 하이난성에서 1여단을 창설하면서 6천 명 수준이었다. 하지만 남중국해의 마찰 심화와 함께 2017년 육군과 공군의 여단 중심 편제 개편을 통해 그 수를 크게 증가시켜서 2021년 기준 8개 여단, 4만 명 수준이 되었다. 그러면서 이전까지 세계 2위의 해병대 전투력을 보유했던 대한민국을 제치고 중국이 그 자리를 차지했다. 문제는 이 부대의 유사시 임무가 대만 침공의 교두보

현무2-C

확보와 이를 방해할 수 있는 대한민국 전력의 무력화라는 것이다.

그것은 대한민국을 침공할 수 있다고 공공연하게 밝힌 것과 마찬가지이다. 그 때문에 대한민국 해병대가 구식 장비를 급하게 현대화하고 있다. 이제 북한은 물론 중국까지 커버할 수 있는 광역 무기 체계가 필요해진 상황이다. 중국의 베이징은 서울에서 1,000km에 위치했고 언제 적으로 돌아설지 모르는 일본의 도쿄도 1,100km나 떨어져 있다.

일본은 정식 군대가 아니기 때문에 탄도미사일을 보유하고 있지는 않지만, 중국은 DF-15, DF-16 등의 단거리 탄도미사일로도 대한민국 전역을 타격할 수 있다. 현무-2A로는 중국의 미사일 공격에 반격조차 못 해보고 당할 수밖에 없기에 대한민국 군은 중국과 북한의 미사일 전력 확보에 발맞춰 현무를 사거리 300~1,000km 수준인 단거리 탄도미사일 SRBM 현무-2C로 개량하였다.

또한 얼마 전 현무-5가 세상에 공개되면서 북한과 중국은 경악할 수밖에 없었다. 그 이유는 지구상에서 찾아보기 힘들 정도의 엄청난 괴력을 가진 탄도 미사일을 대한민국이 개발했기 때문이다. 현무-5는 8톤 탄두 기준 최대 사거리 300km의 TBM이지만, 6톤 탄두 기준 최대 사거리 600km의 SRBMShort-Range Ballistic Missile이 될 수 있는 다목적 미사일이다.

탄도 미사일의 탄두 중량이 8톤 이상이라는 것은 핵탄두를 탑재하지 않아도 북한의 지하 벙커를 쑥대밭으로 만들 수 있는 어마어마한 파괴력을 보유했다는 의미이다. 게다가 탄두 중량을 일반적인 TBM이나 SRBM 정도로 줄이면 중국 전역을 타격할 수 있을 뿐만 아니라 탄두의 중량을 더 줄이면 최대 사거리

3,000km의 준중거리 탄도미사일MRBM으로 운용할 수 있다. 그 덕분에 대한민국은 외교적인 견제를 최소화하면서도 압도적인 전쟁 억지력을 보유하게 되었다. 만약 대한민국이 현무-5를 개발하지 못했다면 중국의 미사일 공격에 전혀 대응할 수 없는 처지가 되었을 것이다.

현대 국제사회에서 힘의 균형이 무너지면 외교상의 굴욕을 감내할 수밖에 없다. 대한민국에는 과거 중국의 사드 보복이라는 아픈 경험도 있지만, 이제는 과거와 판세가 달라졌다. 반면 중국은 현재 대한민국을 포함한 서방권 국가들과 대적하는 실정이다. 전 세계 패권을 차지하고자 중국은 미국 본토를 직접 타격할 수 있는 능력을 갖추려고 애썼다. 그러려면 최소한 수천에서 수만 km 이상 날아갈 수 있는 탄도미사일이 필요하다.

그러한 능력을 갖추지 못하다면 수십 일 동안 미국의 탐지 자산을 피해 가며 태평양을 가로질러야만 미국 본토를 공격할 기회가 생기게 된다. 하지만 그렇게 미국의 탐지 자산을 모두 피해 항해하기는 사실상 불가능하다. 아무리 강력한 탄도 미사일이더라도 사정거리가 길어질수록 중간에 요격될 확률이 높아진다. 그래서 중국은 미국과의 냉전을 감수하면서까지 대한민국과 남중국해에 대한 영향력을 넓히려는 것이다.

그런데 여태껏 만만하다고 생각했던 대한민국이 갑자기 변수로 등장한 것이다. 최근 대한민국이 자주국방을 신조로 개발한 무기 체계가 중국을 위협할 수준으로 성장했기 때문이다. 중국은 항시 대한민국의 준중거리 탄도 미사일MRBM을 경계해야 하는 처지가 되었다. 사실 MRBMMedium Range Ballistic Missile은 비교적 사거리가 짧고 개발하기도 쉬워서 현재 대한민국의 기술 역량이면 충분히 개발이 가능하다. 또한 국제적인 제재에서도 비교적 자유롭다. 대한민국은 이제 세계 평화와 민주주의의 전진 기지로서 중국을 견제하는 역할을 톡톡히 해내게 된 것이다.

화성-15 미사일과 TEL[○]

반면 지난 10월 4일 중국이 북한을 움직여 발사한 탄도미사일은 중국의 원대한 계획 중 첫 번째 스텝인 미국 본토 타격 능력을 재확인한 도발이라고 볼 수 있다. 그 때문에 로널드 레이건함이 급하게 회항하고 대한민국과 주한미군이 ATACMS를 발사하는 등 상당히 강력한 대응을 할 수밖에 없었다.

북한이 발사한 미사일은 화성-12호로, 비행 거리 4,500km, 고도 970km, 속도는 마하 17에 달하는 중거리 탄도미사일IRBM이었다. 이 IRBM의 사거리 내에는 괌이 있기 때문에 미국도 긴장하게 되었다. 괌은 일반인에게 관광지로 유명하지만 군사적으로 미국 국토에서도 손에 꼽히는 군사 요충지이다. 또한 괌은 유사시 한반도 무력 지원을 위한 미국의 폭격기 전력이 위치한 곳이다. 만약 괌이 북한의 미사일에 무방비로 폭격당한다면 미국은 유사시 한반도와 남중국해를 지원할 가장 빠른 방법을 잃어버린다.

이는 대한민국에도 대단히 큰 문제이다. 대한민국과 북한의 군사력은 이미 비교가 불가능할 정도지만 북한 뒤에는 중국이 버티고 있으므로 대한민국의 단독 국방력만으로 승리를 장담하기 어렵다. 게다가 적성국인 중국과 북한에서 미국 본토를 직접 타격할 수 있는 사거리 5,500km 이상인 대륙간 탄도 미사일ICBM 전

○ 출처 ©Heriberto Arribas Abato

력도 문제이다.

북한은 이미 화성-13, 화성-14, 화성-15, 화성-17 등 다양한 종류의 ICBM을 보유했다 주장하고 있으며 중국도 DF-31, DF-5 등의 ICBM을 보유하고 있다. 이들은 현재 미국이 보유한 LGM-30 미니트맨3와 함께 핵 공격 수단으로 아슬아슬한 상호확증파괴의 균형을 이루었다. ICBM은 사거리 6,000km 이상의 고도에서 비행하다가 대기권에 들어서면 최대 마하 30의 어마어마한 속도로 낙하하기 때문에 요격이 여간 까다로운 것이 아니다.

미국이 보유한 지상 기반 요격체GBI가 대기권 밖에서 ICBM을 요격할 능력을 갖추고 있지만, 중국과 북한이 보유한 ICBM의 엄청난 숫자를 감안하면 100% 요격은 어려울 수 있다. 다탄두 ICBM인 MIRV까지 등장한다면 사실상 요격은 불가능하다고 볼 수 있다. 현대 기술로 ICBM을 완벽하게 막을 방법은 상승 단계 요격이 거의 유일하다. 그 때문에 동북아 정세의 키맨으로 자리 잡은 대한민국의 군사적 중요성이 더욱 커지는 것이다.

현재 대한민국은 북한과 중국의 무력 도발을 원천적으로 봉쇄하기 위해 상승 단계 요격 미사일을 개발하고 있다. 미국의 미사일 요격 기술이 뛰어나지만 상승 단계 요격 미사일은 최초 미사일이 발사된 지점에서 300km 이내에서 사용해야 최대의 효과를 기대할 수 있다. 그런데 그러한 지리적 이점은 오직 대한민국만이 가졌으며, 현재 대한민국의 상승 단계 요격 미사일 개발 진척도는 상당히 순조로운 상황이다. 조만간 그 기술마저 대한민국이 확보하게 된다면, 그동안 북한이 대한민국을 포함한 전 세계에 위협용으로 남발했던 핵 카드는 곧 무용지물로 전락할 것이다.

35

대對 레이더 미사일

러시아의 패배가 점차 확실시되면서 우크라이나를 승리로 이끈 비밀 병기가 하나둘씩 공개되었다. 그중 미국이 우크라이나에 비밀리에 지원한 공대지 미사일의 정체가 드러나자 전 세계 군사 전문가들이 충격에 빠졌다. 그동안 러시아군의 제공권 장악 시도가 왜 실패로 돌아갔는지 그 미사일 하나로 모두 밝혀졌기 때문이다. 그 미사일이야말로 '게임 체인저' 자체였던 셈이다.

실제로 러시아는 우크라이나 전쟁 초기에 전체 공군력의 60% 이상을 투입했다. 숫자로 치면 600여 대의 전투기, 폭격기, 공격헬기 등이 투입되었고, 하루에만 무려 평균 200회를 출격했다. 이는 우크라이나 공군이 겨우 하루 평균 10회 수준의 출격을 기록한 데 비하면 엄청난 격차이다. 단순히 수치로만 비교해 본다면 러시아 공군의 패배는 도저히 믿을 수 없는 결과이다. 러시아 공군의 제공권 장악 실패가 우크라이나 전쟁의 최대 미스터리 중 하나로 지목될 정도였다. 결국 이번 비밀 병기 공개로 밝혀진 사실은 전쟁의 승패는 더 이상 병사의 수로 결정되는 게 아니라는 것이다.

러시아 공군은 압도적인 수적 우위에도 불구하고 군사 교리상 지상군의 화력

AGM-88 "HARM"○

지원에만 묶여 있었다. 즉 수백, 수천억 원이나 하는 전투기로 지상군의 요청에 따라 폭탄이나 떨어뜨리고 미사일이나 쏘는 것이 그 임무의 전부였다.

이와 반대로 우크라이나 공군은 Su-27, MiG-29 같은 구형 소련제 전투기를 몰고 적진 깊숙이 침투해 방공망과 레이더 시스템, 보급 등을 완전히 무력화시켰다. 그들은 도입된 지 40년도 넘은 구식 전투기로 필사즉생必死即生의 작전을 단행한 것이다. 다수의 군사 전문가들은 러시아군의 군사 교리상 한계가 제공권의 승패에 영향을 미쳤다고 판단하고 있다.

결정적으로 우크라이나의 반격과 함께 미국의 비밀 병기가 투입되면서 우크라이나 공군과 러시아 공군의 엄청난 질적 격차가 벌어지기 시작했다. 심지어 우크라이나 공군은 그 공대지 미사일로 21개 이상의 러시아군 대공포대를 완전히 무력화하면서 9월의 단 며칠 사이에 무려 6,000km^{2}의 영토를 회복하는 데 중추적인 역할을 해냈다. 러시아의 마지막 공군 전력을 무력화시킨 노보페도리우카 사키 공항 폭격도 미국의 비밀 병기가 사전에 방공망을 장악하면서 이루어낸 성

○ 출처 ©SCOTT STEWART

과로 알려졌다. 그 모든 것을 가능하게 한 비밀 병기는 바로 AGM-88 HARM 공대지空對地 미사일[1]이다.

앞서 말한 막대한 전과로도 알 수 있듯이 HARM은 평범한 공대지 미사일이 아니었다. 길이 4.1m, 직경 254mm의 HARM은 최대 90km 밖의 레이더 신호를 전문적으로 추적해 파괴하는 마하 2.9의 최첨단 대방사 미사일이다. HARM에는 레이더를 파괴하는 세 가지 모드가 있다.

첫 번째는 가장 기본적인 SPSelf Protection 모드이다. 이는 HARM을 탑재한 전투기 자체 센서를 이용해서 적 레이더 신호를 포착하고 목표 지점으로 발사하는 방식이다. 전투기의 뛰어난 센서를 사용하기 때문에 가장 명중률이 높고 다양한 상황에 대응할 수 있다. 그만큼 HARM을 탑재한 기체의 센서 성능이 우수하다.

그렇다고 구형 전투기로 HARM을 사용할 수 없다는 것은 아니다. 바로 두 번째 모드인 TOOTarget of Opportunity 덕분이다. TOO 모드는 HARM 탄두 부분에 탑재된 자체 센서를 이용해서 적의 레이더를 탐지하는 방식이다. 그 덕분에 전투기가 HARM이 보내는 최소한의 정보를 해독할 수 있으면 충분하다. 하지만 레이더 탐지 센서의 크기 차이로 사거리가 비교적 짧다는 단점을 지닌다.

세 번째는 PBPre-Briefed로, 이는 HARM을 발사하기 전 미리 적 레이더의 좌표를 입력해 두고 전투기가 지정된 위치까지 날아가 HARM을 발사하면 미사일이 입력된 좌표까지 날아가는 방식이다. 목표물 10~15km 전방에서 HARM의 자체 센서를 작동시켜서 레이더 신호를 추적한 후 파괴한다. PB 모드는 센서 범위 밖에서 미리 좌표를 입력하고 미사일을 발사하므로 사거리를 150km까지 늘릴 수 있다. 생존성 면에서 월등하고 HARM을 포착한 적이 레이더를 꺼도 지정된 좌표를 향해 날아가기 때문에 적 방공망에 피해를 줄 수 있다. 그러나 급변하는 전장

1 'High-speed Anti-Radiation Missile(고속 대방사 미사일)'의 약자로, 미국이 개발한 대 레이더 미사일. 베트남 전쟁 당시 월맹군의 SA-2에 큰 피해를 입은 미군이 SEAD(Suppression of Enemy Air Defenses, 적 방공망 제압)기인 와일드 위즐이 장비했던 슈라이크/스탠다드 대 레이더 미사일들을 잇는 후계로, 적군의 방공 레이더 주파수 탐지 후 역추적해서 날아가 적의 레이더 장비를 타격함. 이 미사일이 사용되면 레이더를 사용하는 장거리 대공무기들을 일제히 침묵시키거나, 효율을 크게 떨어뜨릴 수 있음.

상황에 유연하게 대처하기 힘든 모드이다. 비밀 병기라고 불리는 HARM은 세 가지 모드를 적절히 활용하면서 러시아군의 방공망을 파괴한다.

그렇다면 러시아는 왜 이렇게 효율적인 대 레이더 미사일을 사용하지 않았던 것일까? 현대전에서 적의 방공망을 제압하는 일, 즉 SEADSuppression of Enemy Air Defenses를 통한 제공권 장악은 전장의 범위를 2차원에서 3차원으로 확장시킬 수 있다는 점에서 필수적인 절차이다. 전장에서 공군이 자유롭게 움직일 수 있는 것은 적의 보급 집결점을 파괴하고 지원부대를 저지하기 때문이다. 이는 전장 외적 힘의 균형을 단번에 역전시킬 수 있는 엄청난 전략적 이익이다.

이번 우크라이나 전쟁만 보더라도 초반 힘의 격차는 제공권을 누가 장악하냐에 따라 완전히 역전되는 양상을 보였다. 제공권 장악은 비단 공군뿐만 아니라 육군과 해군의 움직임에도 어마어마한 영향을 미쳤다. 제공권을 완전히 장악당한 상태라면 적의 정찰기에 아군의 배치와 동태를 모두 노출한다는 의미이다. 즉 제공권을 빼앗긴다는 것은 알몸으로 적을 상대한다는 말과 같다. 이는 군사적 지식이 없는 일반인이라도 알 수 있는 지극한 상식이다.

러시아군은 그 모든 사실을 알고 있고 HARM에 필적하는 대방사 미사일인 Kh-58을 보유하고 있는데도 불구하고 제공권을 장악하지 못했다. 여기에는 무력 이외에 또 다른 지표가 작용했다고 밖에 볼 수 없다. 이를 알기 위해 SEAD가 상상 이상으로 수행하기 어렵다는 사실을 알아야 한다. SEAD가 중요한 만큼 적 또한 대공포, 맨패즈, 대공 미사일 등 방공체계를 총동원한 대공 체계를 구축해 놓았을 것은 불 보듯 뻔한 일이다.

일반적으로 SEAD는 전자전기를 이용해 적의 레이더를 일순간 무력화하며 시작한다. 이후 대방사 미사일을 탑재한 전투기가 저공비행으로 적의 레이더를 파괴한 뒤 전폭기를 동원해 적의 방공망을 무력화하는 순서로 진행된다. 그렇기 때문에 SEAD는 단순히 대방사 미사일을 탑재한 전투기 1~2대로 수행할 수 있는 작전이 아니다. 다수의 전투기 편대가 완벽한 작전에 따라 움직여야만 수행할 수 있는 것이다.

문제는 러시아 공군에 고등 전술을 수행할 능력이 없다는 데에 있었다. 현재 러시아 공군은 뿌리 깊은 부정부패로 훈련도가 엉망인 상황이다. 그나마 쓸 만했던 파일럿들은 전쟁 초기 지상군 화력 지원을 위해 저공비행을 감행하다가 우크라이나군의 방공체계에 걸려 대부분 전사했다. 그 때문에 러시아 공군의 파일럿 부족 문제는 상당히 심각한 상황이다. 오죽하면 10년 전 퇴역한 63세의 전 공군 소장이 다시 징병되어 전쟁에 나섰다가 우크라이나 공군에 격추되었을 정도이다. 다시 말해 러시아군은 전투기와 전자전기, 대방사 미사일 등 모든 무기 체계를 갖추고 있었음에도 전술 수행 능력 부족으로 제공권 장악에 실패했다는 것이다.

하지만 유감스럽게도 현재 러시아군의 상황에 대한민국의 상황을 대입해 보면 마냥 그들을 비웃을 수 있는 입장은 아니다. 대한민국은 이미 AGM-88 HARM을 보유하고 있을 뿐만 아니라 SEAD 작전 수행을 위한 편제도 완벽하게 준비되었다. HARM을 운용하려면 KF-16, F-35A 같은 미국 전투기 탑재를 위한 특수 작업을 거쳐야 한다. 그 때문에 KF-21에서의 HARM 사용 여부는 미국의 결정에 달려있다. 그것이 중국 때문에 생각보다 심각한 문제가 되었다.

HARM은 공대지 미사일이지만 제한적으로는 공대함으로도 운용할 수 있다. 물론 HARM 같은 소형 미사일이 항공모함이나 이지스함을 격추할 수는 없다. 하지만 해상에서도 지상과 마찬가지로 적 함선의 레이더를 무력화하는 데는 충분한 효력을 발휘한다. 이것은 HARM 몇 발만으로도 중국의 이지스함의 CWIS[2]를 깡통배 수준으로 전락한다는 의미이다. 또한 중국 해군의 최대 장점인 양적 우위를

2 해군 구축함의 근접 방어시스템(close-in weapon system)으로, 구축함에 근접한 적 항공기나 대함 미사일을 요격함. CWIS는 보통 레이다, 컴퓨터, 포탑이 회전 가능한 고속 중구경 기관포로 구성됨.

Kh-58UShKE°

무력화할 수 있다는 것을 뜻한다.

함선 수가 절대적으로 부족한 대한민국 해군 상황에서 HARM은 전황을 뒤집을 최고의 게임 체인저인 셈이다. 문제는 KF-21에 HARM을 탑재하지 못할 가능성이 높다는 것이다. 그렇다면 중국의 도발 행위가 있을 때마다 KF-16이나 F-35A를 출격시킬 수밖에 없다. 이는 HARM을 사용할 때마다 미국의 허락을 받아야 한다는 뜻이나 다름없다.

하지만 그런 상황을 비관하기에는 아직 이르다. 다행히 대한민국의 우수한 개발진들이 HARM을 뛰어넘을 차세대 대한민국형 대 레이더 미사일, 통칭 한국형 대방사미사일 ARMAnti-Radiation Missile을 개발 중이라는 사실이 밝혀졌기 때문이다. ARM의 자세한 스펙은 기밀에 붙여졌지만, 군의 발표에 따르면 미군이 개발 중인 차세대 대방사 미사일 AGM-88G AARGM-ER과 유사할 것으로 추측된다. 현재까지 AARGM-ER은 사거리는 250~300km, 최대 속도는 마하 4 이상으로 HARM에 비해 종합 성능이 2배 이상 향상된 모습을 보인다. KF-21 ARM의 개

° 출처 ©Vitaly V. Kuzmin

발이 완료된다면 대한민국은 미국과 대등한 세계 최정상 수준의 제공권 장악 능력을 보유할 것으로 예측된다.

이러한 사실은 절대적인 양적 우위를 선점하는 게 불가능한 대한민국군의 특성상 군의 규모를 늘리기보다 압도적인 질적 우위를 선점하는 방법을 선택했다는 것을 의미한다.

우크라이나 전쟁은 역사에 길이 남을 잔혹한 전쟁이기도 하지만 우리에게는 최고의 반면교사反面教師가 되었다. 특히 언제든 중국의 침략을 겪을 수 있는 대한민국이 우크라이나 전쟁이라는 역사적 비극을 계기로 부디 선진강군으로의 진화를 이루길 간절히 바란다.

36

방산 시장의 베스트셀러best seller

연일 대박 행진 중인 대한민국 방위 산업계에 때아닌 불안감이 감돌고 있다. 시쳇말로 팔려도 너무 잘 팔린다고 할 수 있다. 산업연구원의 분석에 따르면 대한민국 방산 수출 총액은 이미 오래전에 100억 달러를 돌파했으며 올해 연말까지 200억 달러를 돌파할 것으로 보인다. 이는 한화로 환산하면 무려 28조 5,400억 원이 넘는 금액이며 작년 총액인 10조 3천억 원의 3배에 가까운 금액으로, 2연타석 홈런이라고 부를 만한 것이다.

그 정도라면 없던 불안감도 생길 만하다. 연이어 대박 소식만 들리다 보니 중국 일각에서는 대한민국의 무기 체계로 차세대 방산 시장에 대응할 수 없다는 이야기가 마치 정설처럼 받아들여지고 있다. 그들은 K-9 자주포와 K-2 흑표가 우수한 무기 체계인 것은 맞지만 앞으로 중국의 4세대 전차가 등장하면 대한민국이 다시 중국의 아래 단계로 추락하게 될 것이라고 주장한다. 최근 역대급 방산 무기 수출로 대한민국의 방산 시장 점유율이 중국을 위협하자 억지 주장을 펼치고 있다. 중국은 그런 터무니없는 주장에도 그들 나름의 근거를 뒷받침하려고 애쓰고 있다.

99A식 전차°

최근 중국 정부가 중국중앙TV를 통해 공개한 4세대 전차는 단지 그 실루엣만 공개되었을 뿐이지만, 그 덕에 중국 내부에서 그야말로 난리가 났다. 홍콩 사우스차이나모닝포스트는 "구체적인 사항은 공개되지 않았지만, 전차를 부분 공개한 것은 중국 최신 주력 전차의 개발이 거의 끝났다는 의미"라며 군사 전문가의 분석을 보도할 정도였다. 중국 4세대 전차의 상세한 스펙은 공개되지 않았지만 중국 정부가 의도적으로 흘린 것이라고 추정되는 정보를 보면 여론이 그렇게 흥분할 만도 하다.

추측에 가깝지만 중국 4세대 전차는 높은 고기동성과 스텔스 기능, 향상된 타격 능력을 갖추고 있다. 중국 기갑 장비의 고질적인 문제점이었던 방어력이 눈에 띄게 개선되었다. 상당 부분에서 무인화가 이루어져서 2명의 인원으로도 그 운용이 가능하다. 그 주장대로라면 CCTV가 중국 4세대 전차를 공개하면서 자막으로 달았던 '미래 지상전의 최강자'라는 말이 아주 허황된 얘기만도 아니다. 대한민국 입장에서 그것이 단순한 방산 시장 점유율에 대한 문제일 뿐만 아니라 언젠가는

° 출처 ©Tyg728

M1A2 "에이브람스"

중국과 군사적 분쟁을 겪어야만 하는 상황에서 볼 때 상당한 위협적이다.

중국은 한반도 바로 위쪽에 북부전구를 두고 대한민국 침략의 기회만을 엿보고 있다. 그들의 역할은 한국전쟁 당시 북한을 지원했던 인민지원군과 동일하다. 북부전구가 위치한 장소를 보면 유사시 중국이 즉각적인 남침을 계획하고 있다. 북부전구에 4세대 전차가 배치된다면 대한민국의 가장 강력한 전력인 지상군부터 위태로운 전투를 시작할 수밖에 없다. 그런데 그런 최악의 상상과는 별개로 군사 전문가들의 생각은 다르다. 대부분의 군사 전문가들은 중국이 4세대 전차를 개발 중인 것은 맞지만 그것을 실전에 배치하는 것은 현실적으로 아직 한참 먼 이야기라고 분석하고 있다.

즉 중국 정부가 CCTV를 통해 4세대 전차를 공개한 것은 어디까지나 선전 선동의 일환이라는 것이다. 그런 주장이 상당히 설득력이 있는 이유는 중국이 4세대 전차를 공개한 시점이 공교롭게도 미국이 자국의 4세대 전차인 에이브람스 X의 CG를 공개한 일주일 후라는 사실 때문이다. 게다가 중국이 4세대 전차의 실루엣만 공개한 방식도 에이브람스 X가 어두운 배경에 대략적인 윤곽만 공개한 방식을 그대로 따라 한 것이다.

중국은 미국의 에이브람스 X에 대한 견제로 아직 개발 중인 4세대 전차를 무리해서 공개했을 확률이 높다는 분석이다. 그렇게 속내가 뻔히 보이다 보니 군사 전문가들은 중국이 4세대 전차를 개발하는 데 성공한 것이 아니라 개념적 측면에서 연구 개발을 진행 중이라고 주장한다. 그것은 미국의 에이브람스 X의 경우도 마찬가지다.

현재까지 공개된 에이브람스 X는 120mm 완전 무인 포탑과 디젤-전기 방식의 하이브리드 엔진이 특징이다. 어디까지나 기술 실증 차량이지 실제 양산 사양은 아니다. 즉 '이렇게까지도 만들 수 있다'라고 기술을 광고한 것이지, 실제 연구 개발이 끝난 무기 체계가 아니라는 의미이다. 사실 에이브람스 X는 아직 미국의 4세대 주력 전차 후보일 뿐이다. 실제 도입 기종은 아니므로, M1 에이브람스의 제작 업체인 제너럴다이내믹스가 미국 국방부를 상대로 광고를 한 것이나 다름없다. 최근 4세대 전차의 소요가 높아진 것은 사실이지만 4세대 전차의 양산과 실전 배치를 논하는 것은 시기상조라는 분위기이다. 지금이 대한민국이 차세대 전차의 개발을 서둘러야 할 때라고 볼 수 있다.

중국의 군사적 위협은 현실적으로 아직 먼 일이지만, 방산 시장에서 대한민국의 위치가 흔들린다는 주장은 완전히 무시할 수만은 없는 사실이다. 그것은 우크라이나 전쟁을 계기로 본격적인 국방 예산 증가에 나선 독일 때문이다. 특히 독일이 지난 6월 전 세계 최대 규모 방산 전시회인 유로사토리[1] Eurosatory 2022에서 공개한 KF-51 판터[2]가 주목받았다는 사실을 그 이유로 들 수 있다.

---

1 프랑스 국방부와 지상장비협회가 주최해 2년마다 열리는 행사로, 전 세계 1,800여 개의 방산 기업과 5만 7000여 명의 관람객이 찾는 유럽 최대 규모의 국제 방산 전시회임.

2 2022년 6월 13일 유로사토리 2022에서 공개된, 독일 라인메탈에서 개발한 3.5세대 주력전차. 강화한 레오파르트2의 차체에 신형 포탑을 결합한 설계임. 기존 서방측 3.5세대 주력전차가 대부분 공통으로 탑재한 120mm 활강포보다 구경이 늘어난 130mm 활강포를 탑재하며, 자동 장전 장치를 사용하여 탄약수가 없는 3인승이고 드론 조작병이 탑승할 수도 있음. 진보된 승무원실 배치, 설계와 베트로닉스 체계가 더 돋보이며, 드론 조작병은 조종수 옆자리에 탑승하게 되고 드론 조작병 대신 부대 지휘관이 탑승할 수도 있음. 독일-프랑스 합작 전차 개발 사업인 MGCS가 진행 중인데도 라인메탈이 자체 개발 차세대 전차 KF51을 유로사토리 2022에서 내놓은 것은 MGCS라는 프로젝트를 뒤엎은 것이라는 관측이 있음.

KF51 "판터"°

KF-51은 개발 중인 3.5세대 전차이지만 현재까지 실물이 공개된 전차 중 가장 4세대에 근접했다는 평가를 받고 있다. KF-51은 강화된 레오파르트2 차체에 신형 130mm 주포를 탑재했다. 레오파르트2를 포함한 기존 서구권 전차의 표준이던 120mm 주포의 구경을 확장한 버전으로 그 교전 거리가 무려 2배가 넘는 4km까지 향상되었다. 즉 KF-51은 적 전차보다 먼저 보고 더 빨리 목표를 타격할 수 있다. 이는 포탄 한 발이 괴멸적 타격을 입힐 수 있는 현대의 전차전에서 가장 중요한 능력이다. 게다가 주야간 조준경, 레이저 거리 측정기 등 최신 전자 사격 통제 장치가 탑재되어 명중률도 상당하다. 이 KF-51에는 부무장으로 12.7mm RCWS와 2대의 드론이 탑재되어 있다. 그중 한 대는 30분가량 비행하며 반경 10km를 정찰할 수 있는 드론인데, 정작 주목할 것은 다른 한 대인 공격용 드론이다. 공격용 드론은 최대 60km의 거리를 1시간 동안 비행하며 정찰과 타격을 동시에 수행할 수 있는 HERO-120 배회폭탄으로 볼 수 있다. KF-51의 주포 사거리는 4km지만 이 드론 덕분에 실제 교전 거리가 자주포 수준인 60km까지 확대된다. KF-51

° 출처 ©Rheinmetall Defence

이 라인메탈[3]Rheinmetall AG의 주장대로 두 드론을 원활히 활용한다면 현세대 어떤 전차도 KF-51을 상대로 승리를 장담할 수 없다. 그 정도면 독일 무기 체계의 고질적 문제점인 높은 가격과 낮은 생산력을 감안하더라도 충분히 매력적인 조건이다. 유로사토리 2022에서 제작사인 라인메탈의 CEO가 직접 "KF-51은 미래 전장의 판도를 바꿀 전차"라며 "명확한 고객이 등장한다면 수개월 내 KF-51 판터 초도 생산형을 공급할 수 있다"라고 밝힌 만큼 어느 나라든 먼저 KF-51 도입의 물꼬를 트면 그 후 여러 나라에서 우후죽순으로 도입할 확률이 높다.

그러한 상황은 이제 막 유럽에서 기지개를 켜기 시작한 대한민국의 K-2 흑표에는 악재이다. 최악의 경우 중국의 주장대로 세계 방산 시장에서 대한민국의 무기 체계가 위축되는 결과를 낳을 수도 있다. 그러나 이는 대한민국이 방산시장의 흐름을 파악하지 못하길 바라는 악의적인 바람일 뿐이다. 놀랍게도 대한민국은 이미 4세대 전차인 K-3를 개발하고 있다.

아직은 기밀인 부분이 많지만 공개된 정보를 종합하면 가장 주목할 만한 부분은 주포의 변화이다. 그동안 현대의 3.5세대 전차가 105mm~140mm까지 다양한 구경의 주포가 연구되었다. 그 이유는 주포의 파괴력과 교전 거리, 내구성과 기동력 사이에서 타협점을 찾기 위해서였다. 하지만 전차의 구조상 화약 에너지를 이용하는 재래식 주포에서 구경을 키우면 파괴력과 교전 거리는 상승하지만 그 기동력과 내구성이 떨어지는 한계를 보였다.

K-3는 그러한 한계를 획기적으로 극복하기 위해 화약식이 아닌 일종의 레일건 탑재를 고려한다. 하지만 레일건은 막대한 전기 에너지가 필요하므로 K-3가 선택한 것은 레일건의 일종인 전열화학포이다. 전열화학포는 기존의 재래식 주포와 마찬가지로 내부에서 뇌관과 장약을 폭발시키고 거기서 발생하는 에너지를 레

3 독일의 방위산업체. 전차포 개발과 제조로 유명하며 제2차 세계대전 시기부터 유명했던 MG34, 8,8cm FlaK와 5호 전차 판터의 7,5cm KwK 42 전차포를 만든 기업임. 현재 120mm 활강포의 경우 독일 연방군의 레오파르트2 계열, 미 육군 M1A1 전차, 대한민국 육군 K1A1 전차의 주포 등이 라인메탈의 것이거나 라이센스 제품으로, 서방국가 주력 전차에 장착된 120mm 주포의 표준 같은 무기임.

일건 발사에 필요한 전기 에너지로 변환하는 방식이다.

이 방식을 이용하면 사격에 필요한 충분한 전력을 얻을 수 있다. 또한 전원장치의 규모도 1/5로 축소함으로 일반적인 전차 규모로도 충분히 감당할 수 있다. 전차 포탄의 속도는 무려 음속의 5~8배까지 향상하였으며 포탄의 속도가 빠른 만큼 사거리도 비약적으로 늘어났다. 포탄을 마하 7의 속도로 포물선 발사할 경우 이론상 유효 사거리가 무려 340km에 육박한다. 물론 E-8 합동 이동표적 감시통제기 같은 대지상 조기경보통제기나 위성, 정찰드론 등의 도움이 없다면 사격 제원을 확보하기 어려워 실제 유효 사거리는 340km에 미치지 못하지만, 전차포가 웬만한 미사일과 견주어도 손색없는 성능을 갖췄다는 사실에는 변함이 없다.

게다가 K-3는 부무장으로 수직 미사일 발사관 VLS 탑재를 고려하고 있다. 그것은 함선에 탑재되는 KVLS급이 아닌 소형화 버전으로 해궁의 축소형이나 한국형 아이언돔 같은 방공 미사일이 될 듯하다. 그 정도 전력만 확보할 수 있더라도 전차의 최대 천적인 헬기 등 공중 전력과도 단신으로 충분히 공중 교전이 가능하다. 이에 하이브리드 혹은 수소연료전지 엔진으로 소음을 획기적으로 줄이고 레이더와 적외선을 반사하는 스텔스 기능을 탑재한 형태로 개발되고 있다.

대한민국 무기 체계의 질적 우위 면에서의 압도력은 미국을 제외한 모든 대륙에서 양적으로 제일가는 중국을 상대하려면 필수적이다. 이처럼 대한민국은 다가올 미래의 방산 시장 선점을 위해 이미 만반의 준비를 갖추고 있다. 만약 몇 번의 방산 수출 대박으로 대한민국이 방심했다면 현재의 위치에 결코 오르지 못했을 것이다.

후발주자로 시작한 대한민국은 이제 선두의 군사 강국들과 어깨를 나란히 하며, 곧 4세대 전차의 경합이 시작되면 대한민국도 그들과 동일한 출발선상에 서게 될 것이다. 공정한 경쟁 속에서 과연 방산 시장의 트로피는 어느 나라가 차지하게 될지 귀추가 주목되는 상황이다.

37

K-9 자주포自走砲 총정리

대한민국의 무기 수출액이 역사상 처음으로 무기 수입액을 넘어섰다. 2021년 대한민국의 방위 산업 수출액은 평균치이던 30억 달러를 크게 뛰어넘은 46억 달러, 한화로 5조 4천 600억 원을 달성했다. 이는 연이은 방산 수출 성공에 힘입은 쾌거라는 것이 군사 전문가들의 분석이다. 특히 수출이 수입을 넘었다는 점에 대해 양문환 방산수출본부장은 "코로나로 세계 각국이 국방 예산을 감축하고 수출, 수주가 지연된 상황에서 이와 같은 성과를 거뒀다는 점이 큰 의미를 지닌다."라고 말했다.

그러한 대박의 중심에 있는 무기가 바로 국산 자주포 K-9이다. 대한민국군의 주력 자주포인 K-9이 그 성능과 가격 면의 우수성으로 전 세계에 그 명성을 떨치고 있는 시점에서, K-9 자주포의 현재와 미래를 점검해 보고자 한다.

대한민국 최고의 수출 효자 종목인 K-9 자주포가 이제는 아프리카에까지 팔렸다는 소식이 들리고 있다. 북아프리카의 전통적인 강국인 이집트가 무려 2조 원 상당의 K-9 자주포 구입을 결정했다는 소식이 이집트 현지 언론을 통해 전해졌다.

K-9 자주포 차체를 이용한 폴란드 AHS “Krab”[○]

이집트는 이미 지난 2017년 7월 K-9 자주포를 받아 테스트를 진행했으며 2018년 EDEX에서 한화의 K-9을 참관했다. 특히 지난 10월 25일에는 이집트 방산물자부 장관 아흐메드 모르시가 대한민국을 방문해서 한화디펜스 창원 공장에서 K-9 자주포의 생산 공정을, 현대위아 공장에서 K-2 부품의 생산 공정을 지켜봤다. 이번 방문은 사실상 수출 계약이 마무리된 뒤 기념식을 위해 초청한 것이라고 보는 게 합당하다.

전문가들은 2조 원이라는 사업 규모를 고려할 때 탄약과 교육 훈련, 예비 부품과 사후 지원이 포함된 프로그램까지 포함해서 최소 100여 대 이상의 K-9이 팔릴 것이라고 전망한다. 이집트의 상황을 고려할 때 그들의 만족도에 따라 추가적으로 대량 구입을 할 것이라는 분석도 있다.

일각에서는 그에 대한 우려의 목소리가 들려온다. 과거 터키에 무기를 수출했다가 기술 유출로 인해 터키가 대한민국과 경쟁 관계가 된 것처럼, 이집트에도 무턱대고 무기를 수출했다가 똑같은 피해를 보지 않을까 하는 우려이다. 즉 당장 전

○ 출처 ©VoidWanderer

쟁이 날 듯한 상황의 이집트가 K-9 자주포를 추가 구입하지 않고 불법 복제할 가능성이 높으니, 2조 원에 국가 핵심 기술을 넘길 수 있는 사업은 하지 말자는 것이다. 거기에 대한민국이 무기를 팔아서 중동의 전쟁을 조장한다고 생각하는 반전론자들까지 힘을 합해서 K-9 수출 반대를 주장하는 상황이다. 하지만 그와 같은 우려는 한낱 기우에 불과하다.

현재 이집트의 상황을 고려할 때 이집트가 K-9 자주포를 도입하더라도 그들이 그것을 불법 복제할 가능성은 거의 없다. 오히려 계속 늘어나는 K-9 수출 대수 때문에 대한민국 입장에서는 개량 비용이 절감되고 개량 키트까지 판매되어 수익성이 극대화될 것이다. 또한 차세대 자주포를 개발하는 데도 도움이 된다.

결국 K-9을 수출해서 핵심 기술이 유출된다는 의견은 수출로 얻을 이득을 전혀 계산하지 않은 것이다. 그럼에도 불구하고 K-9의 이집트 수출에 대해 걱정하는 사람들이 많기 때문에 K-9 자주포의 수출 동향과 그것을 계기로 대한민국이 만들 수 있는 자주포의 막강한 스펙에 대해 알아보기로 한다.

현재 대한민국은 K-9 자주포의 포탑을 완전히 무인화하고 발사 속도를 향상시킨 K-9 자주포의 두 번째 개량형인 K9A2 개발을 마무리 지은 상태이다. 곧 사거리 100km의 정밀유도포탄을 쏠 수 있는 K9A3의 개발을 본격적으로 진행할 예정이다.

K9A3에 탑재하는 것을 목표로 개발 중인 GGAM은 스마트 포탄의 끝판왕이라고 할 수 있다. 그것은 K-9의 세 번째 개량형인 155mm 포탄에 별도의 날개를 달아 사거리를 비약적으로 늘린 것이다. 게다가 포탄에 미사일 추진용 램제트 기관을 탑재하기 위한 연구도 진행하고 있다. 이를 통해 최대사거리 100km인 유도미사일에 준하는 정밀도를 갖춘 포탄이 된다면 K-9 자주포로 미사일을 발사하는 것과 별 차이가 없다. 또 K9A3부터는 차세대급 58구경장 포를 채용해 사거리와 명중률을 비약적으로 늘릴 예정이다.

반면 이집트에 판매하는 K-9은 사격통제장치를 교체하고 보조동력장치를 추가한 K9A1급에 불과하다. 한마디로 이제 더 이상 쓰지 않는 구식 기술이라는 뜻이다. 그 기술을 지키기 위해 수출을 하지 않는 것보다 K-9을 판매한 자금으로 K9A2의 양산과 K9A3의 개발에 투자하는 것이 대한민국에 더 이득이다. 그렇게 수출로 얻은 막대한 자금을 활용해 앞으로 개발할 무기 연구를 계속하다 보면 대한민국 국방과학기술자들이 만들고자 하는 궁극의 무기인 초장사정 자주포를 개발할 수 있다.

초장사정 자주포는 대한민국의 국방기술자들이 2040년대까지 개발하려는 차량형 화포의 끝판왕이라고 할 수 있다. 고성능 AI를 이용해서 자체적 판단으로 전투를 수행하고 대전에서 신의주까지의 거리에 포탄을 퍼붓는 사거리 500km의 미래 무기이다. 미국이 야심 차게 추진하다가 개발을 포기한 전략 장거리포 SLRC의 ROC를 대한민국의 사정에 맞게 수정한 무기이다. 그 개발을 위해서는 K9A2부터 적용될 무인화 기술과 원격 지휘통제 기능 및 K9A3에 적용하는 장포신 기술 관련 노하우가 축적되어야 한다. 그러기 위해서는 충분한 양산을 통한 많은 데이터 확보가 중요하다. 한 대라도 더 많은 K-9 자주포를 수출하면 개량 비용 부담이 줄어서 보다 적은 비용으로 K-9 자주포를 최첨단화할 수 있다.

이번 이집트 수출은 그러한 계획의 시발점이 되었다. 현재 이집트는 터키와 무력 충돌을 이어가고 있다. 이는 두 나라의 정치 성향의 문제 때문이다. 2011년 이집트 혁명[1]으로 시작된 아랍에서의 대규모 민주화 이후 무슬림 형제단이 정권을 잡았다. 그들은 강력한 이슬람 정책을 펼쳤다. 그 정책에 이집트 국민이 크게 반발하면서 국민의 지지를 등에 업은 군부가 쿠데타를 일으켜 무슬림 형제단을 축출하고 그들을 불법단체로 규정했다.

바로 그 사건이 터키의 반감을 산 것이다. 터키에서 장기 독재를 이어가던 에

1 2011년 1월 25일부터 시작해 2월 11일 대통령 무바라크의 퇴진을 이끌어낸 이집트발 민주화 시위. 2010-2011 아랍권 민주화운동의 일부로, 이집트의 30년간 장기 집권 대통령인 호스니 무바라크의 퇴진을 요구하며 벌어진 반독재 대정부 유혈 투쟁.

르도안 대통령이 이슬람의 수호자를 자처했기 때문이다. 그는 극단적인 이슬람주의자들의 의견을 받아들이며 하기아 소피아 대성당The Hagia Sophia Grand Mosque을 모스크로 되돌렸고, 리비아를 지배하고 있는 이슬람 정권에 막대한 군사 원조를 시행했다. 그런 그가 보기에 무슬림 형제단을 퇴출시킨 이집트는 자신에 도전하는 적대세력인 것이다.

이는 이집트 입장에서도 마찬가지여서, 세속주의 성향이 강한 현재의 이집트 정권이 보기에 에르도안은 시대착오적인 독재자였다. 그래서 이집트는 세속주의 성향의 리비아 동부 반군을 지원하면서 다른 한편으로는 외교적으로 터키와 충돌하고 있다. 이에 분노한 터키 역시 리비아에 대규모 군사력을 투입 중이다. 그에 따라 양국의 군사적 긴장이 고조되면서 양국의 국방력 강화가 시급한 상황이다.

또 다른 문제는 에티오피아에서 벌어졌다. 에티오피아가 이집트의 생명줄인 나일강 상류에 초대형 댐과 수력 발전소를 건설하려고 하자 물 부족을 겪던 이집트가 강하게 반발하며 두 국가의 대립이 군사적 긴장으로 확대되고 있다. 그 역시 이집트가 절대 양보할 수 없는 문제이므로 협상보다는 전쟁을 택할 가능성이 높다. 전쟁을 하려면 더 많은 무기가 필요하므로 많은 전문가들이 K-9 수출이 단발성으로 끝나지 않으리라 분석하는 것이다.

지속적 수출의 중요성은 과거 세계적으로 K-9 자주포보다 훨씬 우수한 자주포로 인정받았던 독일의 PzH(Panzerhaubitze)-2000의 경우를 보더라도 잘 알 수 있다. PzH-2000은 전장 11.7m, 전폭 3.5m, 전고 3.46m, 무게 55톤인 155mm 자주포로, 개발된 지 거의 30년이 되어가지만 아직도 세계 최정상 자주포라는 평가를 받고 있다. 비슷한 시기에 개발된 기본형 K-9과 비교하면 훨씬 그 우수성이 돋보인다. PzH-2000은 10초 동안 3발을 발사할 수 있고 3분간 사격 시 최대 20발을 발사할 수 있다. 이는 15초에 3발, 분당 6발을 발사할 수 있는 K-9 기본형을 크게 압도하는 화력이다. 게다가 적재 탄수 역시 12발이나 더 많으면서도 항속 거리

PzH-2000°

는 더 길어서 K-9 기본형과 비교가 어려울 정도이다. 하지만 PzH-2000의 생산량은 K-9의 총생산량에 훨씬 못 미치는 300문에 불과하다. 그것은 대당 K-9 네 대와 맞먹는 가격이기에 아무도 PzH-2000을 사려고 하지 않았다.

결국 시간이 갈수록 수출량이 늘며 지속적인 개량 사업을 벌인 대한민국의 K-9 자주포가 PzH-2000을 성능에서 따라잡는 상황이 전개되었다. 현재 K-9의 총생산 수량은 국내분만 1,300문에 달하며 국외분을 포함할 경우 연이은 수출 성공으로 인해 수년 안에 2,000문 생산에 성공할 것으로 보인다.

개량 소요와 정비 소요가 넘쳐나서 부품 공급이 끊이지 않는다. 다음 개량 사업까지 진행 중인데, 그에 따라 2020년대 중반부터 본격적으로 배치될 K9A3는 PzH-2000을 압도하는 세계 최고 성능으로 진화한다. 이에 비해 세계 최고의 자주포라는 찬사를 듣던 PzH-2000은 2014년 크림 합병 이후 지금까지 이어지는 우크라이나 사태로 잠깐 수출 수요가 발생하는 듯했으나, 이후 유럽에서조차 K-9에 연달아 참패하면서 최강의 자주포라 불렸던 무기는 퇴역을 고민해야 할 상황을 맞이했다.

ㅇ 출처 ©www.esercito.difesa.it

대한민국의 방위산업은 지속적으로 성장하면서 세계 최고라 불렸던 독일을 꺾었고, 부단히 기술을 축적하며 미국도 인정할 수밖에 없는 최고 수준의 국방기술력을 확보하였다. 하지만 그쯤에서 안주하지 말고 K-9을 개량하는 한편 차세대 초장사정 자주포 개발에 꾸준히 투자해서 기술 우위를 유지해야 한다.

또한 K-9 수출로 얻은 수출망을 통해 앞으로 이어질 차세대 초장사정포의 성공적인 운영을 도모해야 한다. 독일의 사례를 통해서도 알 수 있듯이 아무리 좋은 무기라고 하더라도 규모의 경제를 형성하지 못한다면 그 수명은 그리 길지 않다. 대한민국은 구식화된 무기 수출로 얻은 이익을 차세대 무기 체계 개발에 투자하는 시의적절한 전략으로 지속적인 성장을 현실화하고 있다.

K-9 자주포가 이집트에 이어 날이 갈수록 갈등이 격화되는 동유럽에서 수요가 폭증할 것이라는 긍정적인 전망까지 등장한다. 하지만 예상치 못한 문제가 발생해서 수출의 걸림돌이 되고 있다. 독일의 여러 제재로 인해 K-9 수출에 적신호가 켜질 수 있다는 것이다. 가장 큰 문제는 K-9 자주포의 엔진을 공급하는 독일이다. 현재 독일은 중동 각국을 상대로 매우 강도 높은 무기 금수 조치를 시행 중이어서 독일제 부품이 들어간 무기는 판매를 할 수가 없다. 그로 인해 독일산 엔진을 장비한 K-9 자주포와 K-2 전차 수출에 큰 제한이 발생했다. 그렇다고 해서 대한민국이 손을 놓고 있었다면 대한민국산 무기 수출이 지금처럼 활발히 진행되었을 리가 없다.

대한민국은 국산 파워팩과 국산 엔진을 개발하면서 독일의 금수 조치와 상관없이 수출 활로를 개척했다. 그 결과 국산화율을 높인 각종 국산 무기들이 중동으로 수출되기 시작했다. 특히 이집트로 수출이 확정된 K-9의 경우 독일산 MT881 엔진을 국산 엔진으로 교체할 계획이다. 기갑 장비의 엔진에 있어서라면 독일보다 더 유서 깊은 영국의 리카르도사와 연계해 국산 엔진을 만듦으로써 K-9 자주포의 세계 시장 진출도 더욱 가속화될 것으로 보인다.

그런데 일각에서는 연달아 실패했던 K-2용 파워팩을 만드는 데에도 막대한 비용과 시간이 걸렸는데 무슨 자주포 엔진 개발이냐며 대한민국의 기갑 장비용 엔진 개발을 탐탁지 않게 보고 있다. 그래서 대한민국 방산 독립의 마침표라고 할 수 있는 K-9용 1,000마력 엔진 국산화에 대해 설명하도록 하겠다.

대한민국의 K-9 자주포가 세계 2위의 군사 대국 러시아를 정조준하는 놀라운 상황이 유럽에서 펼쳐지고 있다. 그 때문에 K-9을 구매한 유럽 국가들이 러시아와 대립하면서 K-9의 추가 수요가 발생하는 상황이다. K-9 12문을 중고로 구매한 에스토니아와 K-9 차체 120대를 수입한 폴란드 등 러시아와 인접한 북대서양조약기구[2]NATO 소속 국가들이 러시아에 대항해 군사력을 확충하면서 그러한 현상은 가속화되었다. 중고 K-9 48문을 구입한 핀란드와 K-9 24문을 구입한 노르웨이 등 중립적인 성향의 국가들 역시 격화되는 안보 위기에 대응하기 위해 K-9을 추가 구매한다는 이야기가 나오는 실정이다. 러시아의 팽창정책에 겁먹은 동유럽 국가들의 K-9 구매가 폭증할 수 있다는 분석이 있다.

현재 유럽은 일촉즉발의 전쟁 위기를 겪고 있다. 2014년부터 현재까지 포성이 멈추지 않는 우크라이나 내전에 러시아가 본격 개입해 침략을 준비하고 있기 때문이다. 그에 과거 소련에 맞서기 위해 결성된 NATO 소속 유럽 연합군이 우크라이나, 벨로루시와 인접한 폴란드로 몰려들고 있다. 하지만 전쟁보다는 협상을 원하는 독일과, 전쟁을 할 듯하지만 미국의 개입을 두려워하는 러시아가 우크라이나의 분단에 합의할 가능성이 높다는 것이 많은 전문가들의 분석이다.

실제로 미국은 러시아의 회색지대 전략에 휘말려 우크라이나에 어떠한 지원도 하지 못하는 상황이다. 아직은 러시아가 직접적으로 우크라이나를 침략하지 않았기 때문이다. 현재 진행 중인 우크라이나 내전은 명목상 우크라이나 동부 반

2 North Atlantic Treaty Organization. 냉전이 시작된 1949년, 집단안전보장조약인 북대서양 조약에 의해 탄생한 북미와 유럽 등 서방 국가들의 군사동맹. 본부는 벨기에의 수도 브뤼셀에 위치하며 수장인 북대서양조약기구 사무총장은 옌스 스톨텐베르그.

군과 우크라이나 정부군의 대결이다. 러시아 측은 내전에 개입한 러시아군은 전차와 장갑차, 그리고 각종 미사일을 사비로 구입한 민병대라고 주장한다. 주변국들은 그것이 거짓말이라 알고 있지만 확전을 우려해서 러시아의 주장을 일단 인정하는 눈치이다.

미국 역시 그러한 주장을 암묵적으로 인정하면서 러시아와의 전쟁을 피하려 했다. 우크라이나와의 약속을 지키지 못해서 국제적 망신을 당한 것과 러시아의 세력 확장에 부담을 느껴 러시아가 우크라이나를 점령한다면 전쟁에 적극적으로 개입할 것을 선언했다. 그러한 상황 때문에 이미 성능이 입증된 K-9이 대규모로 도입될 수 있다.

만약 K-9을 가진 동유럽 국가들이 러시아와 싸우게 될 경우 가장 위협적인 적은 러시아의 신형자주포 2S35라는 것이 군사전문가들의 분석이다. 2S35는 1,500마력 디젤엔진을 장착한 무게 48톤의 자주포로서 수냉식 52구경장 152mm 2A88 강선포를 이용해 70km 떨어진 적을 타격하는 러시아의 최첨단 무기이다. 미국을 비롯한 서방의 경제 제재로 큰 타격을 입고 있는 러시아가 대량 생산을 하지 못할 것이라는 관측도 있었으나 2016년부터 본격적인 생산이 시작됐다. K-9 자주포의 최신 개량형인 K9A2처럼 무인포탑을 채용해 외부에서 포사격을 진행할 수 있다.

군사전문가들은 그러한 2S35의 사양이 동유럽 국가들에 판매된 기본형 K-9으로는 상대하기 어려운 상황이므로, 동유럽 국가들은 신형 K-9 자주포를 구입하면서 기존 K-9 자주포를 K9A2 사양으로 업그레이드할 것이라고 분석한다. 즉 대규모 계약에 편승해 도입 사업과 개량 사업을 일괄 진행함으로써 예산을 아끼려는 나라들이 이집트와 대한민국의 거래를 주시하고 있는 상황이다. 그런 대규모 사업이 가능해지려면 일단 이집트에서 진행 중인 K-9 수출 계약의 성공이 기본 전제가 되어야 한다.

문제는 독일의 방해로 그런 엄청난 기회가 통째로 날아가게 생겼다는 것이다.

독일이 자국 기업이 생산하는 K-9의 MT881 엔진을 금수 품목으로 지정했기 때문이다. 현재 대한민국의 K-9은 독일 MTU사에서 만든 MT881 엔진을 사용하고 있다. 기술 제휴로 인해 대부분의 부품은 자체 생산할 수 있지만 30여 종의 핵심 부품은 독일에서 수입한다. 무기 체계의 수출을 위해서는 부품 생산 국가의 수출 승인이 필요한데, 예멘 내전 등 독일이 외교적으로 개입 중인 전쟁에서 K-9 도입을 원하는 국가들이 독일의 반대편에 있다는 이유로 독일이 그 승인을 거부했다.

하지만 독일은 자신들의 판매에는 거리낌이 없어 보인다. 독일 공영방송 ARD에서는 스웨덴 스톡홀름국제평화연구소SIPRI의 보고서를 인용하여 독일의 MTU와 MAN 사의 엔진이 중국에 민간용과 군사용 모두 가능한 '이중 용도' 품목을 수출했다고 밝혔다. 그 보고서에 따르면 MTU는 2020년까지 중국 내부의 생산 공장을 통해 루양 3급 미사일 구축함의 엔진을 정기적으로 공급했고, 송宋급 잠수함에 사용할 엔진도 수출한 것으로 드러났다.

MTU는 중국군과 어떤 계약도 하지 않았다고 반박했지만, 2010년에도 중국 해군과 해안 경비대 선박용 엔진을 납품한 것으로 보인다. 과거 유럽은 1989년 천안문 사태 이후 중국에 무기 수출을 금지했는데, 독일을 포함한 유럽 국가들은 그것을 '이중 용도'라는 우회로를 통해 회피할 수 있었다. 즉 엔진을 판매한 후 그것을 군사용이나 민간용으로 사용하는 것은 중국의 선택이기 때문에 판매한 입장에서 그것까지 알 수는 없다는 것이다. 군사 전문가들은 그러한 EU의 군수품 수출이 중국의 해군력 강화에 결정적인 역할을 했다고 평가한다.

그러한 독일의 양면적 태도에 대한민국은 MTU의 엔진을 대체할 국산 엔진 개발을 본격적으로 추진하고 있다. MTU의 기술 제휴를 받아 엔진을 제작했던 STX엔진을 K-9 자주포 디젤엔진 국산화 사업의 최종 사업자로 선발했다. 기술 제휴 파트너로는 영국의 리카르도사를 선정했다. 1910년에 설립된 리카르도사는 자동차 엔진 등을 개발하는 기업이지만 국방 분야에서도 큰 족적을 남겼다. 세계 최초의 전차인 영국의 MK-V 엔진을 생산한 후에도 100년이 넘는 기간에 각종 차량 및 선박용 엔진을 생산했으므로 엔진 제작 분야에서는 타의 추종을 불허한다고 알려져 있다.

대한민국이 리카르도사와 차기 엔진을 개발하게 된 것은 하나의 전환점이라고 할 수 있다. 신형 엔진 개발 사업은 K-9 자주포뿐 아니라 같은 차체를 사용하는 K-10은 물론 포병의 사격지휘용 장갑차인 K-77과도 호환을 목표로 하기 때문이다. 신형 엔진을 개발하게 되면 국내 납품 및 수주 물량, 해외 수출 규제 탈피로 인한 글로벌 수요까지 감안할 때 2030년까지 약 1조 1,800억 원 이상의 경제적 가치를 얻게 된다. 이전까지 국산 방산 무기 수출 제한의 원인 중 하나는 미국이나 유럽의 수출 규제로 인한 것이었지만, 엔진 국산화로 그러한 문제가 사라지면 앞으로는 대한민국 스스로 수출할 국가를 선택해야 한다. 즉 완전 국산화는 수익을 크게 늘려준다는 장점과 외교적 부담이 가중된다는 단점을 모두 가진 것이다.

대한민국은 폴란드에 K-9 차체, 에스토니아에 K-9을 판매한 후 동유럽 NATO 국가들이 일제히 K-9 구입을 검토하면서 러시아와의 관계가 불편해지기 시작했다. 그것은 최근 소량 생산을 시작한 2S35를 제외한 러시아군의 2S1 그보즈디카, 2S3 아카시아, 2S19 무스파 같은 구식 자주포로는 K-9 기본형에도 맞서지 못하기 때문이다. 이제는 무기 수출로 발생하는 외교 문제까지 대응할 준비를 해야 한다는 의견이 각계에서 쏟아지고 있다. 과거 가난한 약소국이던 대한민국이 세계 정세에 영향을 끼칠 수 있을 정도로 강력한 군사력을 확보한 덕에 그런 고민을 할 수 있게 된 것이다.

러시아는 10만에 달하는 기갑부대를 우크라이나 국경에 배치했으나 EU와의 협상을 통해 문제를 해결하고자 했다. 러시아인이 절대다수인 드네프르강 동쪽을 러시아가 가져가는 대신 서부 우크라이나의 독립을 보장해주겠다는 것이다. 유럽연합 사무총장은 라트비아 리가에서 “향후 러시아가 우크라이나를 공격한다면 러시아는 정치, 경제적으로 심각한 위기에 직면할 것”이라고 경고했지만 이미 엄청난 제재를 받는 러시아에게 그 정도 경고는 큰 위협이 될 수 없다. 또 NATO의

K55A1 자주포°

주축인 서유럽 국가들은 우크라이나를 위해 싸우기보다는 평화를 원하기 때문에 동유럽 국가들은 서둘러 군비를 증강하면서 다가올 러시아의 침략에 대비하고 있다. 그 나라들이 해결 방법으로 택한 것이 바로 대한민국의 K-9 자주포였다.

현재 대한민국 군은 포병 전력의 핵심 중 하나인 K-55자주포 1,200문을 K-9급인 K55A1으로 개량하는 사업을 진행 중이다. 개량형 K55A1에는 32km라는 긴 사거리, GPS 장치를 통한 방열 시간 단축, 현수 장치 성능 강화로 스페이드 설치 없는 즉시 사격, 타격 후 현장 이탈 능력Shoot&Scoot 등의 장점이 추가됨으로써 강력한 타격 능력과 신속한 진지 이탈 능력을 완벽히 확보하게 된다. 그러한 개량 사업 소식에 중국과 일본이 부정적 반응을 보이는 것은 당연한 일이지만, 국내 일각에서까지 K-55의 개량이 불편하다는 반응이 나왔다. 믿을 만한 국산 자주포 K-9가 있는데 굳이 구형 미제 자주포를 면허 생산한 고물을 개량할 필요가 있느냐는 반응이다. 이에 대한민국 포병의 주력이자 핵심 자주포인 K55A1에 대해 설명하고자 한다.

° 출처 ©대한민국 국군

대한민국 군은 2019년부터 K55A1 양산을 시작해서 군단 포병여단이나 사단 포병여단의 직접지원 포병대대에 단계적으로 배치했다. 이 부대들은 기존에 105mm 견인포를 사용하던 2선급 부대들이었다. K55A1 도입으로 타격 가능 범위가 3배로 늘어나고 기동성이 크게 향상되었지만, 명품 자주포인 K-9을 두고 구형 자주포인 K-55를 개량하는 데 엄청난 예산을 낭비했다는 불만의 목소리가 있었다.

사실 K-55는 M109팔라딘의 2차 개량형인 M109A2를 대한민국이 면허를 취득해 1986년부터 생산한 자주포이다. 전장 9.1m, 전폭 3.1m, 전고 3.3m, 중량 26톤이며 155mm 39경장 포를 사용하며 정식 명칭은 KM109A2였지만 공장에서 쓰이던 명칭인 K-55로 이름이 바뀌었다. M109A2를 면허 생산했지만 여러 차례 개량을 거쳤으므로 M109A4와 동급이라 평가받았다.

K-55는 도입 당시 견인포가 주력이던 대한민국 포병을 기계화된 선진 포병으로 한 단계 진보시킨 우수한 무기였다. 하지만 원본인 M109A2를 개량했더라도 그 태생이 구식이다 보니 현재 기준에서 문제가 많은 것이 사실이었다. 차체의 현수 장치가 약해서 스페이드를 박지 않고 사격을 하면 오차가 4mm 이상 크게 벌어져서 반드시 스페이드로 자주포를 고정한 후 전투를 수행해야 했다. 그 과정이 길어서 초탄을 사격하는 데 최대 11분이라는 긴 시간이 소요되었다.

훈련을 통해서 그 시간을 단축하고 있지만 K-9 자주포와 같은 자동방열에 비하면 많은 시간이 소요되었다. 그 때문에 중국의 PLZ-45나 PLZ-05 같은 자주포에 미치지 못한다는 평가를 받기도 했다. PLZ-45는 중국이 1990년대부터 미국과 서방 국가의 영향으로 만든 155mm 신형 자주포로, 최대사거리가 약 39km여서 K-55를 압도했다. 2005년 개발된 PLZ-05의 경우 사거리가 50km가 넘어서 K-9 기본형보다 더 길었다. 그래서 많은 이들이 K-55를 서둘러 K-9으로 대체한다고 주장했던 것이다.

현재 우리의 주력 자주포라 할 수 있는 K-9은 1989년부터 개발에 착수해서 1999년부터 도입을 시작한 순수 대한민국의 기술의 명품 자주포이다. GPS에 좌표만 입력하면 즉시 방열하는 자동 방열 기능을 통해 방열 시간을 120초에서 75초로 줄였다. 52구경장의 155mm 포신을 채용해서 사거리가 기존의 포보다 2배 증가한 40km가 되었다. 또 사격 통제 장치가 부착되었기 때문에 컴퓨터에 사격 제원을 입력하면 즉시 해당 방향을 조준한다. 사격명령 접수 후 포수가 이송 장치에 탄약과 장약을 얹으면 30초 후 초탄을 발사할 수 있으며, 적에게 사격 후 사격 진지를 이탈하는 Shoot&Scoot의 성능이 우수해서 생존성도 뛰어나다.

하지만 가격이 비싸다는 문제가 있다. K-9 기본형의 가격은 40억 원 정도로 알려졌다. 40억 원이면 다른 나라의 자주포보다 저렴한 수준이지만, 대한민국 군이 요구하는 155mm 자주포 3천 문을 전량 K-9으로 도입하기 위해 K-9 기본형 기준으로 12조 원이 필요하다. '포방부'라는 비아냥을 듣는 대한민국 국방부지만 그 정도 예산을 자주포 하나에 투자할 수는 없으므로 1천 문의 K-9을 도입하고 나머지는 1,200문의 K-55를 K-9급으로 개량하는 것으로 방향을 바꾸게 된 것이다. K-9은 한 대당 약 40억 원이고 K-55 1대당 개조 비용은 10억 원이 채 안 되기 때문에, 가격 대비 성능을 고려한 결정이었다.

K-55를 개량한 K55A1의 성능은 K-9 기본형을 부분적으로 압도할 만한 수준이다. 기존 K-55에는 어떠한 항법장치도 없었지만, 개량된 K-55에는 K-9보다 성능이 개선된 GPS와 관성항법장치INS를 장착했다. 실시간으로 자신의 위치정보를 사격지휘소에 전달할 수 있으니 더욱 정확한 사격 위치 결정이 가능해졌다. 또 수동이었던 기존의 절차를 개선한 사격 통제 장치를 탑재함으로써 사격 제원을 입력하면 자동으로 편각과 사각이 산출되어 즉시 임무 수행이 가능해졌다. 이에 더해 K-55의 사거리가 짧았던 주된 원인이었던 주퇴복좌장치를 강화했다.

K-55는 KH-179와 같은 39구경장 155mm를 사용하고 있지만 포신의 주퇴복좌장치 문제로 KH-179에서 사용하는 장약을 적용할 수 없어서 사거리가 24km

99식 자주포°

에 불과했다. 하지만 완충 장치와 현수 장치를 보강해서 스페이드 없이도 사격할 수 있었고 강력한 장약도 이용할 수 있다. 그 때문에 K-9에서만 구사할 수 있었던 HEBB 탄약 사용이 가능해서 사거리가 32km로 크게 향상되었다. 또한 기존 K-55는 방열을 위해 유압 장치를 운용했다. 하지만 유압을 사용하기 위해 시동을 걸면 엔진의 열과 소음으로 적에게 발각될 확률이 높다는 단점이 있었다. 하지만 보조동력장치APU를 부착하면서 차체 연료 절약은 물론 충분한 동력원 확보가 되어 사격 중에 시동을 켤 필요가 없어졌다.

그 밖에도 VRC-947K 무전기를 장착해서 무선으로 사격 임무를 할 수 있었다. 포신 잠금장치 개선, 유압 장치 개량, 히터 장착 등의 개선이 이루어진 결과 K55A1은 사실상 K-9급인 차세대 자주포로 완전히 개량되었다.

그러한 소식에 일본이 큰 충격을 받은 그 이유는 자국 자주포의 수적 열세를 확인했기 때문이다. 현재 일본의 주력인 99식 자주포는 세계 최초로 자주포용 완전자동장치를 탑재했고 RAP탄 사용 시 사거리가 40km에 달해서 성능 면에서는

° 출처 ©Rikujojieitai Boueisho

기본형 K-9과 비슷하다. 하지만 엔진출력은 1,000마력 엔진을 사용하는 K-9의 절반 수준인 600마력에 불과해서 험지 주파 능력이 떨어졌다. 대당 가격이 9억 6천만 엔, 한화로 약 100억 원에 달하기 때문에 2016년 기준으로 123대밖에 보유하지 못한 실정이다.

이를 보강하기 위해 19식 차륜형 자주포를 만들었지만, 대당 70억 원 정도의 가격 대비 성능 면에서는 K-9 기본형보다 크게 떨어졌다. 심지어 장갑이 전무해 지근탄至近彈에 맞아도 승무원이 전멸할 수 있어서 K55A1보다 부족했다. 그런 자주포조차 제대로 생산하지 못하는 상황에서 대한민국이 1,200문의 K-55 자주포를 자국 최강 전력인 99식 자주포와 맞먹는 수준으로 업그레이드한다고 하니 일본이 충격을 받은 것이다.

대한민국 군은 거기서 멈추지 않고 K55A1과 함께 K-55 차체를 기반으로 K-56 탄약운반장갑차를 배치했다. K-56 탄약운반장갑차는 K-9에 포탄을 공급해주는 K-10 장갑차처럼 K-55에 탄약을 공급하는 기갑차량이다. 탄약이송벨트가 스스로 K-55 탄약거치대의 자리를 찾아서 장전하기 때문에, 5톤 차량에 탄약을 적재하던 시절에서 벗어나 신속하고 정확한 탄약 보급이 가능해졌다.

또한 국산 명품 무기인 K-9 자주포의 개량에도 박차를 가하고 있다. 2018년부터 GPS장치와 사격통제장치를 개선하고 보조동력장치를 탑재한 K9A1 개량형을 전방부대에 배치했고 자동화 무인 포탑을 활용한 K9A2의 개발에 착수했다.

화력 증강 결과 대한민국은 현재 최첨단 155mm 자주포 2,000문 이상을 보유한 155mm 자주포 보유 세계 1위 국가가 되었다. 그런 전력 증강은 최근 끊임없이 신무기를 도입하는 중국조차 압도하는 추세이다. 중국이 자랑하던 PLZ-05 자주포는 그 성능에 대한 논란이 많고 2021년 기준 320문밖에 보유하고 있지 않아서 더 이상의 확장 계획은 없는 것으로 보인다.

반면 대한민국은 다가오는 2025년이면 개량된 K55A1과 K-56의 배치가 완료된다. 중국, 일본을 포함한 세계 어느 국가들과 견주어도 막강한 포병 전력을 가진 국가로 우뚝 서게 된다. 이처럼 대한민국은 '전장의 신은 포병이다'라는 말을 가슴에 새기면서 전 세계 어느 나라도 따라올 수 없는 장갑포병을 육성함으로써 미래의 전장을 지배할 만반의 준비를 하고 있다.

38

T-50 총정리

2022년 첫 주부터 대한민국의 성장세가 심상치 않다. 언론이 일제히 천궁2의 UAE 수출 성공을 보도한 데다가, AS-21 레드백의 호주 도입을 결정하는 LAND 400 PHASE 3가 곧 마무리될 것이며 레드백의 우세가 확실하다는 보도가 쏟아지고 있다. 그렇게 되면 대한민국은 올해 초에만 방산 무기 수출로 수조 원을 벌어들이게 된다. 이집트에 수출될 K-9과 K-2, 말레이시아와 미국 시장을 노리는 T-50 계열 항공기들처럼 수출 성사를 목전에 두고 있는 초대형 사업들도 아직 남아 있는 상황이다. 특히 T-50 계열 항공기들이 수출될 수 있다는 소식에 많은 기대가 쏟아지고 있다. 대한민국이 어느 국가가 쉽게 할 수 없는 최고의 기술로 군용 항공기를 제작하여 세계 최강 항공국인 미국에 판다는 사실에 관심이 몰리고 있다.

대한민국산 경공격기 FA-50은 슬로바키아에 수출 계약이 성사되기 직전이며, 이라크에서는 후속 지원 계약을 연장하고 싶다는 의사를 밝혔다. 두 사업의 규모만 합해도 1조 원에 육박한다. 게다가 미 공군이 가상적기 사업의 대상자로 보잉의 T-7 레드호크 대신 대한민국의 T-50 골든이글을 선택했다는 사실까지 밝혀져 전 세계 군 관계자들이 대한민국산 방산 무기에 초집중하고 있다.

TA-50°

세계 군사 전문 매체들은 미 공군이 또 다른 미국 회사인 록히드 마틴을 이번 사업에 참가시키기로 했다며 대서특필했다. 록히드 마틴이 미 공군의 차기 훈련기 사업에 참여한다는 것은 이미 수출로 성능이 증명된 대한민국의 T-50이 후보군에 오른 것이라고 할 수 있다. 실제로 미 공군이 ATT 사업에서 제시한 조건들을 따져보면 T-7보다 T-50에 유리한 항목들이 눈에 띈다.

적게는 100여 대에서 많게는 400대까지 도입하는 이 사업에 T-50이 채택된다면 또 다른 사업인 미 해군 전술입문기 사업까지 T-50이 될 확률이 커진다. 그것은 대한민국 전투기가 세계 표준인 미국의 표준 훈련기가 된다는 뜻이다. 그에 따라 T-50 계열 항공기 판매가 더욱 촉진될 것이라는 전망이 제기되고 있다.

지난 11월 3일에는 방위사업청이 체코, 슬로바키아, 폴란드, 헝가리 4개국으로 구성된 비세그라드 그룹 V4와 방산 협력 증진에 협의했다. 협의 결과 FA-50 개발업체 KAI와 슬로바키아 국영 방산업체 LOTN사 간의 'FA-50 도입에 관한 업무협약'이 체결되었다. 슬로바키아의 노후 고등훈련기 L-39를 대한민국산 경공격기

○ 출처 ©ROKAF

L-39°

FA-50으로 대체한다는 것이 그 핵심이며 총사업 규모는 10대로 금액은 5억 달러이다. 슬로바키아에 FA-50이 수출되면 국산 항공기가 유럽연합에 수출되는 첫 사례가 된다. 세계대전에도 무기를 납품했던 전통 방산업체들이 즐비한 유럽에 대한민국이 첫발을 내디딘다는 점에서 대한민국 방산 역사의 쾌거라고 할 수 있다.

슬로바키아가 유럽의 많은 방산업체들을 두고 대한민국의 FA-50을 사려는 이유는 FA-50의 성능이 훌륭하기 때문이다. 현재 슬로바키아가 운영하는 L-39 알바트로스는 냉전 시기에 만들어진 구식 무기이다. 그것은 전폭 9.5m, 전장 11m, 전고 4.8m에 최대 이륙 중량 5.6톤의 아음속 항공기인데, 최대 추력 1.7톤급 AI-25TL 엔진을 단발로 탑재해 최대 마하 0.8로 비행한다.

반면 대한민국의 FA-50은 전폭 9.5m, 전장 13.1m, 전고 5m, 최대 이륙 중량 12톤의 초음속 경공격기이다. FA-50에 탑재된 GE사 F-404엔진의 출력은 17,800파운드로 L-39의 엔진보다 거의 5배 정도 출력이 강하다. FA-50의 최대속도는 마하 1.5로 L-39의 두 배에 가깝고 무장 탑재량과 항속거리 역시 큰 차이가 난다.

○ 출처 ©Milan Nykodym

JF-17°

FA-50이 최대 4톤의 무장을 싣고 연료탱크를 탑재할 경우 최대 2,600km를 비행할 수 있다. 그에 비해 L-39는 최대 1.1톤의 무장을 싣고 1,300km밖에 비행하지 못한다.

대한민국의 FA-50을 위협했던 것은 중국의 JF-17이었다. JF-17은 전장 15m, 전폭 9.5m, 전고 4.7m 최대 이륙 중량 12.4톤의 초음속 전투기로, 최대 3.6톤의 무장을 탑재할 수 있고 최대 항속거리는 FA-50보다 긴 3,480km이다. 최신형의 경우 중국판 F-414엔진이라 불리는 최대추력 8.8톤의 WS-13 터보팬 엔진을 단발로 탑재했다. 추력이 강한 만큼 F-404 엔진을 탑재한 FA-50보다 빨라서 최대 마하 1.8로 기동이 가능하다. 게다가 자국산 KLJ-7 AESA 레이더를 탑재해 탐지 능력도 우수하면서 가격은 FA-50의 70% 수준이다.

현재 파키스탄이 49대의 JF-17 블록1과 62대의 JF-17 블록2를 운영 중이다. 나이지리아, 미얀마에도 판매되는 등 4.5세대 이상의 고성능 전투기가 필요 없는 개발도상국들의 차세대로 전투기로 각광받고 있다. 이처럼 중국은 가격의 장점을

° 출처 ©Shimin Gu

살려 비슷한 시장을 노리는 FA-50의 최대 경쟁자라고 볼 수 있지만, 슬로바키아는 중국의 JF-17이 아니라 대한민국의 FA-50을 선택했다. 중국의 막무가내식 외교에 질린 슬로바키아가 중국 전투기의 과장된 스펙을 간파하면서 JF-17 도입을 거부한 것이다.

지난 2016년 11월, 중국의 리커창 총리는 슬로바키아 총리와의 면담을 돌연 취소했다. 이는 굉장히 무례하고 일방적인 처사였다. 이는 중국이 무력으로 합병한 티베트의 정신적 지도자 달라이 라마가 슬로바키아에 방문한 것에 대한 항의 표시였다. 슬로바키아 대통령이 슬로바키아 수도에서 달라이 라마를 개인적으로 만난 것이 중국을 불쾌하게 했다는 것이다. 이는 타국 대통령의 개인적 일정까지 중국 멋대로 간섭하려는 오만한 처사였다.

중국이 막대한 투자를 하니 그 뜻을 거스르지 말라는 갑질을 하면서 슬로바키아는 중국과의 우호 관계를 끝내고 대만과 교류하기 시작했다. 2021년 7월에 유럽연합 내에서 두 번째로 대만에 백신을 공급하면서 두 국가 간의 친분을 과시했다. 그 때문에 중국과의 관계는 극도로 악화하고 말았다. 하지만 슬로바키아가 단지 중국이 싫어서 FA-50을 구매한 것은 아니었다. FA-50을 구입했던 국가들이 그 성능에 만족하고 미 공군 역시 진지하게 FA-50의 구입을 고려하는 등 대한민국산 무기의 미래를 본 것이라고 할 수 있다.

과거 FA-50은 필리핀과 이라크 역시 수입한 적이 있다. 그중 이라크가 최근 대한민국과 3억 6천만 달러 규모의 후속 운영 지원 계약을 맺었다. 지난 11월 7일 대한민국은 이라크와 FA-50의 이라크 수출판인 T-50-IQ의 정비와 군수 지원 및 군수품 관리 프로그램 제공, 신규 조종사 및 정비사 육성을 위한 교육 훈련 지원에 대해 합의했다. 3년 동안 그 모든 서비스를 제공하는 조건으로 한화 약 4천억 원 상당인 3억 6천만 달러를 받기로 했다. 지난 2013년 12월에 수출했던 T-50-IQ 24대의 전투기 수명 주기가 감소함에 따라 후속 운영 지원 사업을 시작한 것이다.

전체 군용기 시장에서 개발과 양산이 차지하는 비율이 40% 정도라면 항공기의 후속 지원은 60%일 정도로 오히려 전투기 수출보다 후속 지원이 더 큰 규모이다. 하지만 일단 항공기를 팔아야 후속 사업에 뛰어들 수 있기에 지금까지 그 분야는 대한민국이 도전할 수 없는 시장이었다. 하지만 지금까지 대한민국이 동남아, 중동, 남미 등 해외에 수출한 항공기는 KT-1 웅비와 T-50 골든이글 훈련기 150여 대로, 그 항공기들의 후속 지원에 대한민국 기업들이 나서면서 그 엄청난 시장에 미국의 거대 항공사와 나란히 서게 되었다.

후속 지원 시장에 뛰어들자마자 대한민국은 엄청난 호평을 받았다. 전투기 자체의 성능뿐만 아니라 세심하고 완벽한 후속 서비스에 만족하는 국가들이 늘어났기 때문이다. 보잉이나 록히드 같은 미국 기업들이나 러시아, 중국의 방산업체들의 오만한 갑질에 당하다가 대한민국의 차별화된 서비스를 받으니 신세계를 경험한 것이다. 올해 7월 태국과 인도네시아가 각각 2대와 6대의 T-50 계열 전투기를 추가 구매한 것도 그런 후속 서비스의 만족도가 바탕이 되었다. 슬로바키아 역시 중국산이 더 싸고 겉보기에 스펙이 우수해 보였지만, 그 후속 서비스를 보장받을 수 없을 만큼 갑질을 일삼는 중국보다는 마음 편히 맡길 수 있는 대한민국을 택한 것이다.

그러한 대한민국의 행보를 미국도 예의 주시하고 있다. 최근 미 공군은 가상적기로 사용하거나 전술 임무에 투입할 수 있는 우수한 단발훈련기의 도입을 추진한다는 내용의 신형 전술훈련기 사업 ATT를 발표하여 미국 보잉사가 발칵 뒤집혔다. 보잉의 T-7 레드호크로는 미 공군이 요구하는 조건을 맞추기 어렵기 때문이었다. 현재 보잉은 미 공군에 호언장담했던 T-7 레드호크 조기 개발에 실패한 상태이며, 그로 인해 미 공군은 노후화된 T-38을 퇴역시키지 못해 큰 손해를 보고 있는 상황이다. 워낙 상황이 심각하다 보니 대한민국의 T-50 임대를 고민했을 정도이다. 보잉의 사기에 속은 미 공군이 분노한 끝에 발표한 것이 이번 ATT 사업이다.

T-7의 프로토타입 T-X°

미 공군이 ATT에서 요구한 조건은 기존의 것들과 다른 단좌형으로 하되 전술 입문 LIFT로 쓰며 유사시 최전선의 전술 전폭기로도 사용이 가능한 고성능 기종이다. 즉 이 조건은 복좌형조차 제대로 만들지 못하는 보잉을 제외하겠다는 의미이다. 현재 보잉은 재정 악화로 기술 투자에 소극적이라 개발 중인 T-7을 아무리 빨리 완성하더라도 이를 다시 단좌형으로 개조하는 데는 상당한 시간이 걸릴 수밖에 없는 상황이다.

반면 T-50을 밀고 있는 대한민국과 록히드 마틴의 경우 이미 여러 나라에서 운용되면서 기체의 신뢰성을 입증받았다. 대한민국의 FA-50은 보잉의 T-7과 달리 기본 형상은 복좌형이지만 단좌형으로 충분히 운영할 수 있다. 뿐만 아니라 단좌형으로 개량할 경우 후방 좌석을 추가 연료탱크로 교체해서 항속거리를 늘리는 것도 가능하다. 그렇게 개량할 경우 FA-50은 미 공군이 요구한 연료량 증가, 발전된 레이더와 전자전 체계, AIM-9 단거리 공대공 미사일을 탑재할 수 있는 최소한의 전투 능력 등을 모두 달성하게 된다.

° 출처 ©Secretary of the Air Force Public Affairs

현재 세계적으로 FA-50에 맞설 만한 군용 훈련기를 제작한 기업은 보잉사를 제외하면 중국, 러시아 같은 미국의 적성국밖에 없으므로, 미 공군이 내건 조건을 달성할 수 있는 전술훈련기는 단좌형으로 개조가 가능한 FA-50이 유일한 상황이다. 그래서 일부 군사 전문가들은 미 공군이 보잉의 T-7을 버리고 T-50을 선택하겠다는 뜻을 ROC를 통해 우회적으로 내비친 것이라고 분석하고 있다. 이번 미군의 ATT 사업으로 도입될 전술훈련기는 최소 100~400대가 될 것으로 보인다. 미 공군은 2021년 11월 23일까지 ATT 사업에 대한 정보요청서인 RFI를 마감한다고 밝혔다. 현재로서는 T-50을 밀고 있는 KAI-록히드 마틴의 컨소시엄이 우세할 것이 확실하므로, 이제 남은 것은 미 공군의 현명한 선택뿐이다.

AIM-9L°

만약 ATT 사업을 대한민국이 따낸다면 대한민국의 공군 전투력은 2배 가까이 증강되는 효과가 발생한다. 지난 12월 14일, 록히드 마틴-KAI 컨소시엄은 T-50의 전술훈련기 사양인 TF-50을 미 공군의 전술훈련기 도입 사업인 ATT에 제안했음을 밝혔다. 많은 전문가들은 이번에는 T-50이 미 공군에 수출될 것이라 보고 있다. 개발 일정과 성능을 고려할 때 TF-50이야말로 ATT 사업에 가장 적합한 전투기라는 것이다. 그러나 반값 입찰에 사업 철수까지 들먹이며 사업을 따냈던 보잉이 가만히 있을 리 없다는 반론도 적지 않은 상황이다.

과거 록히드-KAI 컨소시엄은 미공군의 고등훈련기 교체 사업인 T-X 사업에 4세대 전투기 훈련용으로 개량된 T-50A를 제안했으나 보잉-사브 컨소시엄의 T-7A 레드호크에게 고배를 마신 적이 있다. 절박한 보잉의 상황을 참작한 미 의

° 출처 ©David Monniaux modified

회가 미 공군을 설득했기 때문이었다. 만약 이번에 보잉이 ATT 사업에서 패할 경우에는 그들이 T-X 사업에서 얻어낸 이득을 전부 날려야 할 정도로 손실이 커진다. 어쩌면 군용항공기 분야에서 전면 철수해야 할 상황을 맞을지도 모르기 때문에, 코로나 사태로 민항기 수요가 급감해 파산 직전에 처한 보잉으로서 그것은 절대 받아들일 수 없는 일이다. 그러니 보잉의 입장에서는 무슨 수를 쓰든 다시 한 번 록히드 마틴-KAI 컨소시엄을 무너뜨려야 하는 상황이라 TF-50의 성능이 아무리 좋더라도 보잉의 발악에 밀리지 않겠느냐는 관측이 나오는 것이다.

그러나 보잉이 저지른 사기극에 분노한 미 공군이 ATT 사업을 기획한 만큼, 보잉이 아무리 절박하더라도 미 공군은 절대 그들을 받아들이지 않을 것이다. 따라서 TF-50이 미군의 전술훈련기로 채택되는 것이 거의 확실한 상황이다. 다수의 군사 전문 매체에서도 록히드와 KAI의 전투기가 미 공군과 해군의 전술훈련기 사업에서 유리한 고지를 점령했다고 전한다.

그렇게 되면 대한민국군의 FA-50 개량 사업에도 속도가 붙게 된다. 전술훈련기의 목적이 각종 전투 훈련을 수행하고 경우에 따라 전투 임무에 투입될 수 있는 전투기라는 점을 고려할 때, T-50 계열 항공기에 공대공 무장 등 각종 무장을 허용할 가능성이 높아졌기 때문이다. 그래서 TF-50 소식이 발표되자마자 경공격기 FA-50이 4세대급 전투기로 업그레이드될 것이라는 예상이 쏟아지고 있다.

록히드사의 주장에 따르면 TF-50은 5세대 전투기급 조종석과 첨단 항전 장비, 내장형 훈련 시스템을 탑재했던 T-50A에 각종 전투 능력을 더해 한 단계 업그레이드한 전투기급 고성능 훈련기이다. ATT에 선정된 훈련기가 유사시 전투 임무에 투입이 가능하다는 점을 고려해서 우수한 레이더와 전자전 시스템, 발전된 데이터링크 등을 개선했다. 이에 경공격 전투기이자 전술훈련기로 사용이 가능하다.

만약 이번에 TF-50이 미 공군의 전술훈련기로 채택된다면 TF-50은 T-50계열 전투기의 완전판이라고 할 만한 초고성능 전투기가 될 전망이다. 그것은 공대

AIM-120 AMRAAM°

지 임무만 제한적으로 수행할 수 있던 FA-50과 달리 우수한 항전장비와 공대공 무장을 탑재할 것이 확실하기 때문이다. 미국이 TF-50을 채택한다면 미국의 주력 장거리 공대공 미사일인 AIM-120 암람은 물론 AIM-260 등 각종 신형 미사일 역시 통합될 수 있으므로 블록 20 사업의 최대 장애물이던 미국의 통합 거부 문제가 해결된다. 그에 따라 이야기만 돌고 있던 FA-50 블록 20 사업 역시 빠르게 진행될 것으로 보인다.

상황이 그렇게 흘러가면서 FA-50이 다른 나라로 수출할 가능성 역시 크게 높아지면서 실패하리라 예상했던 말레이시아에 수출될 가능성까지 크게 높아졌다. 말레이시아는 지난 6월 22일, 경전투기 10대와 전술입문 훈련기 8대를 선도입하고 이후 18대를 더 도입할 수 있다는 경전투기-전술입문 훈련기 도입 사업을 공고했다. 인도의 테자스, 중국의 JF-17과 L-15, 대한민국의 FA-50 등이 치열한 경쟁을 벌일 것이 예상되었지만, JF-17이 갑자기 사업 제안을 하지 않으면서 테자스, L-15, FA-50의 삼파전 양상이 되었다. 인도의 테자스와 중국의 L-15가 각기 저렴한 가격과 다양한 옵션을 제시하면서 FA-50이 불리해졌다는 평가를 받는 상황에서 TF-50에 대한 소식으로 분위기가 완전히 바뀌게 되었다.

° 출처 ©Balon Greyjoy

HAL Tejas°

블록 20 개량으로 인해 FA-50의 성능이 비약적인 상승했다. 이에 동남아시아 국가들의 표준전투기가 FA-50이 될 수 있다는 전망이 등장했고, 그에 따라 대한민국이 말레이시아에 제안한 MROMaintenance, Repair and Operations가 엄청난 메리트로 급부상했다. MRO는 군부대에서 수행할 수 없는 전투기의 수리와 정비를 정비창에서 수행하는 항공 정비이다. 전투기를 판매한 국가에서 세계 모든 지역의 정비창 정비를 맡기는 어렵기 때문에 한 지역을 책임지는 창 정비 국가를 선정하는 경우가 많다. 그러한 창 정비를 통해 전투기에 대한 이해도를 높이고 각종 기술을 축적하기에 항공 기술이 열악한 국가 입장에서 MRO는 어떻게든 맡고 싶은 것이다.

대한민국 역시 과거 대한항공, KAI 등이 F-4, F-5는 물론 각종 미제 전투기의 창 정비를 하면서 독자적 기술을 축적하고 자체 제작 전투기를 만들었다. 그래서 대한민국은 말레이시아에 FA-50의 MRO 설치는 물론 TF-50으로 조금 더 상세한 윤곽이 드러난 FA-50 블록20의 최종 조립라인을 말레이시아에 두겠다고 선언한 것이다. 그런 조건은 전투기 제조국이 가질 수 있는 최대의 장점이므로 말레이

○ 출처 ©Kolkata class

시아로서는 절대 거부하지 못할 매력적인 제안이다.

KF-21 보라매 수준의 고성능 전투기를 만드는 대한민국 입장에서야 세일즈 포인트로 FA-50의 최종 조립 과정을 말레이시아에 맡길 수 있지만, 말레이시아가 다른 국가들로부터 그 정도의 지원을 받기는 쉽지 않다. 그런데도 최근까지 말레이시아가 미온적인 태도를 보였던 것은 FA-50이 많이 수출되리라는 보장이 없었던 까닭이다. 현재까지 해외에 판매된 T-50의 총수량은 72대로 적은 물량은 아니지만 말레이시가 창 정비를 맡아 이득을 보려면 적어도 수백 대가 세계적으로 판매되고 그 중 상당수가 동남아시아에 판매되어야 한다.

하지만 최초 도입만 100대에 달하는 ATT 사업에서 록히드-KAI 컨소시엄의 TF-50이 선두주자로 급부상함에 따라 창 정비할 T-50 계열의 절대치가 급증하였다. 미 공군이 대한민국의 TF-50을 선정하면 미 해군의 훈련기 사업에서도 대한민국이 유리한 고지를 확보하게 된다. 그 이유로 FA-50 블록 20 또는 F-50의 존재가 사실상 확정되면서 동남아시아에 수출될 T-50 계열 항공기의 물량 폭증이 확실해졌다. 그에 따라 말레이시아 현지 언론의 반응이 아주 뜨거워진 상황이다. 이에 여러 군사 전문가들이 FA-50의 수출 물량이 폭주할 것이라 분석했다.

TF-50으로 얻는 이점은 수출 증가뿐만이 아니라 대한민국 군의 전투 역량 향상까지 이어진다는 점이다. 이는 FA-50의 완벽한 개량이 가능해지기 때문이다. T-50은 현재까지 208대가 생산되었고 그 가운데 72대가 인도네시아, 필리핀 등 여러 나라에 해외 수출 중이다.

여러 나라에 수출되었음에도 선진 군사 강국에는 수출된 적이 없어 T-50이 인정받지 못했다. K-9이 호주에 수출된 것과는 대조적으로 T-50을 구매한 나라들은 대체로 3세계 국가들이었다. T-50이 훈련기치고는 우수한 성능을 갖추고 있지만 무장과 성능을 고려했을 때 선진강국들의 주력 전투기로 사용하기에는 부족했다.

하지만 대한민국은 미 공군의 고등훈련기를 교체하는 T-X 사업에 참여해서 최종 경쟁까지 진출함으로써 세계적으로 T-50이라는 전투기 이름을 알렸다. 심지어 최종 선정 가능성도 아주 높았다. T-50은 미국의 록히드 마틴이 설계를 도왔고 성능이 우수한데다 대한민국 군이 사용하며 신뢰성까지 검증되었다. 반면, 경쟁사였던 보잉의 T-7A는 가격은 저렴할지 몰라도 예정된 스펙이 T-50에 비해 크게 모자랐으며 설계만 등장했을 뿐 실물이 없었다. 보잉은 첨단 기술을 도입해 싼값에 최단 시간 내에 만들어주겠다는 말뿐이었다. 대부분 T-50의 승리를 점쳤지만, 보잉이 5세대 전투기 사업에서 록히드 마틴에 연패하면서 막대한 손실을 보았다. 이에 군용 항공기 사업에서 철수하겠다고 으름장을 놓으면서 판이 뒤집혔다.

시장의 독점을 막기 위해 보잉이 남았다고 판단한 미 의회가 미 공군에 압박을 넣어 보잉의 T-7A 레드호크 구입을 강제했다. 결국 T-X 사업의 승자는 보잉이 됐지만 보잉은 미 공군에 제시한 약속을 지키지 못했다. 이에 분노한 미 공군이 현재 진행하는 ATT 사업의 기준은 매우 높아졌다. 저렴한 훈련기라는 보잉 T-7A의 컨셉으로는 애초부터 지원할 수 없게 만들어서 미 의회도 다시 시비를 걸 수 없도록 한 것이다. 현실적으로 그러한 기준을 단기간에 완성할 수 있는 고등 훈련기는 지구상에 TF-50이 유일한 상황이므로, 엄청난 사건이나 로비가 없다면 TF-50이 ATT 사업의 최종사업자로 선정될 것이다.

그렇게 되면 1차로 100대, 장기적으로는 최대 400대의 신형 전투기 수요가 발생한다. 그때 대한민국군이 추가로 TF-50 사양으로 FA-50을 추가 발주하고, 기존 FA-50의 개량 사업을 추진한다면 양산 단가를 크게 떨어뜨리면서 더 우수한 전투기를 빠르게 확보할 수 있다. 그렇게 되면 문제시되는 작전기 부족 문제도 장기적으로 해결할 수 있다. 현재 대한민국 공군은 전투기 비용의 상승으로 전술기의 숫자를 지속적으로 줄이는데, F-4 팬텀과 F-5가 아직까지 군에 남아있는 이유가 바로 그 때문이다.

군 계획에 따르면 KF-21이 충분히 양산될 때까지 F-5가 대한민국 영공을 지킬 수밖에 없는 상황이다. 만약 미국이 TF-50을 생산하고 그에 따라 FA-50을 저렴한 값에 추가 생산할 수 있게 된다면 KF-21 보라매의 양산을 기다리지 않더라도 FA-50으로 F-5 계열 항공기를 대체할 수 있다. 그뿐만 아니라 기존의 FA-50이 개량된다면 하늘, 땅, 바다까지 작전 영역을 넓힐 수 있는 진정한 멀티롤 전투기 multirole combat aircraft를 대한민국이 탄생시키게 되는 것이다.

39

해상 감시 레이더

세계적인 군사 언론 매체인 제인스IHS Jane's에서 중국이 백령도를 습격할 수 있다는 분석이 나와 대한민국 국민들이 분노하고 있다. 최근 중국은 해군 전력을 급속도로 강화하면서 침략 야욕을 숨기지 않고 있는데, 2021년에만 1개 전단을 편성 가능한 수십 척의 군함을 건조하면서 공격적으로 군비를 증강하고 있다. 중국은 대만과의 전쟁 준비라는 명분으로 해군력을 강화했다. 특히 대한민국의 해병대에 해당하는 해군 육전대를 엄청난 규모로 성장시킴으로써 주변국들을 위협하고 있다.

군사 전문가들은 중국이 육전대 전투력을 증강시켜 한반도를 자신들의 세력 아래 두기 위해 공격을 시도할 거라고 예측했지만, 대한민국은 아직 중국 육전대의 움직임을 감시하기에 충분치 않다는 평가가 있다. 특히 서해 지역 감시 분야에서 미흡하다는 지적을 받는다. 해상 감시 레이더는 사용 연한을 초과해서 장비가 노후화되었고 수중에서는 잠수함을 감시할 수단이 없어서 중국 해군의 움직임을 감시하기 어렵기 때문이다. 중국에 대한 감시 능력을 강화해야 한다는 목소리가 높아지는 가운데 국방부는 서해 감시 능력 강화를 위한 계획을 발표했다.

발표된 계획에 따르면 성능이 향상된 해상 감시 레이더로 서해에 있는 중국 항구를 감사하고 바닷속까지 감시 장치를 설치해서 해저에 있는 중국 잠수함의 활동까지 전부 감시할 수 있다. 중국이 대한민국의 레이더 성능에 대해 국권 침해라고 격분할 정도였다

그게 바로 해상 감시 레이더-II다. 방위사업청은 작년 12월 9일 해상 감시 레이더-II의 개발을 발표했다. 2024년까지 개발을 완료하고 2025년부터 모든 해안 감시 기지에 있는 해상 감시 레이더를 교체하겠다는 계획이다. 해상 감시 레이더-II는 순수 국내 기술력으로 만들어졌다는 남다른 의미가 있다. 국산 기술이기 때문에 예산을 크게 감축했고 무엇보다 기존의 해상 감시 레이더보다 성능이 크게 향상되었다. 주요 성능을 살펴보면, 탐지 거리가 더 길어졌고 인접한 표적을 분리-식별할 수 있는 능력이 1.5배 높아졌다. 동시에 추적 가능한 표적 개수가 2배 이상 늘어나 한 번에 더 많은 표적을 식별할 수 있게 되었다.

현재 대한민국이 운용하는 GPS-100 해상 감시 레이더는 1988년도에 초도 배치돼 34년째 사용하는 것인데, GPS-100의 내구 연한은 20년에 불과한데도 아직 사용하고 있다. 게다가 지속적으로 교체해야 하는 아날로그 방식의 송신 소자로 인해 빈번하게 고장이 났고 일부 부품은 단종돼서 수리가 불가능해졌다. 국방위원회 조사 결과 2018년부터 한 달에 한 번 간격으로 고장 났고 수리하는 데에 약 3일이 걸려서 지속적으로 감시 공백이 발생했었다. 그 결과가 2019년에는 북한 목선의 침입을 허용하는 등의 경계 실패로 이어져 국민들에게 많은 비판을 받았다. 그 때문에 해상 감시 레이더를 대체할 고성능 신형 레이더를 신속히 배치해서 북한의 해상 침투와 중국의 해상 강습에 대비해야 한다는 국민 여론이 높아졌다.

중국은 2021년 한 해에만 22척의 배를 건조해서 주변 국가들에 대한 위협 수위를 높였다. 특히 육전대陸戰隊의 성장세가 눈에 띈다. 1980년 6천 명의 병력으로 시작한 육전대는 2017년 남중국해에서의 마찰을 계기로 12,000명으로 늘어난

백령도, 두무진 선대암[○]

이후 지속적으로 전투력을 증강시켜 현재는 5만이 넘는 대규모의 병력을 확보하였으며, 최대 10만 명까지 병력을 증강함으로써 아시아를 점령하려는 야욕을 숨기지 않고 있다. 10만 명의 육전대는 대한민국 해병대의 4배나 되는 엄청난 전력이다. 중국은 단순히 육전대 규모를 키우는 데 만족하지 않고 육전대를 수송할 강습상륙함 전력을 확장하는 데까지 심혈을 기울이고 있다.

중국은 건조한 지 10년을 갓 넘긴 071형의 대형 상륙함이 있음에도 075형 대형 강습상륙함을 추가로 건조했다. 075형 강습상륙함은 만재배수량 40,000톤에 육전대 1,000여 명을 수송할 수 있어서 미국의 아메리카급 강습상륙함과 맞먹는 규모를 자랑한다. 중국은 2021년에만 075형 강습상륙함 2척을 건조해서 육전대의 강습 능력을 키웠으며, 075형에 만족하지 않고 076형 강습상륙함을 계획하고 총 6척 건조를 목표로 하는 등 상륙 전력 확충에 혈안이 된 상황이다. 그 외에도 전차 수송용 LST선 등 다양한 상륙정 소유로 수만의 병력을 순식간에 수송할 능력을 갖추게 될 예정이다. 이에 군사 전문가들은 중국이 상륙 전력을 이용해 대만뿐 아니라 대한민국까지 침략할 수 있다고 전망한다.

○ 출처 ©Korea.net

075형 강습상륙함

요컨대 유사시 중국의 육전대가 백령도를 비롯한 서해의 도서 지역을 빠른 속도로 점령하는 무력 도발을 감행할 수 있으므로 북한 정권 붕괴와 같은 급변 사태를 예의 주시해야 한다. 일각에서는 중국이 산둥반도에 있는 해군 육전대 2개 여단을 남포항에 상륙시켜서 평양을 점령하고 통제권을 확보할 것이라는 주장도 있다. 중국이 남포항으로 진격하면 거쳐야만 하는 대한민국의 관문이 바로 백령도이다. 중국 입장에서는 백령도에 주둔 중인 대한민국 해병대가 눈엣가시 같은 존재이므로 남포항을 장악하기 위해서 반드시 백령도를 공격하리라는 것이 군사 전문가들의 판단이다.

산둥반도에서 백령도까지는 약 340km밖에 떨어져 있지 않아서 중국의 075형 강습상륙함이 육전대를 싣고 진격한다면 8시간 후 백령도 공격이 가능하다. 중국 육전대의 해상 강습 위험성이 높아져 가는 상황에서도 대한민국에는 백령도뿐 아니라 서해 전반의 감시 정찰 체계가 취약한 형편이다. 서해의 상태가 취약한 이유는 남해에 걸쳐 있는 음향 감시 체계[1]SOSUS의 도움을 받을 수 없기 때문이다.

---

1 Sound Surveillance System의 약자. 냉전 시기인 1950년대에 미 해군과 연방해양대기청(NOAA) 등에 의해 설치된 수중 음향 탐지 시스템. 소련의 잠수함이 미국 영해 내에 접근하는 것을 추적하기 위해 설치됨. 최초의 SOSUS는 미국 동부 해안선을 따라 전화선을 매설하는 것으로 시작했으며, 이후 기술이 발달함에 따라 정밀한 음파 탐지 장치가 설치됨.

음향 감시 체계는 1950년대 소련의 잠수함을 견제하기 위해 미국이 해저에 설치한 것으로, 미국은 그 음향 감시 체계로 부산 앞바다에서부터 일본, 대만, 필리핀, 인도네시아를 연결하는 해저케이블을 설치했다.

음향 감시 체계는 그물망같이 설치해서 '피쉬 훅Fish hook라인'이라고도 불렸다. 과거에는 소련의 핵잠수함 활동을 견제하는 역할을 했고 현재는 중국의 핵잠수함을 탐지하는 역할을 하고 있다. 지난 2018년 중국의 상급 핵잠수함이 일본 오키나와 근처 해역을 부상하지 않고 몰래 잠행했지만, 얼마 못 가서 자위대의 추격을 받아 부상한 적이 있었다. 이때 SOSUS로 일본이 중국의 핵잠수함을 탐지할 수 있었다.

미국이 서해에 SOSUS를 설치해 주지 않았기 때문에 대한민국 단독으로 설치하려 시도했다. 하지만 하루에도 수백 척씩 이동하는 중국 상선들과 서해의 거센 조류로 인한 잡음 때문에 SOSUS를 설치한다고 해도 제대로 된 탐지는 불가능했다. 그래서 국방부는 궁여지책으로 해안 감시 레이더로 감시를 강화했지만 그 수명에 한계가 드러나서 감시 체계에 구멍이 뚫린 상황이다.

하지만 2025년이면 그와 같은 문제가 완전히 해소될 것으로 예상된다. 이번에 개발될 해안 감시 레이더-II가 배치되면 상황이 완전히 바뀌기 때문이다. 해안 감시 레이더-II는 기본 성능 외에 보안 성능이 눈에 띄게 향상되어 복수의 주파수 채널을 운용함으로써 중국의 주파수 간섭과 전파 공격에 대한 대응 능력을 강화했다. 전자전 ECM과 대전자전 ECCM에 대응할 수 있고, 매번 바꿔줘야 했던 아날로그 방식의 송신 소자가 디지털식 반도체 소자로 바뀌면서 유지 보수가 간편해졌으며 운용 시간도 길어졌다. 또 태풍과 같은 악천후가 발생할 때마다 먹통이 되던 구형 레이더의 단점을 개선하기 위해 해안 감시 레이더-II 안테나 외부에 '레이돔Radome'이라고 불리는 보호 덮개를 씌워서 악천후에도 지속적인 감시가 가능해졌다.

또한 아무리 감시레이더의 성능이 좋더라도 수중에서 침투하는 적을 찾아낼 수는 없다는 것을 대한민국 해군은 잘 알고 있기 때문에 지형에 적합한 강력한 수중 음향 감시 체계를 개발했다. 항만감시체계HUSS는 항만으로 접근하는 물체를 효과적으로 식별하기 위해 개발된 체계로, 수중으로 침투하는 잠수함과 잠수정을 상대하기 위해 총 3단계의 감시망을 설치해 항구시설의 방호 능력을 크게 강화했다.

1단계인 외곽 감시는 항만 외곽에서 활동하는 적 잠수함을 원거리에서 탐지하기 위해서 운용된다. 이를 위해 항만 외곽 해저에 선배열 센서를 매설하고 수상과 수중의 표적을 구분하기 위해 해상 감시 레이더와 병행해서 운용한다. 그렇게 해저에 영해를 지킬 방어선을 설정하였다. 그러나 한 개의 방어선으로는 빠르게 돌파하는 적을 다 걸러내기 어렵기 때문에 외곽 감시를 돌파하거나 연안으로 접근하는 적을 감시하는 2단계 수로 감시가 필요한 것이다. 이를 통해 연안에 있는 적의 잠수함과 소형 잠수정을 탐지하며, 수로 곳곳에 설치되어 있는 자기음향 복합 센서가 해상 감시 레이더와 연동해서 강력한 연계망을 구성한다. 만약 이것까지 뚫는 적이 있다면 마지막 3단계인 내항 감시에서 걸러진다. 내항 감시는 적외선 탐지 장비와 해저의 능동음파탐지기를 설치해서 운용한다. 두 장비 모두 탐지 거리는 짧지만 탐지 정확도가 매우 높아서, 항만에서 감시가 용이한 최적 지점에 조밀하게 설치하면 어떤 위협이라도 정확하게 탐지할 수 있다.

그 정도의 감시 체계를 만들기는 쉬운 일이 아니었지만, 대한민국 연구진들은 높은 수압에서도 정상적으로 작동하는 센서를 설계해서 체계의 신뢰성을 높였다. 뿐만 아니라 항구의 특성에 맞도록 해양 환경을 분석하고 지질 특성을 조사해서 최적의 감시 장소를 선정한 후 설치했다. 그러한 지역 맞춤 감시 체계는 조수간만의 차가 크고 구불구불한 해안선을 가진 서해의 자연환경에 적합하다는 장점이 있다.

계획이 모두 완료되면서 수상과 수중을 가리지 않는 감시 체계가 완성되는 것이다. 해상 감시 레이더-II가 중국의 상륙함과 상륙정들을 감시한다면 항만감시체계는 수중에서 침투하는 중국의 잠수함과 잠수정을 수색해서 중국의 도발을 막는 역할 분담이 완성된다. 그러한 체계를 서해안 전반으로 확장한다면 대한민국의 수상-수중 감시 정찰 능력은 비약적으로 향상될 것이다.

40

군용 차량 총정리

불편하기 그지없고 툭하면 퍼지는 고물이어서 속칭 '똥차'라고 비난받던 대한민국 군용차가 신형 차량으로 교체되고 있다. 국군의 전술 차량들은 시간이 지남에 따라 노후화와 구식화가 더해지면서 그 기능의 한계도 명확히 드러났다. 최근 건국 이래 최대의 차량 교체 사업을 통해 국군의 장비를 혁신하고 있다. 현재 K-151이라는 신형 전술 차량을 개발해 10,000여 대를 실전 배치하고 있으며, 구형 K200 장갑차를 대체할 K806, K808 장갑차 역시 순조롭게 전력화가 진행되고 있다. 또한 과거 '두돈반', 혹은 '육공트럭'이라 불리던 군의 중형트럭과 K-711 5톤 트럭을 대체할 중형 전술차의 개발도 막바지에 다다라서 본격적인 양산 체제 돌입을 준비하고 있다.

이에 따라 국군을 떠받치는 차량 전력이 한 차원 진보하는 군사 혁신이 이루어졌다. 일각에서는 대한민국 군의 그런 모습을 부정적으로 바라보는 시각도 있다. 그들의 주장에 따르면 일본은 이미 한참 전에 험비[1] Humvee형 차량을 개발했

---

1 AM제너럴 사가 제작하여 미군이 1980년대부터 사용하고 있는 소형 전술 차량으로, 윌리스 MB에 이어 현대 미군의 수송 차량을 상징하는 대표적인 모델. 기존 M151과 지프 계열 차량을 교체하기 위해서 1980년대에 새로 도입됨. M151이 전폭 대비 전장이 짧은 차체와 차체 크기 대비 높은 최저 지상고로 전복 사고를 유발하여 높은 비전투 손실을 야기하는 문제로 레이건 대통령 시기에 지상고가 낮고 힘이 좋은 고기동성 전술 차량인 험비로 교체됨. 차체는 기존 M151의 모노코크 바디를 버리고 프레임 바디로 회귀하였으나 승객석이 위치하는 프레임 부분을 낮게 설계하여 최저 지상고를 확보하면서 전고를 억제하여 주행 안정성이 향상됨.

K-131°

고 미국은 험비를 버리고 새로운 전술 차량을 쓰고 있다며 뒤늦게 개발된 대한민국의 전술 차량은 시대에 뒤떨어졌다는 것이다. 그러나 그들이 주장은 현실과 다르다. 대한민국 군의 작전환경과 계속되는 미국의 무기 개발 실패를 고려할 때 K-151은 대한민국의 전장에 적합하며 우수한 차량이라고 할 수 있다.

2017년 대한민국 국방부는 '한국형 험비'라고 불리는 'KM-151'을 공개했다. 기갑수색형인 K-153과 함께 방탄 능력은 없으나 장축으로 개조해 부가 설비를 장착한 K-351 정비차 등 다양한 형태의 파생형 차량도 함께 공개했다. 그 차량들이 과거 '군토나'라고 불리던 군용 레토나 K-131과 군용 소형트럭 K-311계열의 모든 차량을 대체할 예정이다.

지휘차, 기갑수색차, 대전차 차량 등 방탄을 강화한 전투형 차량들과 정비차, NBC 정찰차, 관측반차 등 방탄을 제거했지만 기동성, 다목적성을 강화한 지원형 차량들로 그 종류도 다양한데, 대한민국 군은 총예산 규모 1조 8,000억 원을 들여

민간용으로 허머HUMMER 시리즈가 있음.

° 출처 ©U.S. Navy Nancy C. diBenedetto

High Mobility Multipurpose Wheeled Vehicle°

신형 차량을 도입한다. 차량에만 이렇게 막대한 예산을 투입하는 것은 건국 이래 최초이며 전 세계에서도 찾아보기 힘든 사례였다. 이는 대한민국이 본격적인 군사 강국으로 진입했다는 증거이다.

불과 수십 년 전까지만 하더라도 대한민국 군은 외산 차량에 의존해 전쟁을 수행할 수밖에 없는 처지였다.

국산 전술 차량의 역사는 K-111부터 시작되는데, 국군 최초의 전술 차량이었던 K-111은 한국전쟁 이후 주한미군이 들여온 M151A1을 기반으로 아시아 자동차가 생산한 4륜구동 차량이었다. 전체적인 외형은 차고가 높고 후드가 동그란 M38A1의 사륜구동 모델과 비슷하며 평범한 직렬 4기통 OHV 엔진을 사용했다. 그 엔진은 토크를 중시하는 화물차나 버스용으로 설계된 것이라 당시 출력이나 연비는 낮았지만 회전 토크가 좋아서 험지 돌파력이 뛰어나다는 평가를 받았다. 그 차량은 이후 1981년 이란-이라크 전쟁이 발발하자 이란에서 대규모로 구입하기 시작해서 전쟁 막바지인 1988년까지 아시아자동차에서 이란에 수출한 물량이 무려

○ 출처 ©U.S. Marine Corps Olivia G. Ortiz

14,000여 대나 되는 수출 효자 종목이기도 했다.

하지만 연식이 오래되면서 사고가 잦아지고 창문을 대신한 비닐이 있어도 고속주행 시 차량이 심하게 떨렸기 때문에, 이후 '군토나'라는 별명을 가진 군용 레토나 K-131이 도입된 것이다. K-131은 과거 육군, 해군 대대장급부터 장군에 이르기까지 공무 관용 차량으로 쓰였다. 그것은 흔한 민수民需 차량처럼 보여도 북한군과의 전자전을 염두에 두고 ECU에 전자파 차폐장치를 달아 원자폭탄이나 EMP탄이 폭발한 상황에서도 운용이 가능하도록 설계된 군용 차량이었다.

K-131은 2010년대부터는 K-111의 자리를 완전히 대체해서 국군의 핵심 마당발이 되었다. 연료 분사를 전자 제어하는 직렬 4기통 MPI 엔진을 탑재해서 개발 당시에는 준수한 출력인 130마력을 낼 수 있었다. 하지만 방탄 능력이 전무하고 확장성이 떨어졌기 때문에 지휘관용 이외의 용도로는 잘 쓰이지 않았는데, 레토나 역시 노후화가 지속됨에 따라 새로운 전술 차량을 개발해야 한다는 목소리가 높아졌다. 아프간전, 이라크전 등 중동 각지에서 벌어진 여러 전투로 인해 방탄판을 장착한 고기동 전술 차량의 수요가 높아지면서 대한민국 군에 대한 비판의 목소리가 높아졌다. 일본이 경장갑 고기동차 코마츠 LAV를 개발해 일본 자위대에 실전 배치할 때까지 대한민국은 무엇을 했느냐는 것이었다.

코마츠 LAV는 자위대가 2002년부터 배치한 고기동 경장갑 차량으로, 균질압연장갑을 차량 외부에 설치해 5.56mm 소총탄과 7.62mm 기관총탄을 방어할 수 있는 험비형 차량이다. 4행정 4기통 수랭식 디젤엔진을 사용했으며 최대출력은 160마력으로 도로에서 최대 100km 이상 기동이 가능하고 무장으로 12.7mm 중기관총이나 5.56mm탄 사용이 가능했다. 또 차량에 설치된 X자 슬링에 걸터앉아 양측으로 열리는 넓은 해치를 이용해 칼 구스타브 같은 각종 로켓을 발사할 수 있었다.

2010년대까지도 대한민국 군에는 코마츠 LAV에 대응할 만한 고기동 차량의 수가 턱없이 부족했다. 2002년 월드컵 때 일본의 전술 차량이 세계 언론에 보도되면서 대한민국과의 전술 차량의 차이는 극명해졌다. 그 때문에 대한민국은 일본이 진작 개발한 전술 차량을 10년이 지나도록 갖지 못한다는 비난을 들었다.

그와 같은 여러 이유로 대한민국 군은 소형 전술 차량 개발을 본격적으로 추진하는데, 그 결과물이 바로 K-151[2]이다. 소형 전술 차량은 구체적으로 기본형인 K-151과 다목적성을 위해 장축형으로 만들어진 K-351 두 가지가 있다. 파워 트레인에는 V6 터보 엔진과 최첨단 8단 자동 변속기가 탑재되어 최고 출력 225마력으로 최대 토크 50kg/m의 성능에 사륜구동 시스템이 적용되었으며, 총중량은 일반형이 5.7톤, 장축형이 7톤으로 이는 일본의 코마츠를 압도하는 스펙이었다.

한때 K-151을 MRAP처럼 더 대형화하자는 의견도 있었으나, 헬기로 공중강습 작전을 펼치는 신속 대응 사단이 사용해야 한다는 주장에 따라 대한민국 군의 작전 환경을 반영했다. 그래서 CH-47 치누크 수송 헬기의 최대 탑재 중량을 고려해 가장 무거운 것도 7톤을 넘지 않도록 한 것이다.

하지만 K-151이 본격적으로 전력화되면서 뜻하지 않은 문제가 발생했다. 육군, 해병대 등에 배치되어 운용 중인 K-151의 바퀴가 통째로 빠지는 결함이 있어 무려 절반가량이 리콜 대상이 된 것이다. 게다가 차폭이 좁아서 도로 운행 시 사고 가능성이 높고 방탄 사양의 경우 시야각이 좁다는 비판까지 제기되었다. 결국 그로 인해 대한민국 군의 방산무기 사업은 많은 비난을 받게 되었다. 차량 휠이 빠지는 현상은 다행히 지속적인 생산을 통해 빠르게 개선되었지만, 차폭과 시야각 문제는 방탄성을 강화한 현대의 모든 전술 차량에서 발생하는 일반적인 제한 사항이다. 장갑이 두꺼워지고 지뢰나 급조폭발물의 폭발력을 약화하기 위해 여러 구조를 변경할수록 운전은 더 불편해질 수밖에 없다는 의미이다.

일각에서는 만들어진 지 30년도 더 된 미국의 험비를 복제한 구식 차량이라

---

2 기아에서 개발한 신형 소형 전술 차량으로, 대한민국 국군에서 운용 중인 K-131 등을 위시한 ¼톤 트럭(속칭 '레토나', '지프')을 대체할 예정임. 대한민국 국군은 전술 차량 교체 계획을 가지고 있었지만 재정 문제로 계속 유보하다가 결국 신형 소형 전술 차량 계획부터 먼저 진행하게 되었음. 기아와 신정자동차가 경합했는데, 방위사업청에서 2012년 8월 9일에 기아가 우선협상대상자로 지정되었음을 발표함.

며 K-151을 폄하하지만, 그 생김새만 험비와 비슷해 보일 뿐 성능과 기능은 확연히 다르다. K-151는 배기량이 3,000cc에 불과함에도 배기량 6,200cc인 미국의 험비보다 엔진 출력이 33%나 높고, 험지에서 기동하기 위한 등판력도 더 뛰어났다. 급조폭발물 IED의 새로운 위협에 대응하기 위한 특수 설계로 개발되었다. 그러면서 오히려 K-151의 가격이 미국산의 반값에 불과했다. 이 사실은 대한민국의 기술력이 떨어져서 미국의 험비를 모방했다는 오명을 쓸만한 차량이 절대 아니라는 것이다.

미국은 연이은 전쟁으로 전술 차량에 대한 다양한 노하우를 쌓았으며, 그 경험으로 차세대 차량을 개발해 왔다. 그러한 사정은 미국의 다른 무기들도 마찬가지인데, 전차, 미사일 등 여러 무기들이 전쟁 상황에 따라 개발되거나 개량되었다. 하지만 그렇게 많은 무기를 개발했음에도 불구하고 그중 꾸준히 오래 운영되는 장비는 그리 많지 않았다. 특히 최근에는 막대한 개발비를 투입했음에도 실패하는 사업들이 속출하고 있다. 미국산 무기라고 해서 덮어놓고 베끼다가는 미국의 실수를 답습한다는 것을 대한민국 군은 알고 있으므로, K-151은 대한민국 전장과 국방환경에 최대한 맞춘 안정적이면서 우수한 무기라고 할 만한 것이다.

아무리 우수한 고기동 전술 차량이라고 하더라도 14.5mm 고사총 같은 대구경 화기를 막을 수는 없으며, 다수의 전차로 구성된 기갑부대의 뒤를 좇아서 작전을 수행하기에는 모자란 전력이라는 것을 대한민국 군도 알고 있다. 그 때문에 기계화부대를 보조할 수 있는 차륜형 장갑차 K-806과 K-808을 개발했는데, 두 장갑차는 구식화된 K-200장갑차를 대체하기 위해 개발된 것이다. K-806과 K-808 모두 각 바퀴마다 개별 구동하는 독립 현수 장치를 달아서 야지野地 주행에도 우수한 승차감을 제공하며, 차량 내 냉·난방 장치가 설치되어서 승무원의 피로도를 줄인다.

K-806은 길이 6.8m, 너비 2.7m, 높이 2.9m에 무게 16톤이며 탑승 인원은 11

명이고, K-808은 길이 7.4m, 너비 2.7m, 높이 2.6m에 무게 20톤 이하로 11명이 탑승할 수 있으며 K4 고속기관포와 K6 중기관총으로 무장하고 있다. 그에 따라 차륜형 장갑차로 무장한 기계화부대의 기동성과 화력 역시 크게 증가할 것이 분명하다. 두 모델 모두 420마력 디젤엔진을 탑재해서 최고 시속 100km 이상으로 주행할 수 있으며 중구경 철갑탄AP과 대인지뢰 방호도 가능해서 총탄이 빗발치는 전투지역 중심까지 안전하게 병력을 투입할 수 있다. 부가 장갑을 덧붙이면 방호 능력은 더 커지고 부가 옵션도 다양하다. 장갑차 내부의 공기 압력을 높여 외부 공기가 유입을 차단하는 화생방 방호, 엔진에 화재 발생 시의 일시 소화 기능, 내부에 런플랫이 내장되어서 피탄 시에도 시속 48km로 1시간 이상 주행할 수 있는 전술 타이어, 노면 접지압에 따라 압력을 조절할 수 있는 공기압자동조절장치 CTIS, 시속 8km의 수상 주행 등이 모두 가능하다.

여기서 끝이 아니다. 전투부대가 아무리 강하더라도 후방에서 원활한 병참을 수행할 대형 트럭이 부족하다면 전쟁을 수행할 수 없다. 현재 대한민국 군이 사용하는 K-511 육공트럭과 K-711 5톤 트럭의 노후화를 감안할 때 새로운 차량의 개발이 필요하며 기아와 한화디펜스가 그 개발 경쟁을 벌인 결과 2020년 3월 31일 기아가 최종 후보로 선정되었다. 차량의 스펙은 한 번에 소대 규모 병력인 28명을 수송할 수 있는 대형인데, 이 전술 차량이 기존의 K-511과 K-711을 대체할 예정이다.

만약 중국이 북한을 밀어내고 남하한다면 대한민국 군이 신속히 이동할 수 있는 보병 전력이 필수이다. 이전에는 노후화된 구식 군용 트럭이 항상 발목을 잡았고 잦은 고장으로 인해 차량 정비에 힘을 쏟느라 제대로 된 훈련도 어려웠다. 그동안 '두돈반' 혹은 '육공트럭'이라 불리던 2.5톤 트럭 K-511과 5톤 트럭 K-711은 지난 수십 년간 군의 물자와 병력 수송에 이바지했고 복무하는 병사 입장에서는 악몽과 같은 물건이었다. 차량에 에어컨도 없고 형편없는 승차감에다 툭하면 고장 나는 애물단지였음에도, 군 수뇌부에서는 그런 차량에 탑승해 보지 않아서 장비 교체 시 항상 뒤로 밀리곤 했었다.

하지만 드디어 육군의 신속한 이동이 현대전의 핵심 전술로 자리 잡으면서 군용 트럭 교체 사업이 시작되었는데, 만 대 이상의 신형 트럭을 배치해서 수송 트럭의 세대교체를 추진할 예정이다. 2024년부터 중형표준차량에 1조 7천억 원의 예산을 투입해서 기존의 트럭들을 완전히 교체된다. 5톤 트럭에 장갑킷을 적용한 신형 전술차량은 장갑과 원격 조작 무기 등을 통해 생존성을 보장하고 전투력을 강화해서 국군 보병사단 차량의 핵심으로 활용할 것이다. 그 덕분에 대한민국 보병들은 행군을 거듭하는 '알보병'에서 빠른 기동성을 활용한 차량화 보병으로 진화하게 된다.

일각에서는 상부 장갑도 없이 뻥 뚫린 차가 과연 병사들의 생존성을 보장할 수 있겠느냐며 신형 군용트럭 도입을 쓸데없는 낭비라고 주장하고 있다. 차라리 K-808 차륜형 장갑차를 추가 배치하거나 다른 나라의 전술 차량을 도입하는 것이 더 낫다는 주장이다. 대한민국 군이 그러한 선택을 한 것은 제한된 자원 내에서 각 임무에 맞는 차량을 효율적으로 배치한 합리적인 선택이라고 할 수 있다.

대한민국 육군은 기아자동차와 계약하고 2019년부터 177억 원의 예산을 투입해서 중형표준차량의 표준 플랫폼을 개발한 후, 2024년부터는 그 생산 및 배치를 목표로 하고 있다. 예상 생산량은 최대 14,000대로 현재 군이 보유하고 있는 두돈반 1만여 대를 전부 교체하고도 남는 물량이어서, 그 정도 수량이라면 물자 30,000톤이나 병사 25만 명을 한 번에 이동할 수 있을 규모의 역대급 교체라고 할 수 있다. 대한민국 육군이 갑자기 신형 트럭 교체 사업을 진행하는 이유는 병역 자원의 감소 때문인데, 지속적으로 문제가 되는 인구 저하에 따른 병력 부족을 구조 개편과 장비 최신화로 극복하기 위한 것이다.

'두돈반', '육공트럭' 등으로 불리는 2.5톤 트럭은 1945년 해방 이후 일명 '제무시'로 불리는 GMC의 G508 2.5톤 트럭을 도입한 것이 그 시작이다. 1960년대에는 제무시와 도요타에서 만든 J603 트럭을 혼용하다가 1966년부터 M602 트럭을 도입했는데, 육공트럭이라는 말이 그때 생겨났다. 그 후 1969년에 미국으로부터 M35 계열 트럭을 도입해서 사용하다가 1970년대부터 M35 트럭의 후계로 국산 K-511의 생산을 시작했다.

K-511은 아시아자동차에서 M35A2 트럭을 기초로 개발해서 1978년부터 생산한 트럭인데, M35에서 많은 점을 참조했기 때문에 외형이 M35와 비슷하며 햇수로 무려 40년이 넘는 동안 국군의 주력 트럭으로 운용 중이다.

K-511은 주로 병력 수송이나 화물, 105mm 견인포의 견인 임무에 주로 사용되는데, 아직까지도 13,000대가 넘는 차량이 운용 중이다. 하지만 1970년대부터 40년 넘게 사용하면서 장비의 노후화에 따른 문제가 속출했기 때문에 지난 2003년 대대적인 개선작업을 통해 성능을 강화했다. 그 덕분에 필리핀에 630대의 K-511, K-711 개선판을 수출하는 성과를 거두었지만 아무리 개량하더라도 미래 전장에 맞는 성능 제원을 끌어올리는 데는 태생적인 문제가 컸다.

그래서 국내 유일의 군용 차량 제작 기업인 기아자동차와 한화가 맞붙어 채택된 것이 기아자동차의 중형표준차량이다. 이 차량은 상용 차량보다 두꺼운 철판으로 설계되었으며 경사 60%의 전-후진 등판 능력과 약간의 도섭徒涉 능력을 보유하고 있다. 전자전 방호가 가능한 EMI 차단 설계와 간단한 정비를 위한 주요 차량과 부품 호환 등이 이 차량의 장점이다. 그 주요 성능으로 전자식 6단 변속기 채용과 전륜 구동, 에어컨과 후방카메라 같은 일반 상용 트럭 사양을 그대로 옮겨온 것 외에도 타이어 공기압 자동 조절 장치CTIS를 장비해 도로 상황에 따른 주행 능력을 향상시켰다. 또 최신 엔진을 탑재해서 엔진 출력이 280마력이나 되는데, 이는 기존 160마력이던 K-511보다 두 배에 가깝게 향상된 성능이다.

'오돈트럭'이라고 불리던 오톤 군용 트럭 K-711 역시 강력한 신형 차량으로 교체된다. 2.5톤 트럭이 군의 마당발이었다면 5톤 트럭은 군의 짐꾼이었는데, 대한민국 군이 처음 5톤 트럭을 운용한 것은 미군 지원의 G509, G510, G116부터였다.

이 차량들은 1950년부터 1966년까지 사용되다가 이후 M54와 M809로 교체되었다. 현재 군이 사용하는 K-711은 K-511처럼 1970년대의 트럭들을 기반으로 만들어졌으며, 5톤 트럭은 주로 포병이나 공병부대에서 많이 사용 중이다.

포병에서는 155mm 견인포의 견인과 155mm 포탄의 탄약과 장약을 적재하는 탄약차로 많이 운용하고, 공병에서는 파생형인 K-713 덤프트럭이나 K-713 트랙터를 주력으로 사용하고 있다. K-711 역시 지난 2003년 개선작업을 통해 전시 사용이라는 특수성을 고려해 요소수 없이도 운전이 가능하도록 한 덕분에 지난 요소수 대란에서도 문제없이 사용할 수 있었다. 하지만 K-711 역시 사용한 지 40년이 넘은 구형이어서 6X6 바퀴를 사용하는 5톤 트럭형 중형표준차량으로 교체된다.

5톤급 중형표준차량은 280마력 엔진을 사용하는 K-711보다 훨씬 강력한 330마력 엔진을 사용해 기동성을 극대화했다. 그와 함께 개발한 중형전술차량은 소총탄에 대한 방호력을 제공하며 원격사격통제체계인 RCWS를 탑재해서 기관총 사수의 생존성을 보장할 수 있다. 한 대의 전술 차량에 후방좌석 14명, 운전석 4명 등 총 18명이 탑승한다. 2대의 차량이면 1개 소대가 이동해서 대한민국 육군은 차량을 이용해 신속히 기동하는 완벽한 기계화 군대로 거듭나게 된다.

일각에서는 중형전술차량 도입에 심각한 문제가 있다고 주장한다. 각종 화기의 화력과 정확성이 크게 높아진 현대전에서 살아남기에는 생존성이 심각하게 떨어진다는 것이다. 그것은 기관총탄 이상의 탄이나 파편을 보호할 수도 없고 상부 장갑이 없이 노출되어 있어서 포병 사격을 맞으면 치명적이라는 것과, 그런 차량으로 시가지를 이동하다가 기습당하면 내부 탑승 인원이 전멸할 것이라는 주장이다. 그런 전술 차량을 운용할 바에야 K-808 같은 차륜형 장갑차를 더 생산하거나 러시아의 카마즈 타이푼처럼 생존성이 높은 전술 차량을 개발해야 한다는 의견이 힘을 얻고 있는데, 그것은 하나만 알고 둘은 모르는 생각이다.

K-808이나 타이푼과 같은 차량의 방호력이 좋은 것은 사실이지만 두 장비와

K-200°

중형전술차량의 개발 목적은 완전히 다르다. K-808은 전방 야지에서의 신속 전개나 수색 및 정찰 임무를 담당하고, 타이푼은 중앙아시아 개활지開豁地에서의 사용을 목적으로 한 차량이다. 즉 K-808과 타이푼은 적과의 교전을 상정한 차량이기 때문에 강한 방호력이 필요한 만큼 가격도 비싸서, 현재 타이푼을 운용하는 러시아군도 전군을 타이푼으로 무장시키지는 못하고 있다.

반면 대한민국의 중형전술차량은 적과의 교전을 상정한 차량이 아니라 보병 전력의 기동성을 향상하기 위한 차량이다. 따라서 이 차량의 방호력은 전장에서 부상을 입을 수 있는 자잘한 위협을 막아주거나 게릴라와 같은 경보병과의 조우 시 소화기탄을 막아주는 정도면 충분하다. 오히려 전시에 포탄 등에 의해 도로에 구멍이 파이거나 각종 포탄 파편이 굴러다니는 상황에서도 안정적인 기동성을 확보하는 것이 더 중요하기 때문에 중형표준차량은 전장에서 당연히 선봉에 나설 일도 없다.

전술 교리에서도 시가전에서는 K-808 장갑차가 먼저 시가지에 대한 수색 정찰을 실시해서 안전이 확보된 후 중형전술차량이 병력을 수송한다. 요컨대 앞서

° 출처 ©대한민국 국군

M113°

말한 차량들과 중형전술차량은 운용 목적이 다르며 전장 상황에 맞는 무기체계가 투입되어야 최대의 효율을 끌어낼 수 있다. 한때 대한민국은 수송 트럭 개발에 인색하다는 비난을 들을 정도로 군용 트럭에 관심을 갖지 않았지만, 최근 들어 군용 트럭의 중요성을 깨닫고 대한민국 환경에 맞는 전술 차량을 개발했다. 이와 함께 도입되는 중형표준차량은 미래 전장을 책임질 대한민국 군을 더 안전하고 신속하게 움직여줄 이동 수단으로 자리매김할 것이다.

또한 K200 장갑차는 구형 미제 M113 장갑차를 대체하기 위해 개발되어 대한민국의 장갑차 국산화에 이바지한 우수한 장갑차였지만, 장비의 노후화와 성능 저하 문제로 인해 구식이 되어버렸다. 그래서 신형 차륜형 장갑차를 개발해 실전 배치하는데, 그것이 바로 K-806/808 장갑차이다. K-808 장갑차는 장갑이 더욱 강화되고 화생방 방어 능력이 추가된 데다가 K-4, K-6 기관총까지 탑재해서 공격력까지 매우 강력하다. 이들 차량의 도입으로 인해 대한민국 군은 현대전의 핵심 요소인 기동성과 화력을 모두 보완하면서 이전보다 더욱 강력한 기계화 및 차량

° 출처 ©Spc. Tyler Kingsbury

화 보병부대의 육성을 가능하게 만들었다.

대한민국의 그러한 발전에 대해 일본과 중국은 K-806/808에 탑재된 무장들이 자신들의 신형 장갑차에 비해 화력이 매우 떨어진다면서 대한민국은 대세를 따르지 못한다고 비웃고 있다. 하지만 기계화보병의 특성을 생각해 본다면 오히려 일본과 중국이야말로 잘못된 선택을 한 것이다. 기계화보병의 주된 임무는 해당 지역을 보병이 직접 나서서 제압하는 것이라 무장이 너무 과하면 오히려 실제 전장에서 제대로 사용하지 못하는 경우가 많다. 그렇기 때문에 대한민국은 가성비 높은 장비를 도입해 더 많은 보병들이 안전하게 작전에 임할 수 있도록 추진하고 있다.

대한민국이 본격적으로 운용했던 첫 장갑차는 M113이었다. M113 장갑차는 가격도 저렴해서 서방 국가들도 주력으로 사용했는데, 그 파생형까지 포함하면 8만여 대나 생산된 베스트셀러였다. 대한민국은 1967년에 미국에서 공여받은 86대의 M113을 최초로 배치했다. 이후 지속적으로 공여받아서 베트남 전쟁이 끝날 시기에는 400여 대까지 늘어나서 대한민국의 주력 장갑차로 운용되었다. 그러나 M113은 장갑의 요구 사항이 7.62mm 소총탄 방호에 한정되어 중기관총 방호력이 약하다는 단점이 있다.

1970년대 베트남 전쟁 이후 미국의 닉슨 독트린으로 인해 동맹국들에 대한 군사적 보장이 줄어들자 대한민국은 더 이상 공여에 의존하지 못하면서 스스로 무기를 만들 수밖에 없었다. 닉슨 독트린이란 냉전 시기 세계경찰론을 내세우며 전 세계의 분쟁에 개입하던 미국이 직면한 대내외적 환경에 대한 인식을 바꿨다. 쉽게 말해 냉전 전략을 수행함에 있어 미국의 능력을 종래에 비해 적절한 수준으로 낮춘 것이다. 그것은 우방이나 동맹에 차등적인 지원을 한다는 의미였다. 이에 대한민국은 전투 장갑차의 독자 개발이 절실해졌고 그 시기에 만들어진 것이 바로 K200 장갑차였다.

K200 장갑차는 1974년부터 시행된 율곡사업 시기에 개발을 시작해서 1984년에 개발을 완료하고 1985년부터 실전 배치를 시작했다. 전장 5.4m, 전폭 2.8m, 전고 2.5m에 중량 13.2톤 280마력의 D2848M 엔진을 탑재한 K200은 M113보다 능력이 대폭 향상되어 장갑은 전면에서 12.7mm 탄을 막아냈다. 속도 또한 시속 74km로 상승했으며 수상에서도 시속 7km로 주행했다. 하지만 1985년에 만들어져서 40년이 되어가는 구식 장비여서 장비의 노후화를 피할 수 없었다. 노후화된 K200의 대체와 미래 전장 환경에 맞는 장갑차 확보를 위해 개발한 장갑차가 바로 K-806/808인 것이다.

현재 대한민국군은 국방개혁 2.0을 통해 2025년까지 보병사단을 개편하고 있다. 그에 따라 보병연대가 보병여단으로 개편되면서 기존보다 전투지역이 크게 확대되고 있으므로 이제는 차량을 이용한 신속한 기동이 중요한 요소이다. 새로 개발된 소형전술차량인 K-151은 탑승 인원이 4명에서 8명밖에 되지 않고 방호력이 다소 취약하여 대규모 인원 수송에는 어려움이 있다. K-21 장갑차를 보병부대까지 배치하기에는 가격이 발목을 잡았다. 그러한 수요는 육군 전방부대에만 국한된 것이 아니어서, 향토사단인 2작전사령부 예하 부대들도 향토 방어를 위한 기동타격부대를 운용할 필요가 있다. 공군기지에서도 방호용으로 장갑차가 필요했지만 포장도로인 공군기지 활주로에 궤도형 장갑차를 사용하기는 어렵기 때문에 전군에게 보급되어 전후방을 가리지 않고 싸울 수 있는 K-806/808을 개발했다.

K-806과 808 장갑차는 그 목적에 따라 서로 다르게 개발되었다. K-808은 전장 7.2m, 전폭 2.7m 전고 2.6m에 중량은 17.5톤이며, 현대 H엔진의 420마력 성능으로 최고 속도는 지상 시속 100km, 수상 시속 10km다. 또한 종경사 60%, 횡경사 30%의 등판 능력을 보여 산악지형에 강하며, 피탄되어도 회피기동이 가능한 런플랫 타이어를 탑재해서 생존성을 강화했다. K-4 유탄기관총이나 K-6 중기관총을 탑재할 수 있기 때문에 보병에게 치명적인 타격을 줄 뿐 아니라 장갑차에도

제한적 타격이 가능하다.

K-806은 8x8형인 K-808과는 달리 6x6의 차륜으로 구성된 장갑차로, 전장 6.6m, 전폭 2.7m 전고 2.9m에 중량 16톤, 같은 현대 H엔진을 사용하지만 400마력으로 K-808보다는 다소 작게 만들어졌다. 탑재 무장도 7.62mm K16기관총 혹은 M60 기관총으로 화력도 다소 낮췄는데, 그 이유는 K-808과 운용 목적이 서로 다르기 때문이었다. K-806은 APC의 전방 야지/산악지역에서 병력 수송 능력과 수색, 정찰 임무, 향토사단의 기동타격 임무를 담당한다. K-808은 K-806보다 제한된 IFV쪽의 임무를 수행하며 전방사단의 후방지역 기동타격과 수색 정찰 임무, 후방지역에 있는 해군, 공군기지의 방어를 담당한다. 따라서 K-808은 전방사단의 후방여단, K-806은 향토사단에 배치될 예정이다.

중국과 일본은 대한민국의 신형 차륜형 장갑차가 자신들의 신형 장갑차와는 달리 무장이 빈약하므로 자신들의 상대가 되지 않는다고 주장한다. 일본은 96식 장갑차와 16식 기동전투차라는 차륜형 장갑차를 보유했다. 일본의 96식의 경우에는 기본 스펙이 대한민국 장갑차에 비해 열세를 보인다. 96식 장갑차는 전장 6.8m, 전폭 2.5m, 전고 1.9m, 중량 14.6톤에 미츠비시 360마력 6D40엔진을 탑재하고 무장 또한 40mm 유탄기관총과 M2 중기관총을 탑재했다. 전체적으로 K-808과 비슷한 사양임을 알 수 있지만, 전면 방호력이 12.7mm여서 14.5mm까지 방호가 가능한 K-808과는 상대가 되지 않는다. 게다가 이 장갑차는 2016년 주행 중에 바퀴가 빠지는 사고를 내며 세계적으로 유명세를 치렀다.

일본은 아직 생산도 얼마 하지 못한 16식 기동전투차를 이야기하며 대한민국 장갑차의 성능이 떨어진다고 주장했다. 16식 기동전투차는 전장 8m, 전폭 3m 전고 2.9m에 중량 28톤, 미츠비시 570마력의 4VA 엔진을 탑재해 전반적으로 K-808보다 크고 무겁다. 가장 큰 특징은 로열 오드넌스 L7A3 105mm 전차포를 탑재했다는 것이다. 장갑차에 전차포를 탑재했으니 화력면에서 K-808로서는 정

ZBL-08°

면승부가 불가능한 수준이라는 것이 일본의 주장이다. 그러나 16식 기동전투차에는 승무원 4명 외에 탑승할 수가 없어서 그것이 보병전투차량인지 차륜형 장갑차인지 혹은 전차로 봐야 하는지도 명확하지 않은 애매한 무기가 되고 말았다.

중국의 08식 장갑차는 미국의 스트라이커 여단을 의식해서 만든 장갑차이다. 모듈 형식으로 되어 후방의 모듈 교체로 다양한 임무를 수행하고, 105mm를 탑재한 화력지원형과 122mm 대포를 탑재한 차륜형 자주포도 존재한다. 그러나 군사 전문가들은 부족한 차체에 대구경 포를 달기 위해서 기본 성능을 떨어뜨렸을 가능성이 높기 때문에 이것은 제 성능을 내기가 어렵다고 본다. 뛰어난 기동성을 활용해 보병의 기동을 돕는 동시에 강력한 이동식 진지가 되어야 하는 기계화보병의 특성을 고려할 때 105mm포는 오히려 과무장이라 할 수 있다.

쉽게 말해 이 장갑차가 상대할 적은 보병이므로 K-4 유탄기관총과 K-6 기관총 정도의 화력이면 충분하다. 화력이 강하면 좋지만 장탄수와 연사력을 생각할 때 전차포로 설계된 105mm포는 효율 면에서 보병용 장비로는 그리 적합한 무기가

° 출처 ©Mil.ru

아니다. 게다가 105mm 전차포는 이미 구세대 대포이기 때문에 현대 전차에 비해 사거리가 떨어지고 차륜형 장갑차는 30mm 이상 기관포에 대한 방호력이 전무하므로 전차전에는 절대 쓸 수가 없는 것이다.

한마디로 일본의 16식 기동전투차나 중국의 08식 장갑차는 비싼 가격에 비해 그 성능은 애매한 무기라고 하겠다. 결국 일본과 중국의 주장은 오히려 자신들이 기계화보병의 특성을 제대로 이해하지 못하는 무능한 군대라는 것을 스스로 드러낸 것이다.

반면 대한민국 국군은 그러한 점을 깨닫고 K-806/808 장갑차에 K-4, K-6기관총 이상의 무장을 탑재하지 않았다. 만약 K-808 이상의 화력이 필요한 상황이라면, 그것은 충분한 장갑과 무장을 갖춘 K-21 중무장 보병전투차나 K-2 전차가 해야 할 일이기 때문이다. 대한민국은 적을 상대하기에 충분한 화력을 갖추면서도 단가를 낮춰서 중국이나 일본은 꿈도 꾸지 못하는 대량생산을 이루어냈다. 전장에 쓰이는 무기체계는 무조건 화력만 강하다고 만능인 것이 아니라, 각 활용 분야에 맞는 적절한 용도의 무기로 쓰여야 진정한 빛을 발할 수 있다.

41

대한민국형 중형항공모함의 필수 장비

불과 5년 전까지만 해도 아무도 상상할 수 없었던 일이 일어났다. 그동안 미국이 극비로 관리하던 항공모함 기술을 동맹국에 공유하기 시작함에 따라, 대한민국이 계획 중인 대한한국형 항공모함 사업[1] CVX의 규모가 커질 수 있다는 관측이 제기되었다. 최근 미국은 프랑스가 PANG급 항공모함에 탑재할 전자식 캐터펄트인 EMALS 수출을 승인한 데 이어 E-2D를 수출했다.

E-2D는 미국 항공모함 전투단의 필수 역할인 조기 경보와 항공 관제 임무를 수행하는 함상형 조기경보통제기이다. 현대 정규 항모를 가르는 기준은 E-2D와 같은 조기경보기 탑재 가능 여부로 갈린다고 할 정도로 E-2D는 꿈의 함재 조기경보통제기다. 그러나 E-2D를 항모에서 운용하기 위해서는 전자식 사출기인 EMALS가 반드시 필요했기 때문에 대한민국이 설령 7만톤 이상의 항모를 만들더라도 그것을 쓰지 못할 것이라는 평가를 받았었다. 그만큼 E-2D는 전략통제물자

1 대한민국 해군과 방위사업청이 추진 중인 경하 배수량 30,000톤, 만재배수량 45,000톤(예상)인 경항공모함의 사업명. 'CV'는 항공모함(Aircraft Carrier)의 영문 약호이며, 'X'는 개발(Experimental) 중임을 뜻하는 기능 문자임. 시작은 독도급 대형수송함을 전력화한 LPX 사업의 후속인 LPX-II(대형수송함-II) 사업이었지만, 2020년 8월에 발표된 국방중기계획에서 경항공모함 확보 계획으로 변경됐고, 2021년 2월 방위사업추진위원회에서 'CVX'라는 사업명이 쓰이기 시작함. 대한민국 해군은 다양한 안보 위협에 신속히 대응하고 도발을 억제하기 위해 F-35B와 같은 수직이착륙전투기(VTOL) 탑재·운용이 가능한 대한민국 국군 최초의 경항공모함을 2022년부터 2033년까지 약 2조 6,000억 원을 투자해 국내에서 건조할 계획임.

E-2D°

에 속할 정도여서 미국의 혈맹에게도 잘 판매하지 않았던 기체였다. 그런데 이번 프랑스 수출로 인해 상황이 급변했다.

미국이 수출을 꺼리던 EMALS를 동맹국에 판매한 전례가 생긴 만큼 미국의 최우방 중 하나인 대한민국 역시 EMALS와 E-2D를 구매할 수 있다는 희망이 생겼다. 하지만 E-2D 함재기 운용을 위해서는 결정적인 전제가 필요한데, 그것은 반드시 항공모함의 크기를 키워야 한다는 것이다. E-2D는 일반 함재기보다 체급이 커서 경항공모함에서는 운용할 수 없고, 7만 톤 이상의 중형 항공모함에서는 EMALS의 도입이 필수적이다. 또 다른 문제는 E-2D를 도입하면 KF-21 등을 통해 항공기 국산화를 이루고 있는 대한민국이 다시 외국산 비행기에 의존하게 된다는 것과, 결함 논란으로 대한민국을 떠들썩하게 한 록히드마틴사의 F-35A나 5조 원이 넘는 개량 비용으로 국민들을 분노케 한 보잉사의 F-15K처럼 차후 어떤 문제가 생길지 예상할 수 없다는 우려이다.

E-2D가 생각보다 문제가 많을 경우 큰마음 먹고 건조한 대한민국의 중형항모

° 출처 ©US Navy

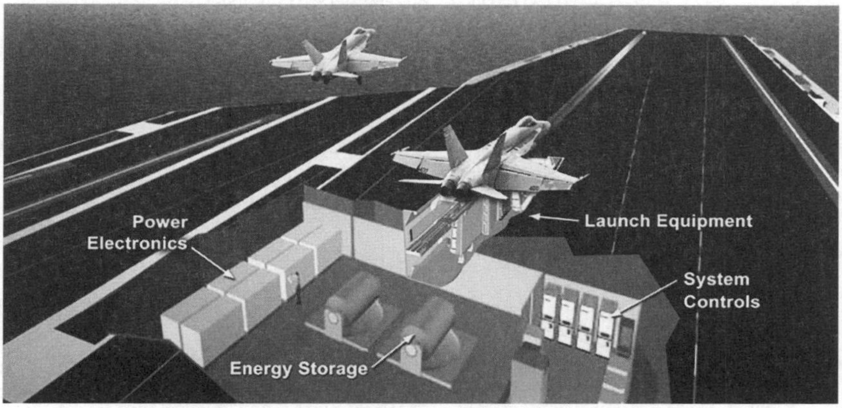

EMALS 작동방식°

가 쓸모없어질 수 있다. 이에 항공모함 건조에 신중을 기해야 한다는 목소리도 상당하지만, 군 전문가들은 중형항모에 EMALS와 E-2D를 함께 도입한다면 어쨌든 추진하는 것이 옳다고 입을 모으고 있다. 그렇게 군 전문가들이 중형항모와 E-2D 도입을 주장하는 데는 그럴 만한 이유가 있으므로, 대한민국 중형항모 도입 사업이 성공하기 위해 반드시 필요한 핵심 무기 체계에 대해 상세하게 알아보기로 한다.

세계적인 군사 전문지 Naval news는 기사를 통해 2020년 11월 4일 E-2D 3대의 인수가 승인되었다고 대서특필했다. 프랑스가 구입한 E-2D 조기경보기는 2030년 란 비우에Lann-Bihoué 해군 항공기지에 도착해 샤를 드골 급 항공모함의 E-2C를 대체할 것이라고 보도했다. 사실 미 의회는 이미 2020년 7월에 프랑스에 대한 최신 레이더 수출을 승인했다. 프랑스에 E-2D가 수출됐다는 것이 놀랄 만한 소식이 아님에도 불구하고 많은 이들이 관심을 보이는 이유는 E-2D가 가진 가치 때문이다.

° 출처 ©Navalpost

사실 E-2 조기경보기는 1961년에 최초 생산되었고 1964년 배치된 이듬해에는 베트남전에 참전했을 정도로 오래된 장비이다. 최초 설계부터 레이더 운용을 전제로 한 해상 감시 체계로 개발되었기에 60년이 지난 지금까지도 대체제가 없는 명품 기체이다. 뿐만 아니라 이번에 프랑스에 수출된 E-2D형은 협동교전능력인 CEC의 핵심체계이다. 그 가운데 가장 중요한 기능은 전장 상황을 공유해서 원거리에서 무기를 통제하는 NIFC-CA 능력이다.

NIFC-CANaval Integrated Fire Control-Counter Air는 함선에 장착된 센서가 탐지하지 못하는 적의 미사일을 요격하며, 교전 능력을 수평선 너머로 확장하는 체계이다. 즉 해군의 함대가 보유한 강력한 공격 미사일을 공중에 떠 있는 아군의 항공기가 제어해서 해당 미사일이 가지고 있는 본연의 최대 사정거리를 사용하게 만듦으로써 해군이 해상에서 볼 수 없는 레이더 범위 밖의 적까지 섬멸하게 된다. 그러한 기능 덕에 미사일 때문에 쓸모가 없어질 것이라던 항공모함의 중요성이 다시금 부각된 것이다.

1990년대 걸프전을 전후로 정밀유도무기 PGMPrecision-Guided Munition의 강력함이 알려지고 대함탄도탄 ASBM이나 초음속 대함미사일 같은 무기들이 만들어지면서 항공모함은 적의 공격에 대응할 수 없는 거대한 표적 덩어리에 불과하다는 평가를 받기 시작했다. 게다가 미국과 소련이 미사일 경쟁을 시작하면서 미사일을 감시하기 위한 감시 정찰 체계가 크게 발달하였다. 그 때문에 덩치만 크고 속도는 느린 항공모함은 떠다니는 강철깡통이라는 인식이 더 강해졌다.

그런 평가와 달리 시간이 지날수록 현대전에서 항공모함의 중요성은 커지고 있다. 그 중심에 미국의 항모 타격단CSG이 있다. 현재 미국은 항모 타격단에 E-2D의 조기 경보 능력과 F-35의 타격 능력을 결합한 강력한 네트워크를 구축한 결과, 항모 전단에 소속된 함정들을 네트워크로 연동시켜서 항공모함 전단의 즉응성과 치명성, 기동성을 극적으로 향상시켰다. 먼저 E-2D가 항모 전단이 들키지 않는 원거리에서 초계비행을 실시하면서 적 항공기나 수상함을 먼저 탐지한 후

E-2D가 획득한 정보는 즉시 데이터링크를 통해서 함대 본부로 전송된다. 함대는 E-2D로부터 수신한 정보를 바탕으로 작전 상황을 파악할 수 있다.

특히 E-2D가 현대전에서 중요해진 이유는 화기 유도 능력이 추가되었기 때문이다. E-2D는 기존과 달리 이지스함과 연동된 CEC 네트워크의 터미널을 이용해서 이지스함의 SM-6 미사일을 원격으로 유도한다. 수상함이 자신의 센서로 목표물을 탐지해야 대응했던 기존과 달리 E-2D의 네트워크 연동을 통해서 기존보다 훨씬 넓은 지역을 유도하게 된 것뿐만 아니라, 수상함의 레이더로 탐지가 불가능한 수평선 너머의 표적도 E-2D와의 연동을 통해 함대에 접근하기 전에 요격할 수 있다. 그래서 항모 전단은 협동교전능력인 CEC로 인해 주목받으면서 현대전의 핵심 전력으로 부상하게 되었고, E-2D 조기경보기는 초수평선 작전OTH과 NIFC-CA의 핵심 전력이 된 것이다.

미국은 NIFC-CA 능력을 보유하면서 항모 전단이 매우 강력해졌다. 중국과 같이 자국 영토를 낀 상태에서 A2/AD 전략을 통해 국토를 방어하는 것이 아니라면 항모 전단은 사실상 무적의 존재가 되었다. 그렇게 E-2D는 항공모함을 구닥다리 수송선에서 현대전의 핵심 전력으로 부상시키는 중요한 역할을 했으며, 항공모함을 운용하는 국가라면 누구나 원하는 함재기가 된 것이다. 따라서 미국이 E-2D를 프랑스에 수출하는 상황에서 대한민국이 해군의 작전 능력 향상을 위해 E-2D를 도입하는 것은 나쁜 선택이 아니다.

하지만 대한민국 해군이 E-2D를 도입하기 위해서는 넘어서야 하는 치명적인 문제는 항모의 크기와 개량 비용이다. E-2D는 처음부터 함재기용을 상정하고 개발해서 조기경보기 중에서는 체격이 상당히 작은 편이다. 하지만 캐터펄트의 도움을 받지 않으면 이륙할 수 없기에 캐터펄트가 탑재되지 않은 경항공모함에서는 E-2D를 운용할 수 없고, E-2D 운용을 위해서는 EMALS를 탑재한 7만 톤 이상의 중형 항공모함이 필요하다.

그 근거가 되는 대표적인 사례가 바로 일본의 이즈모급 다용도 운용모함이

이즈모함○

다. 이즈모급은 헬리콥터 모함을 경항공모함으로 개수한 함선으로, 헬리콥터와 F-35B 수직이착륙기를 탑재할 수 있는 항공모함이다. 일본은 해군 전투력 강화를 위해 E-2D 9대를 도입했지만, 이즈모급은 캐터펄트가 탑재되지 않은 경항공모함이기 때문에 해상자위대의 E-2D를 지상에서 발진해 사용하였다.

지상기지에서 사용하면 도서를 방어하지만, E-2D의 항속거리가 짧아서 난세이 제도에서는 작전을 할 수 없기 때문에 일본에서 E-2D는 애매한 위치가 되어버렸다. 일본 내에서는 이즈모급 대신 E-2D를 쓸 수 있는 중형 항공모함을 만들라는 여론이 형성되었고, 그 대안으로 육상용 레이더 SPY-7을 사용하는 육상 이지스 레이더 이지스 어쇼어를 도입하려 했지만 예산 문제로 무산되고 말았다. 이는 일본의 근시안적인 계획이 부른 참사였다.

일본의 경우를 타산지석으로 삼아 대한민국은 중형 항공모함 건조에 필요한 요소들을 하나씩 갖추어가고 있는 상황이다. 우선 중형 항공모함의 추진 체계는 두 가지 중 하나가 될 것으로 보인다. 우선 KDDX에 탑재 예정인 함정용 통합전

○ 출처 ©防衛省·自衛隊ホームページ

기추진IFEP을 국산화한 IEP와 SMR 소형 원자로의 탑재가 가능하다. 즉 핵 엔진 추진 체계나 항공모함의 상황에 맞는 추진 체계를 선택한다. 풍부한 전력을 바탕으로 차기 함정 배치를 위해 개발한 통합 마스트를 채용해서 레이더의 성능을 최대로 끌어올릴 수 있다.

그뿐만 아니라 미국의 F-35C처럼 함재기로 쓸 수 있는 고성능 미들급 전투기 KF-21 보라매 네이비 개발을 추진하고 있다.

하드웨어뿐만 아니라 전장에서 가장 중요한 소프트웨어도 순조롭게 개발되고 있는데, 차세대 데이터링크인 LINK-K와 LINK-16을 통합하는 대한민국형 합동전술 데이터링크 시스템인 JTDLS가 준비되고 있다. 현재의 계획대로 진행된다면 대한민국의 중형 항공모함은 무장에서 함재기까지 순수 국산화가 완료되어 대한민국형 협동교전능력인 K-CEC에 필요한 거의 모든 체계를 갖추게 된다.

하지만 단 하나 모자라는 것이 바로 E-2D와 같은 해상플랫폼이다. 현재 대한민국의 기술이라면 E-2D급 고성능 함재형 조기경보기를 충분히 만들 수 있으며, 이미 세계 최고 수준인 AESA 레이더를 개발해서 활용한다면 E-2D를 뛰어넘지는 못하더라도 그에 준하는 성능의 조기경보 통제기를 확보할 수 있다. KAIKorea Aerospace Industries, Ltd.는 현재 수송 중량 25톤급의 전술급 수송기 개발을 추진 중인데, 그 계획이 무사히 성공한다면 다음 사업은 항공모함 이착륙이 가능한 소형 항공기 개발이다. 거기에 국산 AESA 레이더를 싣는다면 그것이 바로 대한민국형 E-2D가 된다. 문제는 소량 생산으로 인한 단가 상승이겠지만 K-CEC의 효용성을 생각한다면 충분히 시도할 만한 일이다.

결론적으로 대한민국형 중형항모에 반드시 필요한 EMALS만 장착이 된다면 국산 E-2D 조기경보기나 KF-21 네이비의 개발도 결코 꿈이 아니게 된다. 그 모든 것이 완료된다면 대한민국 해군은 세계 최강 항모전단으로 평가받는 미국의 항모전단 구성을 모두 국산 기술로 만든 무기체계로 구현하는 것이 가능해진다.

42

동북아시아 대전對戰 가상假像 시나리오

북한이 핵미사일을 다시 보유하겠다고 선언함에 따라 한반도의 긴장이 다시 고조되고 있다. 그에 따라 전 세계의 군사 전문가들은 우크라이나에 이어 아시아에서 또 다른 전쟁이 일어날 수 있다며 대한민국의 상황에 주목하고 있다. 많은 군사 전문가들이 한반도에서 벌어질 전쟁 시나리오를 예측 중인데, 그중 흥미로운 가상 시나리오가 있어서 세간의 이목이 집중되고 있다.

그것은 한반도에서 벌어질 대한민국과 중국 간의 포병 대결이다. 김정은의 건강 악화로 인해 북한 정권이 무너졌을 때 한·중의 군대가 충돌하면 공중전만큼이나 치열한 결전이 벌어진다는 것이 가상 시나리오의 핵심이다. 전차와 자주포를 이용해 신속히 북한 지역을 장악하려는 중국 인민해방군과 대한민국 군의 K-9자주포가 정면충돌할 수 있다. 세계를 휩쓸고 있는 대한민국의 자주포와 중국의 자주포가 대결한다면 과연 어떤 일이 벌어질지 한반도에서 벌어질 수 있는 가상 포병대전을 예측해 보고자 한다.

지난 1월 20일, 북한 조선중앙통신은 김정은이 핵미사일과 ICBM 모라토리움Moratorium을 폐기할 것이라는 내용의 보도를 내놓았다. 그로 인해 한반도의 안보

북한의 탄도 미사일°

상황이 다시 경색되었으며 전문가들은 김정은이 그런 발언을 한 이유가 미국의 관심을 끌기 위한 것이라고 예상했다. 코로나 장기화와 경제난에 시달리고 있는 인민들의 분노를 핵을 통해 자긍심으로 전환하고, 과거 김정일이 그랬듯이 외부의 위협인 미국을 협상 테이블로 끌어들여 지원을 받아내려는 의도라는 것이다. 하지만 전문가들은 핵실험을 통한 북한의 체제 유지도 한계를 맞는 상황이라고 분석했다. 코로나19로 인한 역대급 경제난이 끝없이 이어지면서 김정은의 실정에 인민들의 인내심이 한계에 달했다는 것이다.

한국은행 통계에 따르면 북한은 고난의 행군 시기인 1994년부터 2011년까지 연평균 3.86%의 경제성장률을 기록했다. 그에 비해 김정은 정권이 들어선 이후 10년 동안 북한의 연평균 경제성장률은 0.84%로 급락했다. 집권 직전의 화폐개혁 실패와 3자제재[1]三者制裁(Secondary Boycott) 등의 악재가 있더라도 그것은 심각

1 한 국가의 제재 대상 국가와 거래하는 제3국의 기업과 은행, 정부 등에 대해서도 제재를 가하는 것. 대한민국에서는 1997년 외환위기 이전까지는 '3자제재'라는 표현을 썼지만, 2010년대 들어서는 영어 표현인 'Secondary Boycott'이라는 표현을 쓰고 있음. 제재 국가의 정상적인 경제 활동과 관련하여 거래하는 제3국의 정부, 기업이나 금융기관까지 제재하는 것을 말함. '2차 보이콧, 2차 제재'라고도 하는데, 전통적인 의미에서 1차 보이콧(primary boycott)은 노동자나 노동조합이 쟁의의 대상이 된 회사 제품의

ㅇ 출처 ©Stefan Krasowski

한 수준이다. 현재 북한의 체제는 김정은이 백두혈통의 정당한 계승자라는 명분 하나로 유지되었으며, 김정은 유고有故 시 북한 정권은 순식간에 무너지면서 대혼란이 찾아올 수밖에 없다. 북한 정권이 붕괴하면 한반도의 적법한 정부인 대한민국이 한반도 북부를 통제해야 하는 것은 당연한 수순이겠지만, 그에 반기를 드는 세력이 북한의 보호자를 자칭하고 있는 중국이다.

중국은 2021년 북한에 식량과 비료를 지원했고 최근에는 UN의 대북 제재안을 거절하는 등 북한을 옹호하는 척하면서 자신들의 영향력 안으로 북한을 끌어들였다. 그렇게 중국이 북한에 신경을 쓰는 이유는 북한을 흡수하기 위함인데, 최근에는 만리장성이 평양까지 이어진다는 등의 괴상한 역사 조작까지 일삼고 있다. 심지어 지난 2월 4일에 열린 베이징 동계올림픽 개막식에서는 한복을 중국 전통 복장이라고 강조했다. 그에 따라 북한 붕괴 이후 한반도 이북에 괴뢰정권을 수립하려는 중국과 대한민국 간의 혈투가 예고되고 있다.

대한민국 국방부는 국방개혁 2.0을 통해 2025년까지 전방 사단을 전면 개편하는 중이며, 지난 수십 년 동안 이어졌던 대한민국의 주적관主敵觀을 바꾸었다. 과거의 대한민국은 북한만을 주적으로 두고 방어로 일관하던 수동적인 군사 조직이었지만, 이제는 우리 국토를 위협하는 모든 대상을 주적으로 바꾸었다. 즉 잠재적 적성국인 중국과 우리 영토인 독도를 침범하는 일본을 포함한 동북아시아 전체를 염두에 둔 능동적 군 조직으로 개편했다. 이를 위해 사단의 예하 부대인 연대를 여단급으로 개편하면서 작전 종심[2]縱深을 늘렸다. 늘어난 종심을 보강하기 위해 전투지원중대를 105mm 포병대로 개편하고 그 규모를 3개 대대에서 5개 대대로 확장했다.

그중에서 특히 눈여겨볼 점은 포병 전력의 강화이다. 사단 예하 포병여단과 군

불매를 주장하는 것을 지칭하며, 2차 보이콧(secondary boycott)은 1차 보이콧의 대상이 된 회사와의 거래를 중단할 것을 다른 회사에 요구하는 운동을 말함. 한국이 대중국 위협이라는 거대한 안보 위기에도 불구하고 핵 개발을 하지 못하는 이유이기도 함.

2 앞뒤로 늘어선 대형·진지·방어 지대 따위의 전방에서 후방까지의 거리

K-9 자주포°

단 포병여단이 K55A1 자주포와 K-9 자주포로 일원화되면서 포병의 기동성과 즉응성이 대폭 향상된 것이다. 뿐만 아니라 사격 임무 부여 시 은폐 진지에서 사격 진지로 이동해서 표적에 사격 수행 즉시 이탈하는 포병 전술인 Shoot&Scoot을 제대로 구현하였다. 현대전은 포격 임무 수신 즉시 사격 진지로 이동해서 사격 수행 즉시 이탈해야 해서 빠른 방열이 중요하다. K55A1과 K-9은 사격 임무 부여 시 70초 이내에 신속히 방열한 후 사격 임무가 가능하므로 신속한 사격과 진지 이탈이 가능하다.

하지만 중국의 방사포 전력이 막강하기 때문에 자주포만으로는 중국과의 교전에서 우세를 달성할 수 없다. 중국은 사거리 400km의 방사포를 보유하고 있어 원거리에서 대한민국 포병에게 피해를 줄 가능성이 매우 높다. 현재 국방부가 도입을 시작한 K-239 천무[3]를 개량해 사거리를 증가시키는 것도 중국의 방사포 전

3 대한민국에서 K-136 다연장로켓 구룡의 대체 목적으로 개발된 차세대 군단급 다연장로켓. 제식 명칭은 K-239, 발사차는 K239L, 탄약운반차는 K239T. '천무天舞'는 2011년 국민 공모를 통해 붙여진 명칭으로, '다연장로켓으로 하늘을 뒤덮는다'라는 뜻임. 2009년 6월부터 1,300억 원의 개발비로 사업이 시작되어 2013년에 개발이 완료되고 2015년부터 실전 배치됨. 기존 군단급 화력 체계인 구룡보다 사거리, 화력, 정확도가 비약적으로 상승하여 군단급 정찰 무인기와 더불어 군단 작전반경을 획기적으로 늘린 체계로 평가됨. 단차 가격은 탄약 제외 약 30억 원 내외이며, 차량·발사대 플랫폼보다 탄약 체계가 압도적으로 비쌈.

° 출처 ©권순삼

력에 맞서기 위한 대비책이라고 전문가들은 분석한다.

그렇다면 과연 한반도 내에서 인민해방군과 대한민국 군이 충돌했을 때 벌어질 포병전은 어떤 구도로 흘러갈까? 군사 전문가들이 예측한 한반도 내에서의 포격전 가상 시나리오는 상당히 구체적이고 세밀하다. 다음은 그 가상 시나리오이다.

2030년 새해, 북한의 심상치 않은 분위기로 한반도에 전쟁의 먹구름이 드리운다. 북한의 절대 지도자 김정은이 자신의 생일을 맞아 영변 핵시설을 순시하고 돌아오는 열차에서 심근경색으로 47세의 일기를 마감한다. 이에 당황한 북한 지도부는 서둘러 김여정을 당중앙위 제1 비서이자 당중앙군사위원장으로 임명한 뒤 김정은의 첫째 아들을 당중앙위원회 부위원장으로 임명해 본격적인 정권 승계를 준비하며 체제 안정을 도모한다. 하지만 갑작스런 정권 승계에 잡음이 발생하기 시작하는데, 이제 막 스무 살이 된 차기 지도자에게 불복하는 세력이 평양에 머물던 김일성의 차남인 김정철을 납치한 후 그를 차기 지도자로 지목하며 반란을 일으킨 것이다.

중국은 그 소식을 듣자마자 동북 3성의 병력을 출동 대기 상태로 전환하는 한편 친중파들을 반란 세력에 합류시켜 북한 정권의 괴뢰화傀儡化를 추진한다. 그 결과 평양 시내 개선문과 제1 인민병원 인근 승리거리에서 호위총국과 친중파 반란군 간의 교전이 벌어진다. 상황이 그렇게 되자 중국은 친중파의 평양 점령을 돕기 위해 단둥, 훈춘, 통화에 주둔 중이던 인민해방군을 진격시킨다. 그들의 목표는 빠르게 순안공항-평양 루트를 확보해 대한민국군보다 먼저 평양을 장악하는 것이다. 원래라면 북한군의 저항을 뚫어야 하는 대한민국군보다 훨씬 빨리 평양에 도착해야 하지만 예상치 못한 사건에 상황이 급변한다.

중국에게는 제거 대상 1순위지만 대한민국에게서는 자신의 생존권과 재산권을 보장받을 수 있다고 본 김여정과 김정은의 첫째가 대한민국에 지원을 요청한

KUH-1 "수리온"○

것이다. 김여정은 북한의 제105 탱크사단에게 평양을 수호할 것을 명령하는 한편, 전연군단에 대한민국군과 대적하지 말고 길을 터줄 것을 지시한다. 대한민국 7기동군단을 주축으로 한 한미 연합군은 북한의 전연군단의 방해 없이 빠르게 북상하기 시작한다.

대한민국 공군 역시 주한 미공군과 연계해 제공권 확보에 성공하는데, 이어서 순안과 박천, 안주로 제2신속대응사단과 공수부대가 급파된다. C-130에서 공수강하에 성공한 특전사부대의 후방으로 KUH-1 수리온과 UH-60 블랙호크에 분승한 신속대응사단 장병이 투입되고, CH-47 등 대형헬기를 통해 신형공수장갑차가 배치되기 시작한다. 이어서 신형 대전차로켓 현궁이 장병들에게 분배되고 K-15, K-16 기관총과 K-4 고속유탄발사기가 도로 곳곳에 설치됨에 따라 박천과 안주는 순식간에 대한민국군의 진지가 된다.

대한민국군이 투입되기 전 단둥에서 출발한 중국의 기갑여단들은 혼란에 빠진 북한 국경수비대을 손쉽게 무너뜨리고 단 6시간 만에 대령강 하류의 서안까지

○ 출처 ©KAI

진출했지만, 대한민국 군이 박천을 점령했다는 사실을 모르고 박천 시가지 내로 진입했다가 낭패를 본다. 갑작스러운 대한민국군의 현궁 세례에 다리 위의 전차와 차량이 폭파되고 길이 막힌 중국의 선봉이 신형 대전차로켓과 중화기 공세에 순식간에 괴멸되면서 중국 기갑부대는 대령강을 넘지 못하고 기세가 꺾인다.

반면 중국보다 평양에 먼저 도착한 대한민국 7기동군단의 K-2 전차들은 천마호 등의 구식 무기로 무장한 친중파 반군을 순식간에 제압한다. 친중파 반군의 전차들은 K-2 전차를 격파하기는커녕 쫓아가기도 어려울 정도의 극심한 전력 차를 보인다. 그 때문에 북한 친중 기갑전력들은 대한민국 K-2 전차와 함께 빠르게 기동하는 K-21 보병전투차에 측면을 내주며 허무하게 제압되고 만다. 그렇게 대한민국군이 평양에 진격한 지 2시간 만에 주요 거점들을 장악함에 따라 평양 시내의 전세가 순식간에 대한민국과 김정은 충성파 세력의 우위로 역전된다.

다급해진 중국은 대령강 하구에서 도하작전을 수행하는 한편 박천과 안주를 점령하기 위해 포병과 전술탄도미사일을 그 일대에 집결시키고 사격을 감행한다. 중국의 파상 공세에 대한민국군은 큰 타격을 입고 박천을 잃는다. 대한민국군의 선발대인 7기동군단은 북한에 남아있는 잔여 친중 세력을 괴멸시키고 남하하는 중국을 저지하기 위해 북으로 빠르게 진격했기 때문이다. 중국이 펼치는 방사포의 파상 공세를 막을 방법이 없었지만, 사전에 중국과 이어지는 박천의 다리를 폭파했기 때문에 신안주와 안주를 사수하는 데 성공한다.

그렇게 7기동군단이 시간을 벌어준 사이 대한민국 공병대는 간이비행장을 완공하고, 비행장에 착륙한 C-130에서 나온 K-806, K-808 차륜형 장갑차와 120mm 자주박격포로 인해 전력이 증강되자 인민해방군의 진격은 다시 한번 저지된다. 이에 중국은 한미연합공군과 공격헬기들을 지대공 미사일로 견제하면서 집단군 포병을 모두 집결시킨다. 그러자 불과 2개 사단이 지키고 있는 안주를 수백 문의 122mm, 152mm 자주포가 집중포격하면서 최대 사거리가 12km에 불과

RQ-4 "Global Hawk"°

한 120mm 자주박격포가 큰 타격을 입게 된다. 결국 국군은 안주시의 사수를 포기하고 전선을 청천강 이남의 숙천군 일대로 물린다. 이에 득의양양해진 인민해방군이 대한민국군을 맹추격한다.

같은 시각, 대령강과 청천강으로 이어지는 장간교가 건설되면서 인민해방군의 도로 적체가 풀리자 수백 대의 중국 99식 전차가 청천강을 넘어 평양으로 진격하기 시작한다. 하지만 얼마 지나지 않아 중국은 이 결정을 후회하는데, 대한민국의 7기동군단 직할의 K9A2 자주포가 숙천 이남에 위치한 순안공항에 방열한 후 일제 사격을 시작했기 때문이다. 이로써 대한민국과 중국, 두 나라 간 전쟁의 서막은 시작된다.

전쟁 3일차. 북한에 급변 사태가 발생하면서 한반도 북부를 장악하기 위한 대한민국과 중국의 대결이 새로운 국면에 접어든다. 청천강 방어선을 돌파한 중국이 평양 진입을 위해 숙천으로 주력 기갑부대를 투입한 것이다. 주력 전력은 랴오닝에 주둔하던 79 집단군 산하의 중형重型합성여단으로, 이는 미국의 여단 전투

° 출처 ©U.S. Air Force Bobbi Zapka

단 BCT에 해당하는 중국의 신형 편제인데 중형 합성여단은 대한민국의 기계화 여단에 해당하며 1개 여단이 112대의 전차와 112대의 보병전투차, 155mm 자주포 36문 등으로 구성된 막강한 전력이다.

그러나 이들의 기세는 박천과 안주를 거치면서 대한민국 군의 화력에 기세가 크게 꺾였다. 숙천 이북의 평야 지대는 숨을 곳이 전혀 없어서 이들의 일거수일투족은 대한민국군의 RF-16, RQ-4 글로벌호크, 중고도 무인기 MUAV, 군단급 무인기 등에 실시간으로 파악되고 만다. 얼마 지나지 않아 순안공항에 2개 포병여단 규모로 집결한 K9A2 100여 문이 BTCSBattalion Tactical Command System로 송신 받은 좌표로 일제히 포격을 시작한다. 그렇게 발사된 포탄은 중국 인민해방군이 집결한 지역에 떨어진다. K9A2는 내마모성 코팅과 연식주퇴기술을 적용해 작전 속도가 50% 이상 빨라져서 분당 10발의 포탄이 발사되므로 100대 기준 1분에 1,000발이 퍼부어지고 그 이후로도 분당 500발이 넘는 포격이 지속된다.

시간당 30,000발이 넘는 포탄이 인민해방군을 강타하면서 막대한 포격에 심각한 타격을 입은 중국은 잔존 병력을 추려 전열을 가다듬는다. 중국은 최대사거리 72km의 RAP탄을 발사할 수 있는 155mm 자주포 PCL-181이 K9A2가 위치한 순안공항으로 반격을 가한다. 분당 최대 발사속도가 K9A2의 절반에 불구하고 정확도 역시 떨어짐에도 수적 우세에 있다 보니 전방에 위치한 K9A2가 격파되지만 대한민국 군의 인명 피해는 전혀 없다. 그 이유는 K9A2을 방열한 장병들이 원격운용기능을 활용해 안전한 장소에서 자주포를 조종하기 때문이다. 아무런 인명 피해를 입지 않은 포병들은 후방에서 새 자주포를 수령하는 즉시 바로 전장에 재투입된다.

새로 투입된 K-9자주포는 58구경장 초장포신을 탑재했는데, 이것이 바로 K9A3이다. K9A3는 기존 52구경장 자주포의 최대 사거리인 40km를 아득히 뛰어넘는 70km 이상의 사거리로 적 자주포 포대에 대포병 작전을 실시한다. AESA 레이더가 탑재되어 탐지거리가 70km에 달하는 국산 대포병레이더 TPQ-74K의 정확한 좌표 제공 덕에 핀포인트 저격이 이루어진 결과, 인민해방군 포병대는 급속도로 와해한다.

다급해진 중국은 K-9을 타격하기 위해 122mm 자주포 PCL-171을 전진 배치하면서 수적 우위로 대한민국 군을 압박하지만, 무리하게 접근을 시도한 중국 포병은 대한민국 군의 K55A1과 120mm 자주박격포, 105mm 차륜형 곡사포의 사거리 안으로 들어오면서 오히려 대한민국 포병에게 큰 타격을 입고 물러난다. 평양 점령의 상황이 갈수록 나빠지자 중국 지도부는 북부전구 사령관에게 경고를 보내는데, 궁지에 몰린 북부전구 사령관은 후방의 목표를 타격하던 SRBM 부대의 PCL-191 다연장로켓을 숙천-순안의 대한민국 포병에게 겨눈다. 하지만 370mm 로켓 8발 또는 750mm 전술 지대지 탄도탄 2발을 발사할 수 있는 PCL-191의 움직임이 대한민국 군단급 무인기에 고스란히 관측되면서 대한민국군 역시 신속하게 전력을 재배치한다.

중국의 다연장로켓에 대응해 400mm급 로켓을 장비한 천무2와 지대지유도탄 KTSSM을 장비한 천무가 대포병 사격을 실시하면서 후방에 대기하던 유도탄사령부 소속 현무-2 포대들 역시 적 미사일 포대를 타격하기 시작한다. 중국이 자신하던 수적 우위는 대한민국 군이 쏟아붓는 화력 우위에 완전히 상쇄된다. 반나절에 걸친 포격전이 끝나자 북부전구 소속의 포병 전력은 완전히 무너진다.

제공권을 잡은 대한민국 공군이 북부전구 지상군의 방공망 제거에 성공하면서 본격적으로 근접항공지원과 공격헬기들의 공세가 시작된다. FA-50과 KF-16, KF-21보라매 블록 1이 유도폭탄을 퍼붓고, 국산 경공격헬기 LAH와 AH-64E 아파치로 구성된 300여 대의 공격헬기가 수천 발의 대전차 미사일을 난사한다. 이 가공할 공세에 전방에서 숙천을 노리던 인민해방군의 중형 합성여단은 후퇴할 겨를도 없이 전멸한다. 평양을 타격하려던 북부전구의 주력이 완전히 궤멸하자 중국은 전략을 변경한다. 중국은 평양을 중심으로 한 서부전선에서 청천강, 압록강 등의 지리를 이용해 지연전을 펼치면서 함경도를 장악해 북극항로를 확보하려는

04식 보병전투차°

시도를 하는데, 청진과 나진을 점령하고 장진호 등지의 함흥 이북에서 대기하던 78 집단군이 함흥평야를 장악하기 위해 함흥 이남으로 진격한다.

첫 타겟은 함흥에 주둔한 일본의 수륙기동단이다. 이번 제2차 한국전쟁에 참전해 이득을 얻고 싶던 일본은 전쟁 발발 4일차에 미일 동맹을 명분으로 함흥에 기습상륙을 감행한다. 세계 최대 규모의 소해[4]掃海 전력을 가진 일본에게 북한의 기뢰는 아무런 방해가 되지 않았고, 3호위대군의 호위를 받는 1개 연대 규모의 수륙기동단이 함흥을 장악하는 데 성공한다. 그렇게 상륙에 성공하자 일본은 함흥을 통해 전후 발언권을 얻을 환상에 젖어 추가 파병을 진행한다. 일본의 환상은 갑작스럽게 쏟아져 내려온 중국의 78집단군에 의해 무참히 짓밟힌다.

중국의 PCL-171, PCL-181 자주포 및 08식, 09식 자주포의 122mm 포탄이 함흥의 일본군을 강타한다. 이에 놀란 일본은 급하게 JTPS-P16 대포병 레이더를 가동해 중국 포병을 추적한다. 그러나 최대 탐지거리가 40km에 불과한 일본의 대

---
4 안전한 항해를 위해 바다에 부설한 기뢰 따위의 위험물을 치워 없애는 일.

○ 출처 ©Tyg728

포병 레이더로는 RAP과 고폭탄을 쉴 새 없이 쏟아붓는 PCL-181을 탐지할 수 없고, 그 결과 대포병 사격을 하던 일본의 99식 자주포는 전멸하고 일본의 수륙기동단은 압도적인 중국의 포병 전력에 전멸하고 만다.

한반도에 상륙한 일본 육자대의 마지막 부대가 완전히 소멸하면서 교전이 시작된 지 하루도 되지 않아 일본은 제2차 한국전쟁에서 퇴장한다. 일본군 격퇴에 성공하자 중국은 다시 자신감을 회복하고 함흥평야를 완전히 장악하기 위해 빠르게 움직인다. 중국의 08식 장갑차와 04식 보병전투차가 함흥평야를 내달리는데, 그들의 머리 위로 포탄이 쏟아진다. 전쟁 2일차에 충성파가 주둔한 원산에 무혈상륙한 후 평양과 연결작전을 수행하던 대한민국 해병 1사단 소속 K-9 포대가 문천 이북에 위치한 금야읍 인근에서 고지를 장악한 관측반의 도움을 받아 중공군을 공격한 것이다.

함흥 점령으로 기세등등하던 중국의 기갑부대는 기습공격에 순식간에 와해하고, 밤이 되자마자 중공군의 틈새로 기존의 K-1, K1A1 전차보다 뛰어난 열상 및 사통장비를 장착한 대한민국 군의 개량전차 K1A2/A3가 진격한다. 낮 동안 이어진 K-9 포대의 포격에 의해 탐조등과 열상장비가 파손된 중국군을 유린하고 서부전선에서 중국의 기갑부대를 쓸어버린 300대의 한미연합 공격헬기 부대가 함흥평야로 기수를 돌려 대한민국 해병대를 원호援護하기 시작한다.

눈덩이처럼 늘어나는 피해를 감당하지 못한 중국군은 함흥시로 퇴각해 대한민국군을 저지하려 하지만, 얼마 못 가서 함흥도 포기할 수밖에 없어진다. 동해상에 전개한 대한민국 해군 1함대의 인천급, 대구급, FFX-3가 해룡 전술 함대지미사일 수십 발을 쏘면서 함흥에 주둔한 인민해방군의 지휘부를 요격한 데다가 시가전 키트로 중무장한 K1E2를 앞세운 대한민국 육군이 시내로 돌입했기 때문이다.

중국군은 함흥 이북의 산간지대에서 대한민국 군을 상대로 유격전을 실시하지만 이 역시 결국 실패한다. 보병용 소총 드론을 비롯해 각종 사단급, 군단급 무인기로 정찰자산을 강화한 대한민국 군의 감시망에 중공군의 움직임이 고스란히 노출되고 산악전을 전문으로 하는 제1 산악여단이 함흥평야에 투입되기 때문이다. 대한민국 최정예 중 하나인 전문대항군 여단이 제2 산악여단으로 개편되어 제1 산악여단과 함께 함흥 이북 산악으로 진입한다.

미군식으로 전력을 강화하면서 산악전력이 약화된 중국 인민해방군은 대한민국 산악여단에 순식간에 밀리게 된다. 영하 30~40도를 넘나드는 1월의 한파 속에서 얼어붙은 장진호까지 밀려난 중국 78 집단군의 합성여단들은 한미 연합공군의 맹폭과 해병소속 K-9의 공세에 쓰러지고, 공격헬기들의 로켓 세례에 두껍게 얼어있던 장진호의 얼음이 깨지면서 필사적으로 후퇴하던 잔여 부대마저 장진호에 수장된다.

그 무렵 평양 역시 충성파와 대한민국 군에 의해 완전히 안정화된다. 국군의 도움으로 안정을 되찾은 북한 정권은 전후 안전과 재산 보장을 담보로 중국에 전쟁을 선포할 것을 대한민국 정부에 제안한다. 전후 안정적인 정권 이양과 순조로운 통치를 원했던 대한민국 정부는 북한 정권의 제안을 받아들이는데, 그에 따라 북한군에게 대한민국군을 보조해 중국에 맞서 싸우라는 지시가 내려진다. 북한군이 전쟁에 참전하자 중국 인민해방군은 그나마 가지고 있던 수적 우위마저 상실한 채 북한의 게릴라에 의해 제압당한다. 모든 전력을 상실한 북부전구는 산둥에서 후방으로 재배치된 80집단군을 중심으로 패잔병을 재편한 후 본토를 수비하기 위해 전면 철수를 결정한다.

후퇴하는 중국군을 추격하던 대한민국 군이 압록강, 두만강에 도달하고 백두산 천지에 깃발을 꽂는 데 성공하면서 마침내 한반도가 완전히 대한민국의 수중에 온전히 들어온다. 반면 중국은 수적 우위를 무기로 한반도를 침공했다가 오히려 주력 육군을 거의 상실하는데, 그 때문에 중국 공산당은 중국 인민들의 대대적인 저항에 직면한다. 그것을 극복하기 위해 시진핑은 핵전쟁이라는 초강수를 두려고 했지만, 중국 군부의 반발과 미국의 위협에 결국 굴복하고 만다.

중국은 대한민국에 사죄하고 북한에서의 이권을 포기한 후 막대한 전쟁 배상금 지불과 연변자치구의 분리독립을 조건으로 대한민국과의 종전 협상을 마무리한다. 그런 결과에 격노한 중국의 소수 민족과 자치구의 폭동이 일어나면서 중국 공산당의 세력은 점차로 위축되는 반면, 대한민국은 중국에게서 받은 배상금과 북한 정부에게서 건네받은 통치자료를 이용해 북한을 빠르게 안정화한다. 한편 일본은 함흥에서의 대패로 인해 대한민국에 도움을 요청하는 신세로 전락하고, 전쟁을 계기로 대한민국과 일본의 전력 차를 통감하면서 대한민국이 다시금 두려운 국가로 인식된다.

43

11사단

일본이 외국인의 입을 빌려 대한민국을 일방적으로 비하하면서 대한민국 국민의 분노가 폭발하고 있다. 지난 2월 3일, 일본의 극우 성향 잡지 슈칸신초週刊新潮는 마크 램지어(John Mark Ramseyer, 1954~)의 기고문을 통해 대한민국을 비난했다. 램지어는 2021년 위안부 사건을 왜곡한 논문을 발표해서 대한민국을 비롯한 전 세계의 비난을 받은 하버드대 로스쿨 교수이다. 당시 국내에서는 세계적으로 명망이 높은 대학에 그런 몰지각한 교수가 있을 수 있느냐는 여론이 들끓었었다.

그의 기고문에 따르면 대한민국의 정치세력이 자신들의 이익을 얻기 위해 국민들을 선동하고 있다지만, 그것은 대한민국의 민주주의 정신을 정면으로 부정하는 망언이라고 할 수 있다. 슈칸신초는 근거 없이 대한민국을 비난하는 발언을 멈추지 않았다. 지난 1월에도 일본의 반도체 사업 쇠퇴 원인은 대한민국이 고급 인력과 기술력을 훔쳐 갔기 때문이라며 일본 쇠퇴의 책임을 대한민국에 전가했다. 일견 상대할 가치도 없어 보이는 발언이지만, 전문가들은 그런 사소한 것들이 모여 군사적 긴장 관계가 형성될 수 있으니 일본의 극단론자들을 유심히 감시해야 한다고 충고한다.

7군단의 부대전술훈련°

실제로 일본 내의 극우세력은 일본 정부의 요직을 차지한 채 일본을 제 마음대로 휘두르고 있다. 최근 자위대가 수륙기동단과 같은 공격 부대를 양성하는 것도 극우세력의 입김이 작용했다고 볼 수 있으며, 그들이 집중하는 것 역시 기갑사단 전력 확충을 통한 자위대 육군력의 강화이다. 육군력을 강화해서 다시 한번 인근 국가를 침략하겠다는 의도이다. 자위대의 기갑사단은 일본 전차 전력의 상당수를 보유하고 있으므로 대한민국 보병사단과 비교해 볼 때 그 전투력은 상당히 위협적이다. 만약 일본의 기갑사단이 대한민국의 보병사단과 격돌한다면 1개의 기갑사단으로 3개의 보병사단을 위협할 수 있을 정도이다. 일각에서는 일본과 대한민국의 육군력 격차가 사라지는 것이 아닌지 우려하고 있다.

하지만 일본의 기갑사단이 아무리 뛰어나더라도 대한민국의 7기동군단에게는 상대조차 되지 않기 때문에 그것은 기우杞憂에 불과하다. 두 나라의 사단 대 사단 간의 대결에서도 대한민국은 절대 우세였다. 대한민국 최고의 기계화 보병사단인 '젓가락 부대' 11사단이 출격한다면 일본 최강인 7기갑사단도 어렵지 않게 제압할 수 있다. 대한민국 기계화 보병 중 최고의 전투력을 자랑하는 11기동사단

° 출처 ©대한민국 국군

에 대해 자세히 알아보면 그 이유를 이해할 수 있다.

대한민국이 개발한 최고의 장갑차 레드백[1]AS21 Redback이 국군에 도입된다. 한화디펜스 측은 4월부터 호주에서 시험 평가를 마치고 복귀하는 레드백 1대를 11기동사단 기갑수색대대에서 시범 운용하겠다고 밝혔다. 전문가들은 11사단이 진행할 레드백의 테스트 결과에 따라 대한민국 군의 레드백 대량 도입 여부가 결정될 것으로 예측한다. 따라서 이번 야전 시험은 매우 중요한 테스트가 될 예정인데, 한화디펜스는 그렇게 중요한 테스트를 무슨 이유로 11사단에 맡긴 것일까. 이에 대해 전문가들은 11사단의 역할과 위치가 레드백을 운용하기에 가장 적합하기 때문이라고 분석한다.

11사단은 동부전선을 책임지는 최고의 역습 부대인 만큼, 훈련 강도가 높고 군기가 세기로 유명하다. 11사단의 군기가 세다고 평가받는 이유는 창설 시기부터 전해지는 11사단만의 전통 때문이다. 11사단은 6.25 전쟁이 한창이던 1950년 8월 27일 경상북도 영천에서 창설되었다. 그 후 동부전선으로 이동해 설악산지구 전투, 건봉산지구 전투에서 혁혁한 전공을 세웠으며, 이후 현재 위치인 홍천으로 내려와 제1야전군사령부의 예비사단 임무를 수행했다. 제1야전군의 예비 전력이자 핵심적 히든카드라는 임무를 달성하기 위해 11사단은 다른 사단보다 엄청난 양의 훈련을 소화했고 엄격한 군기를 유지해왔다. 훈련 때문에 11사단에 가면 다리가 젓가락이 된다고 해서 '젓가락 부대'라는 별명이 붙은 것만 봐도 11사단의 훈련량을 대략 짐작할 수 있다.

일각에서는 11사단을 '육지의 해병대'라고 부른다. 어마어마한 훈련량이 해병대를 연상시킨다는 의미도 있지만 그것은 11사단이 실제로 해병대의 임무를 수행할 뻔한 일화 때문이기도 하다. 1968년 사단 특성화 계획의 일환으로 11사단은 일시적으로 상륙사단 임무를 맡은 적이 있다. 만약 진짜로 상륙사단의 임무를 수행

---

1 AS-21 보병전투차(IFV)는 오스트레일리아 육군용 보병전투차 프로그램Land400 Phase3을 위해 한화에서 K-21 보병전투차를 기반으로 개발한 차량임. 일찌감치 경쟁에서 탈락한 제너럴 다이내믹스의 에이잭스(Ajax), BAE 시스템스의 CV90을 제치고 라인메탈의 링스(Lynx) KF41과 함께 최종 후보에 선정됨. 최종 결과는 2022년에 발표될 예정이며, 선정된 기업이 보병전투차 약 400대를 납품함. 한화는 AS-21에 레드백Redback이라는 이름을 붙였는데, 레드백은 호주의 유명한 독거미인 붉은등과부거미를 뜻한다.

했다면 11사단은 정말로 해병대와 비교되었을지도 모를 일이다. 11사단 출신이라면 예비역들도 모두 인정할 만큼, 11사단의 훈련 강도와 전투력은 막강하다. 11사단의 전력이라면 일본의 최강 기갑사단인 7기갑사단도 제압할 수 있다.

일본 육상자위대의 북부방면대 소속 제7기갑사단은 자위대 전력의 70%가 편성되어 있어서 일본의 핵심 전력이라고 할 수 있다. 7기갑사단의 편제는 3개의 전차연대와 1개의 기계화보병연대, 1개의 포병연대로 이루어져 있다. 기계화보병[2]機械化步兵, Mechanized infantry 위주인 대한민국과 달리 전차연대의 비중이 훨씬 높아서 상당히 강한 전투력을 가진 것으로 예상된다. 만약 7기갑사단이 대한민국군과 격돌한다면 한 번에 세 개의 보병사단을 대상으로 압박을 가할 수 있다. 대한민국과 동일하게 부대를 편성해서 운용한다면 전차 주도의 공격으로 대한민국의 보병사단이 훨씬 불리하다. 하지만 그렇게 강한 7기갑사단도 병력 수와 전투력 면에서 11사단보다는 열세일 수밖에 없다.

일반적인 사단급 병력은 최소 3,000명에서 최대 15,000명까지 다양하지만 일본의 7기갑사단은 약 6,000명으로 대한민국 사단보다 매우 적은 병력이며, 그런 병력 차이는 편제에도 반영되었다. 일반적인 군대의 편제와 다르게 7기갑사단의 전차연대와 보병연대 예하에는 5개 중대만 편제되어서 대한민국보다 양적으로 매우 불리한 실정이다. 심지어 장비의 질적 차이는 더 큰데, 7기갑사단의 주력 장비는 11기동사단보다 성능이 매우 떨어진다. 7기갑사단은 주력 장비로 10식 전차, 89식 기동전투차, 99식 자주포를 운용한다. 이는 대한민국의 K-2 전차, K-21 장갑차, K-9 자주포와 비교될 수 있는 것들이다.

10식 전차는 120mm 활강포와 신속 전개를 상정한 가벼운 설계로 인해 일정

---

2 장갑차를 적극적으로 운용하는 기동 보병 부대로, 장갑보병, 기갑보병, 기갑척탄병 등의 명칭으로도 불림. 국가에 따라 다르지만 보통 기갑 병과로 취급하며, 실제로 본격적인 전차 기갑부대와 연계 활동하는 경우가 많음. 제2차 세계 대전이 벌어지면서 전차가 공세의 주력이 되자 전차를 보조하기 위한 보병들의 기동력이 필요해지면서 각종 차량에 실어 보냈지만, 험지 돌파력이나 방호력이 부족을 노출하자 아예 전용 장갑차에 태워 기갑부대와 함께 이동하게 된 것이 그 시초임.

10식 전차°

수준의 기동성과 화력은 보장할 수 있지만, 주력 전차로 이용할 수준은 아니라는 평가를 받는다. 현재 서방권의 대세인 55구경장이 아닌 44구경장을 사용해서 시가전에서는 우세할 수 있지만 그 외의 상황에서는 K-2에 압도당한다. 가벼운 중량을 확보하기 위해 방호력을 희생한 결과 전면에서도 K-2 전차의 주포를 막아낼 수 없다. 10식 전차와 달리 89식 보병전투차는 K-21을 상대로 약간 우세한 정도이다. 35mm 기관포와 79식 대전차미사일을 탑재해 화력이 높고 압연 강판을 장착해 방어력이 좋지만 비싼 가격으로 인해 일본조차 소수의 전력만 운용하고 있는 실정이다. 반면 K-21은 40mm 기관포에 30mm의 방호력을 가져 일본의 89식 보병전투차와 비슷한 전투력으로 평가받았지만 많은 물량으로 89식을 제압할 수 있다. 실제로 11사단 기계화보병대대의 숫자가 7기갑사단보다 훨씬 많기 때문에 양적 우세를 통해 일본의 89식을 쉽게 제압한다.

99식 자주포는 K-9과 비슷한 시기에 개발돼 라이벌 구도를 형성하였다. 두 자주포 모두 52구경장의 포신을 탑재해 40km의 사거리와 자동방열을 통한 신속한

° 출처 ©Los688

89식 장갑차°

사격이 가능하다. 하지만 99식 자주포는 방호력이 매우 취약하다. K-9을 비롯한 서방의 주요 자주포들이 152mm 고폭탄과 14.5mm 기관총탄을 모두 방호하는 반면 99식은 105mm와 7.62mm 정도의 방호력만 지닌 것으로 추정된다. 이는 대 화력전에서 7기갑사단이 크게 불리함을 뜻하다. 만약 적의 포탄이 한 발이라도 자주포 진지 위에 떨어졌을 때 어느 정도 생존성을 보장할 수 있는 K-9과 달리 99식 자주포는 막대한 피해를 볼 수밖에 없다.

그러한 전투력 부족을 인식한 일본은 16식 기동전투차를 통해 경전차급 보병 전투차를 배치함으로써 전력 보충을 시도 중이다. 하지만 장갑차 기반의 취약한 방호력과 승무원이 4명밖에 타지 못하는 부족한 수송 능력은 기계화보병 장비로서는 불합격이다. 즉 7기갑사단이 아무리 일본 전력의 핵심이더라도 대한민국의 11기동사단에게는 양적으로는 물론 질적으로도 전혀 상대가 되지 않다.

본격적인 기계화보병의 태동은 제2차 세계대전부터 시작되었다. 2차대전 당시 보병이 전차와 함께 기동하면서 전투할 수 있도록 장갑차를 전선에 투입한 것

° 출처 ©Los688

이 기계화보병의 시초였다. 이후 기계화보병은 기동성과 화력을 겸비한 강한 군대가 되기 위해서 반드시 소유해야만 하는 최강 부대로 자리 잡았고, 군사 전문가들은 잘 훈련된 기계화보병사단은 3개 보병사단의 전투력과 맞먹는다고 평가할 정도였다. 일반 보병은 진지나 거점을 방어할 때 강한 전투력을 발휘하지만 기계화보병은 방어선을 돌파하고 적의 후방을 타격하는 데 특화되었다. 기계화보병은 전차보다는 약하지만 그 운용 면에서 훨씬 저렴하며 전차를 따라 이동할 수 있는 신속한 기동 능력을 지니고 있다. 그런 이유로 전차부대와 편조編造해서 전차의 임무 수행을 보조하므로, 특히 시가전과 같이 전차가 쉽게 진입할 수 없는 상황에서 기계화보병은 반드시 필요한 전력이다.

기계화보병은 일반 보병과 비교조차 안 될 정도로 강력한 화력을 자랑한다. 보병 분대의 최고 화력은 경기관총 수준에서 끝나지만, 장갑차는 최소 중기관총에서 30mm 주포까지 일반 보병으로서는 운용할 수 없는 강한 화력을 지니고 있다. 게다가 유사시에는 장갑차에서 내려 장갑차를 방호벽으로 전투를 수행하는 등 상황에 따른 대응 능력도 매우 뛰어나다. 또한 기계화보병은 전투 지속 능력 역시 매우 뛰어나다. 보병은 탄약을 도수徒手로 운반해 중간 지점에 배치하고 탄약이 떨어지면 재보급을 위해 이동해야 하기 때문에 지속 능력이 떨어진다. 반면, 기계화보병은 보병보다 훨씬 많은 탄약을 적재하고 탄약이 떨어져도 신속히 탄약을 재보급받아 계속 임무를 수행한다.

그러한 이점들 때문에 기계화보병은 일반 보병의 세 배나 더 뛰어난 전투력을 발휘할 수 있다. 바로 그런 강력한 군대가 최첨단의 장비로 무장한 11사단이며, 전 세계가 두려워하는 7기동군단의 최선봉에 서 있는 11사단은 대한민국을 위협하는 적을 물리칠 조국의 방패로 굳건히 자리매김하고 있다.

44

서울 요새화要塞化

불과 20년 전까지만 하더라도 한반도에서 전면전이 일어나면 서울이 쉽게 함락당할 것이라고 주장하는 사람들이 상당수였다. 그들이 그렇게 주장한 근거는, 휴전선에 주력이 배치된 북한군을 제압할 수 있어도 만주에서 내려오는 중국 인민해방군을 막을 수는 없기 때문이다. 또 그들은 전선戰線부터 수도 서울까지 짧은 종심縱深을 지닌 대한민국의 지리적 특성과 중국 인민해방군의 현대화 수준을 고려할 때, 며칠이면 서울이 함락될 것이라고 주장했다. 그러한 주장은 과거에는 통했을지 모르지만 현재 대한민국군에게는 해당하지 않는 이야기이다.

대한민국은 한국전쟁을 겪으면서 방어선의 중요성을 통감痛感했고, 그 후부터 진격하는 북한군과 중공군을 저지할 방안에 대해 연구하기 시작했다. 그 결과 휴전선 인근의 대한민국 영토는 전부 요새화되었다고 말할 정도로 긴 방어선을 구축하였다. 현재는 과거 사흘 만에 수도를 함락당했던 굴욕적인 시절과는 비교조차 할 수 없을 정도로 강력한 방어선을 형성하고 있다. 설령 중국 인민해방군과 북한군이 온갖 희생을 감수하고 서울에 도달하더라도, 서울은 절대 점령할 수 없는 장소가 되었을 정도로 대한민국군은 막강해졌다. 또한 철저한 방어 설비를 통

서울의 밤°

해 서울 자체가 하나의 거대한 철옹성으로 변했다. 대한민국이 북한과 중국의 침략에 맞서 어떻게 방어선을 형성했으며 도대체 얼마나 효과적으로 적의 침공을 막아낼 수 있는지를 자세히 알아보기로 한다.

대한민국의 수도인 서울은 현재 우리가 생각하는 것보다 훨씬 더 튼튼한 요새가 되었다. 그것은 일명 '아파트 공화국'으로 불릴 정도로 서울에 밀집된 엄청난 수의 빌딩들 때문이다. 일반적으로 철근과 콘크리트를 배합해서 건축하는 현대의 건물은 그 조합이 거의 완벽에 가까우므로 두 자재가 서로 장단점을 보완하면서 건물의 내구성을 끌어올린다. 그런 철근과 콘크리트가 조합된 건물의 강점은 이번 우크라이나 전쟁에서도 드러났다. 러시아군이 열압력탄을 사용해 맹폭한 마리우폴의 시가지에는 아직도 굳건히 서 있는 건물이 많다. 그리고 키이우 쇼핑센터처럼 탄약이 잔뜩 쌓여있는 채로 미사일 폭격을 당했는데도 건물의 골조가 남아 있는 건물을 보인다. 그것을 통해 포격이나 미사일 공격으로 철근 콘크리트 구조물을 완전히 파괴하는 것이 불가능하다는 것을 알 수 있다.

° 출처 ©travel oriented

적군이 설령 서울의 건축물을 대부분 파괴하더라도 그들은 더 큰 문제에 부딪힌다. 파괴된 건물의 잔해물이 도로를 차단해서 모든 이동을 제한할 확률이 매우 높아진다. 파괴된 건물로 인해 부대의 진격이 지연되면, 그때 틈타서 인접 건물에 주둔 중이던 대한민국군의 반격에 의해 적군은 타격을 입을 수밖에 없다. 게다가 대한민국군의 저항은 지상에서 끝나지 않는다. 서울에 깔린 그물망과 같은 지하도를 통해 지하에서 기습을 감행하면 침략군은 그야말로 눈 뜬 채로 당할 수밖에 없다.

강습 헬기를 이용한 공중강습을 진행할 수 없는 이유는 서울 곳곳에 배치된 방공자산 때문이다. 각종 야산과 건물에 숨어있는 방공자산에 의해 적의 헬리콥터는 상륙하기도 전에 공중에서 폭파당할 확률이 매우 높다. 하지만 대한민국을 노리는 중국 인민해방군의 존재를 알고 있는 한 방심할 수 없는 이유는, 북한과 맞닿은 접경 지역을 지키는 북부전구[1]北部轉區에서 그 자체만으로 적지 않은 병력을 보유하기 때문이다.

전 세계에서 북부전구의 위험성을 가장 먼저 파악한 것은 미국이다. 지난 2018년 8월 16일 미국 국방성은 중국군의 동향을 조사한 '중국 군사 안보 발전 태세 2018 연례 보고서'를 미 의회에 제출했다. 그 보고서에 따르면 중국 지도부는 한반도에서 위기 상황이나 충돌이 발생할 경우 인민해방군이 다양한 작전을 벌이도록 지시할 것이다. 대한민국도 육군 교육사령부 주관으로 2020년 3월부터 8개

---

1 중국 인민해방군의 5대 전구 중 북부에 위치한 전구로, 동북 3성이라 불리는 지린성, 랴오닝성, 헤이룽장성과 내몽골 자치구, 산둥성을 관할함. 과거의 선양군구와 권역이 거의 일치하고, 베이징군구와 지난군구의 일부를 편입했음. 북부전구는 최근 북핵 문제나 한국군 및 미군 대응에도 불구하고 40집단군이 해체됐고, 78(舊16집단군)/79(舊39집단군)/80(舊26집단군) 집단군으로 개편되었음. 옛 선양군구는 물론 중국 인민해방군 육군 내에서도 최정예 투 톱으로 꼽히는 옛 39집단군인 79집단군은 전력이 증강됐고, 한반도와 지척인 산둥반도, 그리고 만주 지역인 헤이룽장성과 내몽골 자치구까지 관할 지역에 포함됐다는 점을 보면 러시아와 한반도 견제 역할이 강화됐다고 보는 것이 정설임. 위수지역이 이어져 있지 않고 중부전구를 사이에 둔 상태로 만주 지역과 산둥반도 지역으로 분리되어 있는데, 그와 같은 형태는 한반도를 해상에서 상대하기 위한 것으로 보임. 위수지역만으로 미뤄본다면 주한미군과 대한민국을 의식해서 만들어진 전구인 것으로 여겨짐. 미 국방부가 미 의회에 제출한 '중국 군사·안보 발전 태세 2019 연례 보고서'에 따르면 3개 집단군(78·79·80군) 17만 명, 해군 함대, 공군기지 두 곳, 해병 2개 여단, 해군 항공사단 2개, 로켓군 기지 한 곳, 국경 수비를 담당하는 무장경찰이 북부전구에 배속됐으며, 북한 긴급 사태 시 다른 전구에서 추가 병력을 요청할 수 있다고 함. 한반도 유사시, 북한과의 충돌을 감안하면 량강도에 위치한 12군단과 충돌할 가능성이 높으며, 2020년 육군교육사령부에서는 북한군 전체보다 북부전구가 더 위협적이라는 분석을 내놓기도 했음.

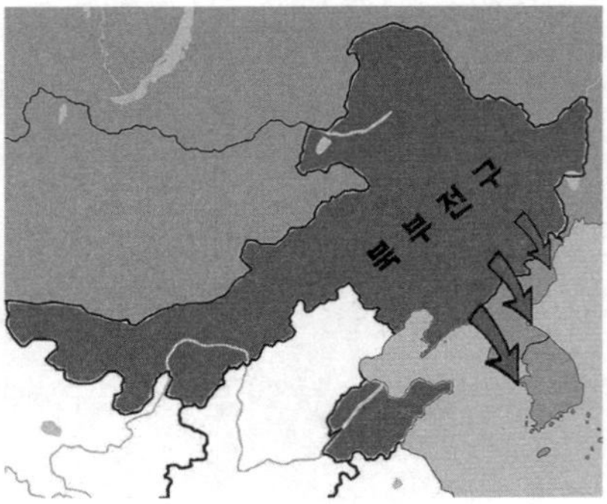

북부전구 배치도°

월 동안의 연구를 통해 한반도의 실질적인 위협은 북한군이 아닌 중국 북부전구로 규정하면서 그 대책을 강구하고 있다.

미국 국방성의 보고서를 통해 북부전구의 구체적인 전력이 공개되었다. 보고서에서는 북부전구를 담당하는 78, 79, 80 집단군의 병력은 약 17만 명으로 편성되어 있으며 그들의 무기 편제 현대화도 상당수 진행된 것으로 알려졌다. 2018년 기준 북부전구의 지상군은 79 집단군이 기계화된 주력 병력이었고 나머지 집단군은 차량화 보병으로 편성되었지만, 이후 개편을 통해 전부 합성여단으로 변경되었다.

일명 '스트라이커 부대'로 불렸던 미군의 여단 전투단BCT 편제와 유사한 개념인 중국 합성여단은 4개의 전투대대와 1개의 포병대대 기타 지원배속부대로 구성된 여단이다. 부대의 편제와 용도에 따라 중형重型여단과 중형中型여단, 경형輕型여단으로 나뉜다. 그 가운데 중형重形/中型여단의 편제는 대한민국 군의 군단 예하 기갑여단의 편제와 다소 유사한데, 그런 중형여단만 무려 14개가 북한 접경 지역에 배치되었다. 이를 지원하는 병력도 만만치 않아서, 인민해방군 해군 소속 북해 함대 외에도 공군 2개 기지, 해군 육전대 2개 여단 등이 북부전구의 작전을 지원한다. 북부전구 하나만 해도 어지간한 국가의 전투력을 가진 것이나 마찬가지인데, 그 때문에 현재는 북한보다 중국의 북구전구가 한반도를 위협하는 잠재적인 적대 세력이라고 할 수 있다.

한반도 전쟁 발발 시 인민해방군과 북한군이 가장 먼저 할 일은 서울을 점령

° 출처 ©Joowwww、Li Chao

하는 것이다. 서울은 대한민국의 수도라는 의미도 있지만, 대한민국 인구의 대다수와 기반 시설이 집중되는 곳이다. 서울의 인구가 약 950만 명이고 경기도 인구가 1,300만 명인 것을 고려할 때, 수도권만 점령하면 대한민국 인구의 절반을 장악해 한반도를 와해시킬 수 있다는 계산이 나온다. 그럼에도 불구하고 군사 전문가들은 인민해방군 북부전구가 서울을 점령하기는 매우 어려운 일이라고 분석한다. 신의주를 통과한 후 휴전선 인근까지 진격하는 것은 어렵지 않지만 휴전선부터는 대한민국군이 구축한 방어선의 돌파 난이도가 매우 높기 때문이다.

인민해방군이 서울을 공격하기 위해 사용할 수 있는 예상 경로는 네 개에 불과한데, 파주의 1번 국도, 연천에서 의정부로 이어지는 3번 국도, 철원에서 뻗어 나오는 43번과 47번 국도가 그것이다. 그 도로들은 모두 서울로 바로 이어져서 최단 시간에 서울로 진입할 수 있다는 것을 국군은 물론 잘 알고 있으므로, 도로를 건설할 때 지형지물을 이용해 도로를 쉽게 통제하였다. 주요 도로들이 일직선으로 내려올 수 있어서 일견 편해 보이지만, 주변이 산악으로 둘러싸인 지형이어서 우회할 수 있는 도로는 거의 없다.

국군은 그러한 지형상 특성을 이용해서 주요 목 지점마다 대전차 장애물을 대량으로 설치했다. 경기도 북부 지역에서 도로를 지나다가 보이는 유독 특이하게 좁은 도로와 이상하게 생긴 장애물이 모두 적 전차의 기동을 막기 위한 장애물이다. 비상시 폭약을 이용해서 그 장애물들을 폭파함으로써 도로를 차단하는데, 그렇게 되면 인민해방군은 기동이 차단되어 그 자리에서 멈출 수밖에 없다.

흥미로운 점은 우회 역시 불가능하다는 것인데, 이미 우회 지점에는 동일한 대전차 장애물이 설치되고 험지 기동은 산세가 심해서 불가능에 가깝기 때문이다. 게다가 정체된 지점에서는 대한민국의 포병과 공군 전력의 압박을 통해 대량의 피해를 유발할 수 있으며, 대전차 장애물을 돌파해서 계속 진격하더라도 적군의 피해는 계속될 수밖에 없다. 주요 도로는 전부 고양, 의정부, 포천과 같은 도시를 통과할 수밖에 없다. 설령 적성국 기갑전력이 우여곡절 끝에 서울에 도착하더라도 콘크리트 요새인 서울을 공격하는 것은 사실상 불가능하다. 아파트 숲에 매복한 대한민국 군의 저항과 화력 지원으로 인해 북부전구는 서울 북부지역에서 부대가 전멸당할 위험성이 높다.

중국이 서울을 함락시킬 수 있는 선택지는 두 가지밖에 남지 않는다. 하나는 인해전술로 서울을 포위해서 몇 년간 봉쇄하는 것이고 다른 하나는 핵을 사용하는 것이다. 그러나 그마저도 쉽지 않은 이유는, 인구 950만 명의 대도시인 서울에서 이미 2/3의 시민은 대피한 상태이며 동원된 예비군 전력과 수도군단, 1군단, 5군단과 일부 시민들이 서울을 사수하려 한다면 400만 명 가까운 전력이 저항군이 되기 때문이다. 이를 포위하기 위해서는 중국은 최소 10배 이상의 전력이 필요하다. 그것은 인민해방군 전체 병력인 약 380만 명이 나서더라도 달성할 수 없는 수준이다.

핵을 사용하는 것도 사실상 불가능하다. 만약 중국이 극단적인 선택으로 서울에 핵을 투하한다면 이번 러시아에 대한 제재와는 비교할 수도 없는 다국적군이 중국 본토를 공격할 확률이 높아진다. 즉 핵은 중국의 선택 사항이 될 수 없다는 뜻이다. 설령 핵을 발사하더라도 예상만큼의 효과를 발휘하기가 매우 어렵다. 폭심지의 피해는 막대하겠지만 빌딩 숲과 콘크리트 벽에 차단되면서 효과가 지속적으로 감소하기에 핵 한 발로 대한민국의 전력을 와해시키는 것은 불가능하다. 현재와 같은 콘크리트 구조의 서울을 완전히 점령하기 위해서는 중국의 모든 전력을 쏟아부어서 서울을 평탄화해야 한다. 이처럼 무기체계가 발달한 현대전에서도 대도시는 여전히 공략이 어렵고 점령하기가 힘든 곳이다.

그러한 사실을 증명하는 사례가 바로 그로즈니[2] 전투라고 할 수 있다. 1994년 제1차 체첸전쟁 당시 러시아군은 인구 20만 명의 도시 그로즈니를 압도적인 장비

2 러시아 연방 체첸 공화국의 수도. 1999년 말부터 제2차 체첸 전쟁이 시작되었고, 2000년 초의 총공세로 러시아군이 그로즈니에 열압력탄두나 신형 다연장로켓 등을 퍼부어 함락시키면서 시내는 완전히 초토화됨. 소련 말기에 40만을 돌파했던 인구는 2002년에 21만 수준으로 반토막이 났지만, 체첸전이 종료된 지 20년이 넘으면서 대부분 재건됨. 인구는 2021년 현재 324,602명.

그로즈니°

를 앞세워 공략해서 체첸을 20일 만에 함락하겠다는 작전을 세웠다. 하지만 그들이 그로즈니에 입성한 순간부터 모든 상황이 바뀌었다. 그로즈니 시내에 매복해 있던 체첸군의 기습으로 러시아군은 기갑부대가 완전히 제압되는 굴욕을 맛보았다. 그로즈니 전투는 아무리 장비가 우수하고 병력이 많더라도 시가전에는 많은 변수가 작용한다는 것을 알게 해 준다.

대한민국은 한반도라는 지형적 특성상 북한군과 중국의 인민해방군을 상대해야 하므로 인민해방군 북부전구의 강화는 대한민국에 큰 위협으로 다가오고 있다. 그러나 대한민국에는 과거부터 수많은 외세의 침략에 대항한 역사가 있다. 이번 우크라이나 전쟁이 증명하고 있는 것처럼, 적성국과 엄청난 전력 차이가 나더라도 군과 국민이 현대전의 특성을 알고 단합하고 그에 대처한다면 대한민국과 수도 서울을 영원한 철옹성으로 만들 수 있다.

° 출처 ©Mikhail Evstafiev

45

평양 요새화要塞化

아무리 우수한 무기가 많더라도 전쟁에서 반드시 이길 것이라는 보장을 할 수 없다. 그 대표적인 사례가 지금 벌어지고 있는 우크라이나 전쟁이다. 이번 전쟁에서 러시아는 우수한 장비로 무장한 다수의 기갑부대를 우크라이나에 투입했지만 무능한 지휘관의 지시와 제대로 교육받지 못한 병사들의 전투력 때문에 우크라이나군에게 연패하고 말았다. 이는 우크라이나군이 자신들의 강한 사기와 우크라이나 지형상의 이점을 절묘하게 융합해서 효과적인 작전을 수행했기 때문이다.

만약 대한민국이 불가피하게 북한으로 진격해야 할 상황이 온다면 러시아와 비슷한 상황을 겪을 확률이 높을 텐데, 우선 북한군의 저항이 첫 번째 문제라고 할 수 있다. 북한군의 사기가 높다고는 할 수 없지만, 반백 년이 넘는 동안 북한 정권에 세뇌당한 탓에 그들은 대한민국 군을 낮잡아보며 적대할 확률이 높다. 게다가 대한민국은 최근 급감하는 초급장교 인력을 고려할 때 전시에 군 간부들의 수준이 높지 않을 가능성이 크다.

우선 대한민국 학군단 장교의 급감이 심각하다. 2011년 창군 이래 합동임관식을 통해 최초로 임관한 학군장교의 수는 4,269명이었다. 그런데 올해 3월 3일 임

평양 전경°

관한 학군장교의 수는 3,461명으로, 10년 사이에 장교의 수가 20%나 감소했다. 사병 복무기간의 감소, 불안한 장래, 낮은 임금 등이 그 원인으로 지목된다. 심지어 2030년대에는 한해 임관 장교의 수가 2천 명을 유지할 수 없을 것이라는 암담한 전망까지 등장하고 있다. 인원이 줄어들면 당연히 장교의 질은 떨어질 수밖에 없는 상황이므로, 유사시 북한과의 교전에서 대한민국군이 러시아군처럼 졸전을 펼친다는 분석이 따르고 있다. 그러한 상황 때문에 대한민국군의 체질 개선이 필요하다는 목소리가 높아졌다.

북한은 연일 도발 행위를 일삼으며 대한민국의 안보를 위협하고 있다. 얼마 전부터 북한은 한반도 군사적 위기의 책임을 대한민국에 전가하는가 하면, 지난 4월 21일에는 '우리민족끼리[1]'에 "정세를 극단으로 몰아가는 북침 전쟁 연습"이라

1 북한의 관변단체인 조국평화통일위원회 산하 조선륙일오출판사가 2003년부터 운영하고 있는 대외 선전용 인터넷 웹사이트. 과거 조국평화통일위원회의 상위 단체였던 조선로동당 통일전선부에서 운영하던 대남 선전용 라디오 방송인 '구국의 소리 방송'이 그 전신이라고 볼 수 있음. 북한 주민들이 볼 수 없는 외부 정보를 통해 대남 비난도 하며, 이 사이트를 통해 북한은 각종 선전 문구를 인터넷으로 전송하고 있음. 남한에서는 허락 없이 북한과 연락하는 것이 불법이므로 접속이 차단되어 있으며, 서버는 중국 선양시에 있는 것으로 알려져 있음.

○ 출처 ©Christophe95

는 글을 올리면서 한미연합훈련을 비난했다. 이미 북한은 대한민국을 위협할 수 있을 정도로 군사력이 강하지 않다. 1980년대 후반부터 북한은 대한민국에 군사력으로 밀리기 시작했고 현재는 산업, 경제 등 모든 분야에서 대한민국을 추월할 수 없는 실정이다.

현재 김정은 정권은 빈약한 군사력으로 북한 주민들을 억압하고 핵을 이용해 대한민국을 위협하면서 간신히 정권을 유지만 하고 있을 뿐이며 민중을 부양할 능력조차 부실한 실정으로 알려져 있다. 기반 산업이 없다시피 한 북한의 주요 수입원은 해킹으로, 작년 한 해에만 북한은 해킹을 통해 한화로 4,680억 원 상당의 가상화폐를 마련했다. 하지만 군사 전문가들은 북한을 상대로 절대 방심해서는 안 된다고 주장한다. 만약 현재와 같은 상태로 북한으로 진격한다면 대한민국군이 전멸에 가까운 피해를 볼 수 있다는 분석을 내놓고 있다.

그러한 분석이 일리가 있는 이유는 현재의 북한이 전혀 잃을 것이 없는 상황이기 때문이다. 대한민국군이 압도적 전투 능력을 바탕으로 북한의 핵심 세력을 모두 파괴하더라도 그러한 상황을 그들은 전혀 개의치 않을 확률이 높다는 것이다.

그렇게 되면 강력한 군사력만 믿고 있던 대한민국이 오히려 큰 피해를 볼 수 있다. 만약 대한민국이 북한과 충돌한다면 군사적 수단 외의 비군사적 수단까지 적극적으로 활용해서 북한이 붕괴하게 해야 한다는 것이다. 그렇다면 북한의 방어 수준은 어느 정도이며 대한민국 군의 대책은 무엇인지, 대한민국군의 북진 시 가장 큰 문제점으로 알려진 북한의 요새화에 대해 알아보도록 한다.

북한의 수도 평양은 서울에는 미치지 못하지만 이미 상당한 수준의 요새화가 이루어져 있다. 그것은 과거 김일성의 전쟁 준비 때문이었다. 한국전쟁 당시 김일성은 미국 공군의 압도적인 전력 때문에 패전할 위기에 처했었다. 그래서 휴전 이후에는 수도인 평양을 지키고자 노이로제에 걸린 것처럼 요새화에 집착했다.

평양 지하철°

1962년 4대 군사노선을 채택할 때도 전 국토의 요새화를 주장하며 지속적인 방어 능력 확충에 전력을 쏟았다. 그 결과 평양은 하나의 거대한 성채가 되었다. 일단 평양의 모든 군수 관련 공장들은 지하화되어서 지상 건물을 파괴하더라도 지하에서는 계속 군수물자를 생산할 수 있다.

게다가 북한 요새화의 상징인 평양의 지하철은 핵조차 방어할 수 있도록 매우 깊은 위치에 건설되었다. 통상적인 지하철은 지하 50m 이내의 심도에 건설하는 데 비해 평양의 지하철은 거대한 지하 요새처럼 무려 지하 100m의 심도에 건설되었다. 평양을 지키는 수비대는 부정부패와 가난에 찌든 북한의 군 상황을 감안할 때 상당히 높은 수준이다. 북한군의 최신형 전투기인 MIG-29가 평양 상공을 방어하며, 지상에서는 일명 '평방사'라고 불리는 제91 수도방어군단이 평양을 수호하고 있다.

수도방어군단은 북한의 최신 장비가 가장 먼저 지급되는 부대이다. 북한의 최신 전차 전력인 천마호나 폭풍호, 선군호의 대다수가 그곳에 집중된 것으로 알려

° 출처 ©Uwe Brodrecht

져 있다. 심지어 그중 일부는 대한민국의 K-1 전차를 지근거리에서 격파할 수 있을 정도로 위협적이라고 한다. 물론 각종 장치를 개선한 K-1E1 전차만 나서도 평방사를 충분히 제압할 수 있다. K-2 전차의 경우는 북한의 전차와 비교하는 것이 무의미할 정도로 그 격차가 심하지만, 변수가 없는 것은 아니다. 일각에서는 2020년에 북한이 공개한 M-2020전차가 상당히 위협적이라고 보지만, 현재까지 알려진 바로는 대한민국의 K1A1, K-2전차의 상대가 되지 않는다는 것이 중론이다.

그럼에도 북한을 얕보거나 방심해서는 안 되는 까닭은, 북한의 장비가 아무리 구형이라도 전차포로 장갑차를 부수지 못하거나 대공포로 전투기를 격추할 수 없는 것은 아니기 때문이다. 북한이 자랑하는 대량의 고사포 전력은 저고도와 중고도 방공만 가능하지만, F-5나 FA-50 같은 CAS 임무용 전투기에는 심각한 위협요인이다. 또한 T-62전차를 바탕으로 개발한 천마호와 T-54, T-55 계열 전차로 무장한 북한 기갑부대를 대한민국의 기갑부대가 제압하는 것은 어렵지 않은 일이지만, 평양을 방어하는 제91 수도방어군단과 같은 북한 병력의 저항을 해결하기는 쉬운 일이 아니다. 가상 충돌 시 대한민국군의 평양까지의 진격로를 분석해보면 상황을 조금 더 자세히 이해할 수 있다.

대한민국군이 평양을 점령하기 위해 이용할 수 있는 가장 빠른 진격로는 개성-평양 고속도로를 이용하는 것이다. 개성-평양 고속도로의 길이는 170km이므로 시속 60km의 속도로 진격하면 세 시간 내에 평양에 도달한다. 하지만 개성-평양 고속도로는 부실 공사로 인한 붕괴 위험성이 있어서 사실상 이용이 불가능하므로, 고속도로에 잇닿아있는 국도를 따라 이동해야 한다. 만약 그렇게 된다면 개성과 사리원에 있는 시가지를 통제해야 한다. 개성과 사리원을 통제하에 두지 않고 급하게 기동하다가는 우크라이나군에게 보급로가 차단당한 러시아군처럼 대패할 수도 있기 때문이다. 결국 필연적으로 시가전이 벌어지며 그러면 세 시간이 아니라 사흘이 걸려도 평양의 외곽조차 밟지 못하게 된다.

K-21 장갑차°

남포로 우회해서 진격해야 한다는 주장도 있지만, 그 방법은 대동강 때문에 더욱 위험하다. 남포를 공략하기 위해서는 강폭이 최소 1.5km, 최대 2km에 달하는 대동강을 건너는데, 그렇게 되면 거의 상륙 작전이나 마찬가지인 형국이 된다. 남포 역시 시가지가 발달해 있으므로 시가전이 벌어질 수밖에 없다. 결국 평양으로 가려면 어떻게든 시가전을 겪을 수밖에 없다는 계산이 나온다.

우여곡절 끝에 평양에 도착해도 문제가 생기게 마련이다. 평양은 대한민국의 대전광역시와 비슷한 규모의 대도시여서 북한 정권의 세뇌를 가장 강하게 받은 300만 명의 시민들이 수도 사수를 위해 북한군과 합세할 것이 분명하다. 따라서 러시아가 평양보다 훨씬 작은 인구 45만 명의 중소도시 마리우폴을 두 달이 넘도록 점령하지 못한 것처럼, 대한민국군이 엄청난 손실을 입을 가능성이 매우 높다.

일각에서는 평양을 점령하려면 각종 대포와 미사일로 도시를 완전히 초토화해야 한다고 주장한다. 단순히 포격만으로 인구 수백만 명 규모의 시가지를 제압한다고 생각하는 것은 너무나 위험하고 단순한 발상이다. 러시아가 수만 대군을

° 출처 ©대한민국 국군

동원해서 모든 포병 전력을 마리우폴[2]에 집중시켰음에도 도시를 완전히 초토화하지 못한 것처럼, 도시를 함락하려다가 오히려 현지인의 반감만 높아지게 할 가능성이 클 뿐이다.

그 때문에 대한민국이 새로운 기갑 전력을 개발하였다. 우수한 전자 장비와 능동방호장치로 무장한 3.5세대 이상의 전차와 현대전을 수행하기에 충분한 위력을 가진 다수의 IFV로 구성된 시가전 전문 전투단을 편제한다면 철옹성과 같은 평양이라 할지라도 순식간에 무너뜨릴 수 있다. 대한민국군은 이미 그 문제 해결을 위한 준비를 시작했는데, 지난 4월 26일 제143회 방위산업추진위원회에서는 K-21 보병전투차 2차 사업의 추진이 결정되었다.

7기동군단이 가진 K200A1을 후방 장비로 돌리고 강력한 화력과 튼튼한 장갑을 가진 K-21로 재무장을 추진한다. 이에 대해 군사 전문가들은 새로 양산될 K-21은 이전의 K-21이 가진 단점을 완전히 극복한 첨단무기일 것으로 예상한다. 호주에서 독일제 KF-41 링스와 경쟁 중인 한화의 AS-21에 적용된 다양한 기술이 K-21에 적용되면 시가전과 같은 극한의 환경에서도 높은 생존성을 가진 우수한 장갑차가 되리라 전망한다.

지난 3월 24일에는 국내 언론 보도를 통해 K-2 흑표전차의 4차 양산이 진행 중이라는 사실이 공개되었다. 그 때문에 소요 검증과 사업 타당성 조사가 한창인데, 최대 183대를 양산해서 7기동군단의 전차를 모두 K-2로 교체한다는 역대급 규모의 사업이다. K-2 역시 수출형 개발 과정에서 얻은 여러 기술이 적용되어 한층 우수한 차세대 전차가 될 것으로 보인다.

전술前述한 두 사업만 제대로 통과되어도 가상의 평양 시가지 전투에서 대한민국의 희생 가능성이 크게 줄어들 뿐만 아니라 대한민국 육군의 기갑전력이 비

2 우크라이나 도네츠크주, 러시아 도네츠크 인민공화국 제2의 도시이며, 아조프해에 접해 있는 인구 약 42만 명의 항구도시임. 우크라이나와 러시아 간 마리우폴 전투에서 우크라이나가 마리우폴에 대한 포기를 선언함에 따라 2022년 5월 17일 러시아군에 의해 완전히 함락됨.

약적으로 강력해지는 계기가 될 것으로 기대한다.

46

능동 소나Active SONAR 개발 비화秘話

SM-6 미사일°

얼마 전 대한민국에 전해진 희소식이 동북아시아를 뒤흔들 것으로 예상된다. 세계 패권을 노리는 중국조차 최근 대한민국 해군의 급격한 전력 증강을 경계하기 시작했는데, 그 중심에는 대한민국의 네 번째 이지스함인 정조대왕함이 있다.

지난 6월 21일, 중국 언론 '인민망[1]人民网'은 "대한민국 최고 수준의 장비를 갖춘 이지스함"이라는 타이틀로 언론 보도를 내놓았다. 7월 진수 예정인 정조대왕함이 SM-6 미사일과 발전된 이지

1 인민일보人民日报는 중화인민공화국의 일간지로 중국 공산당의 정책과 이념을 전파, 홍보, 선전하는 공산당 기관지로, 1948년 6월 15일 허베이성에서 중국 공산당 중앙위원회 기관지로 창간되었음. 1949년 8월부터 정식 기관지로 등록되었으며, 1997년에는 인터넷 뉴스이자 포털 사이트인 '인민망人民网'을 설립해서 이를 증권거래소에 상장시켰음. 발행 부수는 320만 부가량으로 추산됨.

스 체계를 갖췄다며 정조대왕함의 장단점을 세세하게 분석했다. 군사 전문가들은 평소답지 않은 중국의 진지한 반응으로 미루어 볼 때 정조대왕함이 그만큼 잘 만들어졌다는 증거라고 분석한다. 해당 보도에서 주목할 만한 부분이 눈에 띄는데, 그것은 "대잠전對潛戰 능력을 강화하기 위해 대한민국이 독자적으로 개발한 종합 소나 체계를 탑재할 예정"이라는 대목이다. 그러한 내용을 통해 중국은 대한민국이 도입할 소나가 웬만한 외산 장비보다 우수하다는 것을 인정하고 있다.

타이콘데로가급 순양함의 소나°

실제로 대한민국의 소나[2] 개발 능력은 상당히 우수한데, 정규필 전 해군 정보통신학교장에 따르면 대한민국의 기술력이 미국의 90~95% 수준까지 도달했다고 한다. 그것은 사실상 미국과 동일한 수준의 소나를 만들고 운용할 수 있다는 이야기이다. 대한민국의 기술력이 세계적이라는 근거로는 정조대왕함에 탑재되는 함수 소나를 대표적으로 들 수 있다. 군사 전문가들에 따르면 정조대왕함 함수 소나돔에 부착된 국산 소나의 성능은 미 해군의 최신형 알레이버크급 이지스 구축함이 사용하는 AN/SQS-53D와 대등한 수준이다.

미 해군 최강의 함으로 알려진 알레이버크급의 소나를 대한민국이 독자적 기술로 확보했다는 것은 그만큼 대한민국의 기술력이 남다르다는 뜻이지만, 사실

---

2 'SOund Navigation And Ranging'의 줄임말로, 소리를 이용해 목표를 탐지하는 장치를 말하며 '음향 탐신기', '청음기'라고도 부름. 레이더는 전자기파를 사용하여 목표를 찾아내고 음파탐지기는 음파를 사용하여 목표를 찾아내는데, 두 파동의 특성이 달라서 환경에 따라 사용되는 탐지기가 달라짐. 공중에서는 전자기파가 깨끗하고 멀리 퍼지는 특성이 있어서 전자기파를 사용하는 레이더가 주로 사용되며, 음파는 공기 중보다 수중에서 더 빠르고 길게 퍼지기 때문에 해저를 탐색하는 데에는 음향탐지기가 압도적으로 탐지 능력이 뛰어남. 전자기파를 이용하여 적을 탐색하는 장치에 레이더와 RWR이 있는 것처럼, 소나 역시 음원을 자체 발신하여 반향을 탐지하느냐 대상이 내는 소음을 탐지하느냐에 따라 능동 소나Active SONAR와 수동 소나Passive SONAR로 나뉨.

○ 출처 ©U.S. Navy
○ 출처 ©U.S. Navy

세종대왕함°

대한민국이 그렇게 우수한 소나 개발 능력을 확보한 지는 그리 오래되지 않았다. 대한민국이 제대로 된 소나를 개발할 능력을 확보한 지는 20년 정도밖에 되지 않았다. 이번에는 대한민국 군용 소나 기술 개발에 숨겨진 비화들에 대해 알아보기로 한다.

정조대왕함은 길이 170m, 폭 21.4m에 만재 배수량이 11,000톤~12,000톤에 달하는 순양함급 이지스 구축함이다. 4기의 LM2500 가스터빈과 1.7MW급 연료절감형 전기모터를 통해 저속에서는 가스터빈과 모터로 운영하다가 고속에서 추가로 가스터빈을 사용해 급속 기동이 가능한 COGLAG 추진방식을 채택했기 때문에 최대 속력이 무려 35노트에 달한다. 만재배수량 1만 톤이 넘는 거함이지만 시속 60km 이상의 주행이 가능할 정도로 기본 성능이 우수할 뿐만 아니라, 정조대왕함에 딸린 여러 무기체계의 성능도 상당히 뛰어나다.

그 탐지추적체계만 보더라도 얼마나 대한민국 해군이 공을 들인 전투함인지를 알 수 있다. 정조대왕함은 세종대왕급 이지스함에 비해 이지스함의 핵심인 이

° 출처 ©대한민국 국군

지스 체계가 크게 개선되었다. 베이스라인 7.1수준이던 이지스 시스템 K에서 베이스라인 9 사양인 이지스 베이스라인 K2로 교체되었고, 적 탄도미사일의 탐지 추적이 가능한 BMD 체계가 이식되어서 북한의 핵탄도미사일을 탐지하고 격추한다. 미군에게도 최신 무기에 해당하는 SM-6 방공미사일과 해궁 단거리 미사일로 철벽 방공이 가능하며, 대한민국형 초음속 대함미사일을 운용할 수 있어서 대함 타격 능력도 막강하다.

하지만 그 어떤 체계도 정조대왕함에 새롭게 채택된 소나 체계의 우수함에 비하면 미미한 것에 불과하다. 정조대왕함은 다기능 선배열 예인 소나, 저주파 능동 가변심도 소나, 저주파 선체고정 소나를 복합적으로 채용해서 수중에서 닥쳐올 수 있는 모든 위협에 대처가 가능하다. 놀랍게도 그 모든 체계가 전부 국산이며, 2022년 현재 기준으로 현대전에 사용할 군용 소나를 독자적으로 개발한 나라는 미국, 중국, 러시아, 대한민국 등 10개국에 불과하다. 제대로 양산품을 대량 생산할 수 있는 나라의 숫자는 그보다 훨씬 적으며 그처럼 대한민국의 소나 개발 능력은 세계 최고 수준이라 할 수 있다.

대한민국이 처음부터 잘나가는 소나 개발국이었던 것은 아니었다. 불과 10년 전까지만 해도 소나 개발 기술 면에서 후진국 취급을 당했다. 부족한 인력과 한정된 예산을 감안하면 단기간에 기술 선도국이 됐다는 것은 놀랄 만한 일이다. 대한민국이 단기간에 급성장했던 이유는 과거 언론에 공개됐던 방산 비리 사건과 관련이 있다. 일반 대중들에게 알려지지 않은 소나 개발사의 이면은 마치 한 편의 드라마와 같다.

지난 2013년 1월 16일 대한민국 해군의 신형 인천급 호위함 1번함인 인천함이 취역했다. 인천함에는 헐마운트 소나[3] Hull-Mounted Sonar, 즉 선체에 소나를 고정하

3 선저船底 소나. 중소형 수상함은 구상선수(수면 아래쪽의 함수가 앞으로 튀어나온 곳)가 없거나 있더라도 그 부피가 소나돔을 설치하기에 너무 작아서 소나돔을 용골 아래에 설치하게 되는데, 이런 경우를 'Hull-Mounted Sonar'라고 함. 2차대전 구축함들의 청음기 또는 능동소나의 소나돔은 대개 그렇게 장비되었는데, 그 이유는 구상선수를 2차대전 중간에 미국과 일본이 건조한 최대

인천급 호위함°

는 선체고정식 소나인 SQS-240K가 탑재되었다. 그것은 대한민국산 헐마운트 소나가 대한민국 군함에 처음으로 탑재된 역사적인 일이었다. 헐마운트 소나는 음파를 발생시켜 적의 위치를 찾아내는 능동 소나이므로 함정을 공격하는 적의 어뢰에 대응하기 위해 반드시 갖춰야 할 장비지만, 능동 소나를 제대로 만드는 일은 그리 간단한 것이 아니다. 선체 하부에 소나를 장착하고도 제 성능을 내기 위해 소나를 보호하는 소나돔을 설계하기는 더욱 어려운 일이므로, 소나를 개발할 수 있는 국가들 중 일부만이 제대로 된 군용 능동 소나를 만들었다. 2013년을 기점으로 대한민국이 그중 하나가 된 것인데, 그러한 성과 뒤에는 아주 슬픈 이야기가 숨어있다.

2010년 3월 26일, 대한민국 해군 역사상 오점으로 기록될 참사가 일어났는데, 그것은 바로 천안함의 침몰이었다. 미제 구식 소나로 무장한 천안함이 적의 뜻밖의 공격을 사전에 탐지하지 못하고 격침당한 대한민국 해군 역사의 오점인 이 사

크기의 전함에만 달다 보니 구축함에는 구상선수가 있을 리가 없었던 것임.

○ 출처 ©대한민국 국군

건으로 대한민국이 발칵 뒤집혔다. 대한민국 영해로 침투하는 잠수함을 잡아야 할 초계함이 역으로 북한 잠수함에 당했다는 사실에 많은 국민들이 군의 무능을 질책했지만, 해군 입장에서 그것은 상당히 억울한 일이었다. 천안함을 비롯한 포항급 초계함에 탑재된 AN/SQS-58 소나의 성능은 상당히 떨어지는 데다가, 오랜 기간의 작전으로 그것이 제 기능을 하지 못한다는 것을 해군은 이미 인지하고 있었다. 또한 그것은 소나가 제 성능을 발휘하지 못할 수밖에 없는 서해의 복잡한 수중 환경이 겹쳐서 벌어진 참사였다.

일반인들이 잘 모르는 사실이지만, 소나가 있더라도 잠수함을 잡는 것은 그리 쉬운 일이 아니다. 관련 분야 전문가인 ADD 소나 체계 단장이 "소나로 잠수함을 찾는 것은 차량 통행량이 많은 고속도로 한복판에서 길 건너 산속에서 돌고 있는 저소음 세탁기의 기종을 맞추는 일"이라고 말했을 정도로 어려운 일을 대한민국 해군이 고물 소나를 들고 수행했으니, 그것이 제대로 될 리가 없었던 것이다. 하지만 군함을 도입하고 나서 수십 년 동안 한 번도 구식 소나 개량을 위해 최신 외국산 제품을 도입하거나 소나 국산화를 위한 노력이 없었다는 해군의 안일한 태도에 대한 비판은 피할 수가 없었다.

사실 대한민국 해군은 오래전부터 소나를 개선하기 위해 많은 노력을 기울였다. 1970년대에 미제 구식 진공관 소나의 개량을 시도하는 등 자체적으로 많은 시도를 했지만 소나의 핵심인 압전소재를 가공할 역량이 없어서 매번 사업에 실패했다. 결국 1980년대 포항함에 쓰인 SQS-58 같은 저가형 외산 소나를 수입했다. 그런데 그마저도 바가지를 쓰기 일쑤였는데, 소나의 성능은 국가 핵심 기밀이다 보니 소나를 파는 외산기업들이 판매 금액을 터무니없이 높은 가격으로 제시했다. 심지어 소나가 판매되기 전까지는 그 상세 제원을 공개하지 않아서 대한민국 해군에 맞는 소나를 고르는 것조차 쉽지 않았고, 독일로부터 조립 생산 계약을 맺은 소나의 경우는 기술 습득이 불가능하도록 부품과 접착제만 왔을 정도로 사후 서비스도 나빴다.

그런 이유로 대한민국 연구진은 갖은 고생을 겪으며 관련 기술을 하나씩 쌓아가야만 했다. 해군의 그런 태도가 대중에게는 태만하고 안일한 모습으로 비춰지면서 방산 비리라는 오명을 쓰게 되었다. 하지만 대한민국 해군에게 핵심 장비의 국산화 개발이라는 신념은 변하지 않았다. 그 결과 1980년대 항만감시체계를 개발하는 과정에서 수동 소나인 선배열 소나의 제작 기술을 습득했고, 아틀라스사, 레이시온사의 능동 소나를 도입하며 절충교역을 통해 관련 기술을 획득하게 되었다. 그것을 계기로 1999년에는 수상전투함용 선배열 패시브 예인소나 SQS-220K 흑룡을 개발하면서, 수동 소나 개발로 자신감을 얻은 군은 2003년 고성능 능동 소나 개발을 본격적으로 추진하게 되고 2006년부터는 체계 개발까지 진행했다.

그러나 애석하게도 천안함 사건이 일어난 2010년까지 관련 체계를 개발할 수 없었다. 연구진이 아무리 노력해도 선도국과의 수십 년 격차는 단숨에 메울 수 있는 것이 아니었다. 그러므로 천안함 사건 이전까지 대한민국 해군이 아무것도 하지 않았다는 것은 세간의 오해에 불과하다. 만약 그것이 사실이었다면 사건이 일어난 지 불과 2년 만에 국산 소나를 장비한 신형 호위함이 등장할 수 없었을 것이다.

그것은 SQS-240K 개발 과정을 통해서도 알 수 있다. 당시 개발을 맡았던 연구진에 따르면 헐마운트 소나의 개발을 시작했을 때는 개발에 사용할 만한 대형 음향 수조조차 없었다고 한다. 그래서 2008년에는 길이 20m, 폭 12m, 깊이 10m의 수조를 제작하는 것부터 개발이 시작됐다. 그에 더해 대량 생산을 위한 압전재료 국내 개발과 고출력 송신기 및 소나돔 설계를 위한 노력이 투입되었다.

그러한 과정에서 국산 개발의 실패를 염두에 두고 해외 협력을 추진했다가 외국 제조사에게 갑질을 당하거나, 돔 내부 음파 반사를 막을 두께 10cm의 고무 소재 부속인 '음향 배플'을 개발하는 데 실패해서 외국산을 도입하는 등 우여곡절이 많았다. 심지어 예산 제약으로 인해 잠수함과 구조선, 구축함, 고속정단과 헬기가 동원된 초대형 시험평가단이 고작 두 달 동안 동해, 서해, 남해를 모두 돌아다니며 소나의 성능을 테스트했다. 그런 고난에도 불구하고 목표했던 독일제 소나보다 우수한 국산 소나를 개발하는 데 성공했다. 당시 시험평가단장은 "독일제와 비교했다가 성능이 떨어지면 어쩌나 하는 걱정을 했는데, 오히려 대한민국 제품의 성능이 우수하게 나와서 굉장히 보람이 있었다."라며 그때의 감격을 회고했다.

2022년 7월 현재, 곧 진수될 정조대왕함에 탑재되는 함수소나는 SQS-240K에서 더욱 진보한 차세대 음파 탐지 체계이다. 인천급보다 만재배수량이 최대 4배나 되는 정조대왕함의 구상선수에 탑재되는 만큼 그 규모도 상당하다. 대한민국의 자랑인 세종대왕급 소나돔보다 무려 두 배나 커진 만큼, 당연히 그 성능도 우수하다고 할 수 있다. 이처럼 대한민국은 끊임없는 국산화와 기술 개발을 통해 외국산 무기에 의존하던 무기 종속국에서 자주국방이 가능한 선진 군사 강국으로 도약하고 있다.

47

대한민국 중소 방산기업의 힘

F-35[1]에는 일반인이 모르는 엄청난 비밀이 있다. 일부 핵심 부품이 대한민국산이라는 것인데, 그것도 꽤 중요한 고가의 정밀부품인 조종간[2]操縱杆; Control Stick, Control Wheel이다. 정확히는 F-35의 조종간을 구성하는 스위치 22개 중 무려 12개가 국내 기업 '성진 테크윈'에서 생산된 것이다. 성진 테크윈은 F-35뿐 아니라 세계적인 베스트셀러 항공기인 F-16에 들어가는 스위치도 납품하고 있는 명품 방산기업이다. 게다가 국산 항공기 KT-1, T-50, KF-21에 들어가는 모든 조종간용 스위치와 K-2 흑표 전차에 탑재된 전차장용 조종간, 도산 안창호급의 조종간에 들어가는 스위치도 모두 성진 테크윈에서 제작되었다.

첨단무기에 들어가는 스위치는 모두 국내 중소 방산기업이 만들었다고 해도

---

1 F-35 Lightning II, 미국의 5세대 스텔스 다목적 전투기. 미국의 P-38 라이트닝과 공동 개발국인 영국의 BAC 라이트닝을 모두 계승하겠다는 의미에서 Lightning II가 됨. 단발기라 엔진도 큰데 무장창까지 안으로 넣다 보니 크지 않은 미들급 덩치에 비해 상당히 두꺼워진 모습이 특징임. F-22 랩터가 F-15를 대체하는 기종이라면 F-35는 F-16/해리어/A-10/F/A-18 등 로우-미들급 전투기와 공격기를 모두 대체하는 기종임. F-22의 가격이 워낙 천문학적으로 비싸기 때문에 좀 더 저렴하고 다양한 임무를 맡을 수 있는 멀티롤 전투기/공격기로 설계되었음. 기존 F-15가 제공권 장악, F-16이 지상 공격 임무를 맡았던 것처럼 F-22가 제공권 장악, F-35가 지상 공격 임무를 맡는 식인데, F-22는 미군도 200기 내외밖에 운용하지 못하고 있고 수출도 하지 않기 때문에 F-35는 단독으로 제공권 장악과 요격도 실행할 수 있도록 제작되어 있음.

2 조종사의 조종면(보조익, 승강타) 조작을 위해서 활용되는 비행기 조종실 내의 조종 장치. 휠Wheel형과 스틱Stick형이 있으며, 휠 타입 조종간에서 휠의 회전은 보조익Aileron을 작동시키고 전후 이동은 승강타Elevator를 움직임. 휠은 완전한 원을 그리지 않기 때문에 둥그렇게 제작되지 않고 휠의 일부 형태만 갖춤. 스틱 타입은 좌우 이동으로 보조익을 조종하고 전후 이동은 승강타를 조종하도록 고안되어 있음.

F-35 콕핏 시뮬레이터°

과언이 아닐 정도로 대한민국에는 일반인이 모르는 고급 방산 기술을 보유하는 기업들이 많다. 정밀 무기 하나에 수천 개의 부품이 들어가는 만큼 그것은 아주 당연한 이야기 같지만, 일반인이 상상하지 못할 정도로 굉장한 장비를 만드는 방산기업이 국내에 많음에도 불구하고 그와 관련된 내용은 전혀 알려지지 않은 것이 사실이다. 그래서 이번에는 대한민국 곳곳에 숨어있는 명품 방산기업의 기상천외한 제품들과 그에 얽힌 이야기를 알아보고자 한다.

"FOX 2!" 옛날 영화의 전투기 등장 씬에서는 파일럿이 꼭 이 대사를 외친 뒤 미사일을 발사하곤 했다. FOX는 공중전에서 오사誤射를 방지하기 위해 만들어진 약어인데, 조종간에서 스위치를 눌러 미사일을 발사하기 전에 이뤄지는 최후의 안전장치이다. 만약 조종사가 스위치를 누르지도 않았는데 미사일이 멋대로 발사된다면, 아마 아주 작은 단거리 공대공 미사일이라 할지라도 수십 명이 죽거나 다칠 것이다. 전투기의 조종간 스위치는 조종사가 발사를 결심하고 누르기 전까지는 절대로 작동하지 않아야 하므로 조종간에 들어가는 스위치는 정밀한데다 고가

○ 출처 ©Cpl. Michael Thorn

일 수밖에 없어서, 스위치 하나의 가격이 100만 원을 넘을 정도이다. 조종간 스위치 개발 업체 대표에 따르면 고가인 F-35용 조종간은 여유분을 생산하지 않을 정도이다. 극도로 정밀한 작업을 요구하는 만큼 대부분 수작업으로 진행되다 보니 세계적으로 인정받은 스위치 제조업체가 되었다.

하지만 국내 스위치 기업이 처음부터 충분한 기술력을 갖춘 회사였던 것은 아니며, 2002년 F-35용 스위치 수출을 계기로 비로소 발전하였다. 지난 2002년 미국 국방부으로부터 F-35 조종간 개발을 의뢰받은 세계 최고의 군용 조종간 제작 기업인 에섹스사가 국내 방산업체에 스위치 개발을 의뢰했다. 그것은 너무 엄청난 소식이라 해당 업체의 직원들은 그것을 믿지 않았을 정도였는데, 그 개발 과정은 그들이 생각하는 것 이상으로 더욱 엄청났다.

그들은 불에 타지 않고 가벼우며 전후좌우로 움직이면서도 가운데를 강하게 누르면 화면 메뉴를 선택할 수 있는 스위치를 만들어야 했다. 연구진에 따르면 그 요구사항에 맞는 완벽한 스위치를 개발하는 데만 무려 1년이 걸렸다고 한다. 그들은 그 후 2년 동안 에섹스사가 요구한 6가지의 스위치를 추가로 개발하면서 기술을 축적하였다.

그러한 사례처럼 국내에는 잘 알려지지 않았지만 엄청난 기술력을 가진 국내 방산기업들이 많아서 대한민국 군 역시 국내 영세업체를 지원하고자 다양한 사업을 진행 중이다. 해외 방산시장에 진출할 수 없는 중소기업을 위해 대기업과 함께 진출하도록 하거나 중소기업이 보다 쉽게 사업에 입찰할 수 있도록 여러 혜택을 제공 중인데, 그러다 보니 그에 따른 문제 역시 많이 생기게 되었다.

대표적인 사례가 PRC-999K[3] 안테나 방산 비리 사건이다. 지난 2021년 4

3 정식 명칭은 FM무전기 세트 PRC-999K. 대한민국 육군 보병의 메인 통신장비. 1991년 초도 양산 시작. 그전까지 사용되던 AN/PRC-77K, 통칭 '월남 무전기'를 대체하며 도입되어 현재 상비사단급에서는 편제가 완료되었음. 도약방식을 도입하여 보안성을 강화하고 ECCM(대전자전능력)을 향상시켰음. 보병연대에서는 중대급 제대에 2대씩 편제되어 있으며, 그 상위제대(대대, 연대)까지의 통신은 이 장비가 담당함. 또한 연대 지원중대나 대대 화기중대 같은 경우는 소대급, 혹은 포마다 편제되어 있음. 단순한 평문통신 기능 이외에도 대한민국 육군의 각종 데이터 연동 장비는 PRC-999K와 연동될 것을 전제하고 만들어지기 때문에 후에 나

월 국내 언론을 통해 대한민국 군이 1993년 국산화에 성공해 전군에 배치한 PRC-999K의 안테나가 짝퉁 중국산이라는 충격적인 사실이 보도되었다. 2017년부터 안테나를 공급한 업체가 단가를 낮추고 이윤을 높이기 위해 기존 안테나에 사용되던 합금강이 아닌 중국제 스테인리스강을 사용하였다. 그 수량이 무려 31,000여 개에 달했다. 그로 인해 한동안 야전부대에서는 "나뭇가지에만 스쳐도 안테나가 휘어서 무전이 불가능하다"라는 황당한 보고가 쏟아졌다. 만약 전시 상황이었다면 그처럼 작동하지 않는 무전기로 인해 수천 명이 목숨을 잃을 뻔한 상황이었다.

해병대 훈련 중 PRC-999K°

안테나에 대한 항의가 빗발치자 군 당국은 2020년 9월, 군사경찰을 투입해 방산비리 조사에 들어갔다. 그 결과는 황당하게도 아무 문제가 없는 것으로 결론이 났다. 군 당국에서 확인한 국방규격에는 장비의 크기와 성능만 명시되었을 뿐, 강도를 제한하거나 사용할 수 있는 재료를 한정하는 문구가 없어서 그런 문제 상황을 알았음에도 처벌할 방법이 없었다. 결국 2021년부터 국방기술품질원이 나서서 국산화 28년 만에 PRC-999K의 품질 기준을 재정립하고 나서야 문제가 해결되었지만, 그 사건은 심각한 문제였다. 멀쩡히 작동하는 PRC-999K가 졸지에 불량 장비가 되면서 해당 기간에 무전병으로 복무한 장병들에게는 '국산 장비는 작동 불능의 쓰레기'라는 잘못된 인식을 심어줄 수 있었기 때문이다.

현재 대한민국 군은 무기체계 개발 시 적절한 작전운용성능ROC을 산출할 수 있도록 여러 조치를 하고 있다. 일례로 한국 방위산업학회를 중심으로 빠르게 변

오는 각종 연동장비들의 중계 역할을 담당하기도 함.

° 출처 ©대한민국 국군

화하는 미래 전장에 대응하도록 능동적인 무기 개발이 가능한 '진화적 ROC'를 연구 중이다. 그처럼 도처에서 많은 노력을 기울이면서 대한민국 방위 산업이 발전하는 만큼, 4세대 레이저인 어븀Erbium 글라스 레이저, 자동 포신청소기 등 우수 방산기업들의 기상천외한 장비 개발도 지속적으로 이어지고 있다.

어븀 글라스 레이저는 세계적으로도 세 번째로 개발에 성공한 차세대 레이저 기술이다. 최근 수년 동안 국민들이 보고 들은 레이저 무기는 대부분 공격용 고에너지 레이저 무기였다. 지난 2020년 대한민국 국방과학연구소가 고에너지 레이저 무기를 이용한 요격 시험에 성공한 이후로 적의 미사일이나 항공기를 격추할 수 있는 강력한 레이저포로 국민의 관심이 쏠렸지만, 지난 수십 년 동안 쓰인 군용 레이저는 모두 관측용 장비였다.

초당 30만km라는 레이저의 빠른 속도와 직진성을 이용해서 거리를 측정하고, 그것을 이용해 포병에게 정확한 제원을 제공하거나 공군이 발사할 레이저 유도폭탄의 유도를 도왔다. 또한 근접전투를 수행하는 보병의 조준을 돕는 조준선으로도 기능했지만, 강한 직진성을 띠는 강한 빛이라는 특성으로 레이저를 이용한 군용장비를 운용하다가 실명하거나 안구 손상을 입는 등의 문제가 있었다.

하지만 국내 기업이 개발한 어븀 글라스 레이저는 어븀이라는 특수한 매질을 사용해서 안구에 피해가 없었다. 최신 레이저인 ES-2의 경우 무려 8km에 달하는 먼 거리까지 정확한 측정이 가능하므로 이를 이용해서 안전한 관측용 레이저를 만들 수 있다. 한화시스템이 개발한 다기능 관측경의 핵심 부품이 바로 ES-2 레이저이다. 한화시스템은 개발된 레이저의 뛰어난 원거리 측정 능력을 활용해 화학 탐지 센서를 만들었다. 공기청정기에 달린 가스 측정기처럼 레이저를 이용해서 화학탄의 폭발로 발생한 독가스의 움직임과 위치를 특정한 것이다. 그런 장비들은 북한과 중국과 같이 화학무기를 일반 포탄처럼 사용하는 국가들을 상대해야 하는 대한민국군에 필수적인 장비이다. 그처럼 살상력이 전무한 작은 레이저 하나를 만드는 업체라 할지라도 대한민국 방위 산업에는 굉장한 영향을 끼칠 수 있다.

또 다른 좋은 사례가 바로 포신 자동청소기이다. 대한민국 포병은 막강한 만큼 그에 대한 투자도 엄청났다. 심지어 이번 우크라이나 전쟁에서 러시아 포병이 무너지면서 대한민국 육군의 포병이 수적으로는 물론 장비로도 세계 최고라는 말이 나오고 있다. 100mm가 넘는 각종 대구경 포의 숫자만 5,000문이 넘고 첨단화된 155mm 자주포를 2,000문 이상이나 보유한 데다가 M270이나 하이마스 수준의 고성능인 천무 다연장 로켓을 300문이나 배치 중이다. 이처럼 막강한 대한민국 포병이라 할지라도 전장에서 반드시 해야 하는 일이 바로 포신 청소이다.

대포는 그 어떤 무기보다 많은 화약을 추진제로 사용하는 무기인 만큼 포를 쏠 때마다 많은 찌꺼기가 쌓인다. 그것을 제때 제거하지 않으면 포의 정확도가 떨어지고 심하면 발사 도중 포신 안에서 포탄이 폭발하는 참사가 일어날 수도 있다. 하지만 포신의 길이만큼 길고 무거운 꼬질대를 움직여서 해야 하는 포신 청소는 쉬운 일이 아니다. 특히 포신의 길이만 9m에 달하는 K-9의 포신 청소는 적어도 5~8명이 달려들어 어깨높이에서 잡은 꼬질대를 노 젓는 죄수처럼 세 시간 동안이나 왕복해야 하는 중노동이다.

그런 중노동을 전쟁터에서와 같이 하루 종일 포를 쏴야 할 경우에는 더욱 자주 세심하게 하는데, 그런 불필요한 전력 낭비를 막기 위해 국내 기업에서 자동 포구 청소기가 개발되었다. 주로 전차에 쓰이는 활강포용과 자주포에 쓰이는 강선포용의 두 종류로 개발했다. 개발자에 따르면 강선표용의 개발이 특히 어려웠다. 그것은 K-9에 있는 48개의 강선에 맞춰 48개의 브러쉬가 정확하게 작동해야 하고 세척유가 포신에 골고루 분사하는, 아주 정밀하고 완벽한 성능을 요구했다. 그런 고난도 기술인 탓에 한때 개발을 중지했을 정도였다. 쉽게 포기하지 않고 개발에 매진한 결과, 세척 과정에서 세척유를 골고루 뿌려주면서 모든 강선을 완벽하게 청소하는 포신용 청소기 개발에 성공했다. 대한민국 군이 크게 만족한 것은 물론, 이제는 K-9이 수출된 외국이나 비슷한 포신의 대포를 운용하는 국가들로 수출을 타진할 정도이다.

2021년 7월 기준으로 국방기술품질원에 등록된 중소 방산 기업의 수는 총 2,226개소이며, 그들이 등록한 방산 기술은 무려 4,201건에 달한다. 그러한 통계는 대한민국의 자랑스러운 방산 무기들은 돈을 퍼부어 개발한 것이 아니라, 국내 방산 기술자들이 밤을 새우며 흘린 피와 땀으로 만들어진 것임을 말해주고 있다.

48

대한민국 선박 엔진 독립

대한민국의 엔진 독립이 가속화 되고 있다. 상선에 쓰이는 대형 선박용 엔진을 국산화하면서 그동안 축적한 노하우를 통해 완전히 새로운 형태의 추진체계를 탑재한 군함 건조가 추진되었다. 2022년 현재 대한민국은 세계 5위의 제조업 강국이다. 반도체, 조선, 화학 등 세계시장의 각 분야 중 국내 기업들이 두각을 나타내지 않는 곳이 없을 정도지만, 그처럼 대단한 대한민국도 쉽게 도전하지 못했던 분야가 바로 엔진이었다.

대우조선해양 항공 사진°

첨단 기계공학의 정수인 엔진은 우수한 인재와 막대한 예산을 퍼부어도 충분한 경험과 노하우가 없으면 손댈 수 없는 분야라서 엔진 독자 개발은 대한민국이

° 출처 ©IikaJzuchiN

라 할지라도 한계가 있었다. 특히 선박 엔진이 가장 큰 문제였는데, 한 척에 최대 수만 개의 컨테이너를 싣는 컨테이선 등 엄청난 규모의 선박을 움직이는 선박 엔진은 고등 기술의 결정체였다. 과거 대한민국은 엔진의 구입이나 면허 생산을 통해 선박용 엔진을 충당했으므로, 그로 인해 막대한 외화가 유출될 수밖에 없었다. 엔진 분야에서 대한민국을 앞지르는 일본이 대한민국의 기술력으로는 절대 엔진 종속국을 벗어날 수 없다고 평가한 것도 그런 이유 때문이었다.

하지만 그동안 대한민국은 면허 생산을 통해 기술을 축적하면서 차근차근 엔진 독립의 기틀을 마련한 결과, 2000년에는 첫 국산 선박 엔진인 '힘센엔진'을 개발할 수 있었다. 그 후로도 쉼 없이 기술 개발에 매진한 결과는 신형 힘센엔진이 2021년 세계시장 점유율 1위를 달성하는 놀라운 성과로 나타났다. 엔진 개발이 큰 성과를 거두면서 그 정도라면 대한민국이 군함에 쓰일 엔진까지 독자 개발할 수 있지 않겠느냐는 의견이 대두했지만, 막상 현실은 쉽지 않았다. 상선에 쓰이는 디젤엔진과 대형 전투함에 쓰이는 가스터빈엔진은 그 종류가 전혀 다른 것이었다. 결국 군용 엔진 개발에 나섰던 전문가들도 모두 개발을 포기하려고 할 때 반전이 일어났다.

선박용 엔진에 쓰이는 연료가 천연가스, 수소-암모니아 등으로 변화하고 전기추진체계IEP가 군함 추진체계의 새로운 기준으로 자리 잡기 시작하면서 기존 엔진 업체들의 기술력으로도 충분히 가능할 듯한 틈새가 생긴 것이다. 그와 동시에 대한민국 개발진이 항공기용 터보팬 엔진의 가스터빈 코어부 개발에 성공하면서 엔진 국산화의 바람은 가속화되었다. 그에 따라 군용 엔진의 국산화와 그것을 이용한 완전전기추진체계IEFP 개발의 문이 열렸는데, 그런 좋은 성과에도 불구하고 대한민국 개발진은 전혀 만족하거나 흥분하지 않았다. 오히려 냉철하게 부족한 부분을 판단하고 검증된 면허 엔진을 이용해 차분히 노하우를 쌓았고 빠르게 차세대 추진체계를 개발했다. 그 새로운 추진체계가 대한민국 해군의 차세대 구축함 KDDX[1]에 탑재된다. 일반인들은 대한민국이 조선造船 강국이라는 사실은 잘 알아도 군함의 추진체계인 선박 엔진에 대해서는 알기가 쉽지 않다. 이번에는 대한민국 선박용 엔진에 얽힌 비화와 KDDX용 통합전기추진체계에 대해 상세히 알아보고자 한다.

지난 7월 22일 현대중공업은 첫 국산 선박 엔진인 신형 고성능 '힘센엔진' H32C 25기가 처음으로 납품되었다고 밝혔다. 업체는 기존 엔진보다 출력을 20% 높이고 연비를 크게 줄여서 전망이 밝다고 말한다. 힘센엔진은 선박의 전력을 책임지는 발전기를 구동할 때 쓰는 발전기용 중형 엔진이다. 지난 2000년 처음으로 대한민국에서 엔진을 개발했을 때는 디젤엔진뿐이었지만, 최근에는 천연가스, 메탄, 수소, 암모니아 등 친환경 에너지를 함께 사용하는 이중연료 엔진 등 20여 종에 가까운 파생형 엔진이 세계 각지에 1만 4천 기나 팔렸다. 전 세계 수천 척의 선박이 대한민국의 힘센엔진을 사용한다는 사실을 아는 일반인은 거의 없는데, 대한민국의 엔진 개발사를 살펴보면 자랑스러움에 앞서 안타까운 마음이 먼저 생길 수밖에 없다.

1990년대까지만 하더라도 대한민국은 가난을 막 극복한 상태의 개발도상국이었다. 산업을 육성하고 있기는 했지만 기술력이 변변찮아서 당시 대한민국 조선업체들은 배를 만들 때 선박의 엔진을 해외에서 도입했고, 그로 인한 외화 손실과 이익 감소가 엄청났다. 그 때문에 면허 생산으로 그 비용을 줄이려는 시도를 했지만, 막대한 기술료와 선진국의 간섭에 많은 불편을 겪어야만 했다. 심지어 엔진 개발사의 불허 때문에 기껏 성사된 계약이 파기되는 사태까지 일어났고, 결국

1 KDDX(한국형 차기 구축함)는 대한민국 해군과 방위사업청이 KDX(한국형 구축함) 사업에 이어 추진하는, 경하 배수량 6,500톤급 구축함의 사업명임. KDDX는 선체부터 전투체계, 다기능 레이더를 비롯 각종 무장까지 모두 국내기술로 건조되는 첫 국산 구축함임. 다기능 위상배열레이더와 탄도탄 탐지·추적 능력을 갖춰 '한국형 이지스함'으로도 불리는 KDDX에는, 함정의 레이더 반사 면적(RCS) 감소를 위한 통합마스트 및 소음 감소를 위한 추진체계 등 스텔스 설계가 적용될 예정임. 해군은 2020년부터 2036년까지 개발비 1조 8천억 원, 건조비 6조 원을 들여 총 6척을 건조할 예정으로, 2023년까지 기본 설계를 완료하고, 2024년부터 상세 설계 및 선도함 건조를 추진할 계획임.

현대중공업 LNG선[o]

외국 기업들의 갑질에 폭발한 국내 기업들이 국산 엔진을 개발하기 시작한 것이다.

때마침 세계적인 문제로 급부상하던 환경 이슈와 연료 효율 증대를 위해 여러 분야의 국내 연구진이 힘을 합쳤는데, 그 목표는 개발자가 아니라 사용자의 편의에 중점을 둔 고감도Hi-Touch 엔진의 개발이었다. 점검이 쉽고 간단한 개방적 구조의 설계, 환경 규제 강화를 염두에 둔 친환경 설계로 엔진을 만들었고, 그것이 바로 힘센엔진의 탄생 배경이 되었다. 그렇게 힘센엔진이 완성되자 국내의 선박 엔진 기술은 빠르게 발전하기 시작했다. 그 결과 STX엔진, HSD엔진, 두산중공업 등이 두각을 나타내면서 세계의 선박용 엔진 중 상당수가 대한민국에서 만들어졌다.

특히 중형 선박용 엔진은 대한민국이 거의 독차지했다고 해도 과언이 아닐 정도이다. 최근에는 LNG와 메탄올 등을 경유와 같이 쓸 수 있는 이중연료 엔진 시장까지 선도하면서 지난 2018년에는 최대 출력 3만 6천 마력의 디젤/LNG 이중연료 엔진인 힘센엔진 H54DF를 개발했다. 최근에는 수소와 암모니아를 이용해

ㅇ 출처 ©MasiulisJonas1

서 탄소나 황 배출 등의 환경 규제에 걸리지 않으면서도 성능은 더 우수한 신형 이중연료 엔진 개발에 박차를 가하고 있다.

대한민국산 선박 엔진이 성과를 거두자 개발진 내에서는 군함에 쓰일 국산 엔진도 가능하다는 말이 나왔지만, 그런 생각과 달리 현실의 벽은 높았다. 당시 대한민국의 엔진 기술로는 군함의 엔진을 독자 개발하는 것이 불가능했다. 그 이유는 상선에 쓰는 엔진과 군함에 쓰는 엔진은 전혀 다른 것이기 때문이다. 현재 국내에서 생산되는 엔진은 대부분 디젤 엔진이다. 상선이 쓰기에는 디젤 엔진이 가스터빈 엔진보다 연료 효율이 높고, 별도로 설치해야 하는 설비가 적어 공간 활용도가 높으며 정비 소요가 적다. 가스터빈 엔진은 회전이 너무 빨라서 감속용 기어박스를 갖춰야 하는데, 기어박스의 관리가 굉장히 까다롭고 그 비용이 많이 들어서 상선에는 가스터빈 엔진을 쓰지 않는다.

하지만 군함의 경우 적 잠수함과 같은 갑작스러운 공격을 피해야 하며 설령 엔진이 꺼져 있더라도 비상 상황 시 빠르게 가속할 수 있어야 한다. 또 레이더 집중 조사나 미사일 발사를 위해 순간적으로 막대한 전력을 써야 하는 일이 잦으므로, 효율이 낮아도 회전이 빨라서 가속이 쉽고 순간적인 에너지 공급에 유리한 전투용 엔진이 필요하다. 그래서 원자력을 사용하지 않는 대부분의 현대 군함은 가스터빈 엔진을 메인 엔진으로 사용하였다. 연료를 아껴야 하는 평상시에는 디젤 추진으로 움직이지만 급히 기동하거나 적의 공격에 맞서기 위해 각종 레이더와 무장을 가동할 때는 순간 출력이 우수하고 회전이 빠른 가스터빈이 훨씬 낫기 때문이다.

일부 고성능 군함은 고속과 고출력을 위해 가스터빈만 사용하는데, 디젤에서 가스로 전환하는 데에도 상당한 시간이 소요되기 때문이다. 대한민국 해군의 자랑인 세종대왕급 이지스함이 그 좋은 사례이다. 세종대왕급과 후속 시리즈인 정조대왕급은 COGAG(Combined gas and gas) 추진방식을 사용하므로 모든 엔진이 가스터빈이라고 봐도 무방하다. 다만 평상시에는 비용 절감을 위해 엔진의 절반만 사용하다가 급할 때 모든 가스터빈을 작동해서 가속력과 전력 생산량을 높인다. 그 때문에 놀랍게도 1만 톤이 넘는 이지스함의 순간 가속력은 최대속도 40노트인 74km로, 참수리급 고속정보다 빠른 것이다.

그래서 새롭게 건조된 신형 참수리는 가스터빈과 디젤을 같이 사용하는 CODAG(Combined diesel and gas) 추진방식을 사용한다. 항공기용 터보팬 엔진의 구동을 담당하는 코어부가 가스터빈 엔진임으로 선박용 대형 가스터빈은 디젤엔진보다 항공기용 제트엔진과 구조가 유사하다. 하지만 아쉽게도 아직 대한민국에는 선박에 쓸 만한 대형 가스터빈 엔진을 설계부터 제작까지 독자적으로 수행할 수 있는 능력이 없다. 다시 말해 대한민국 조선 기업이 만든 선박용 디젤엔진은 군함에서 메인 엔진으로 쓸 수가 없다는 뜻이다.

하지만 시대가 바뀌면서 변수가 생겼다. 하이브리드 추진이 등장한 것이다. 사실 가스터빈 방식의 치명적인 단점은 소음과 전력 문제였다. 고속으로 회전하는 가스터빈은 가속에는 유리하지만 소음이 너무 커서 가스터빈만 쓰는 군함은 적 잠수함에게 추적당하기 쉽다. 그 때문에 새롭게 등장한 것이 CODLOG(COmbined Diesel-eLectric Or Gas Turbine)과 같은 하이브리드 추진이다. 하이브리드 추진은 평상시에는 디젤엔진으로 모터를 돌려 움직이다가 비상시에만 가스터빈으로 속도를 낸다. 디젤엔진을 스크류에 연결하지 않고 모터를 통해 스크류를 돌리면서 디젤엔진을 군함 깊숙한 방음 구역에 설치할 수 있었다. 그럼으로써 평상시에는 전기차처럼 조용하게 움직이며 디젤엔진의 높은 에너지 효율을 이용해 전기를 생산하는 것이 가능하다.

그 덕분에 현대 군함에 필요한 막대한 전력을 보충하는 한편 더 적은 연료로 장거리를 항해할 수 있다. 그렇게 항속거리가 늘어나면서 더 큰 출력이 필요한 고성능 레이더를 탑재하게 된 것이다. 대한민국 해군의 대구급 호위함이 CODLOG 방식을 사용하였다. 고속주행을 위해 디젤에서 가스터빈으로 변환하는 데 시간이

가스터빈 엔진

지연되는 단점이 있어서 최근에는 영국의 23형 구축함처럼 가스터빈 엔진과 디젤을 동시에 사용해 변환 시간을 없앤 CODLAG(COmbined Diesel-eLectric And Gas Turbine) 방식으로 대체하였다. 이렇게 국산 디젤엔진은 군함에서도 충분히 제 역할을 할 수 있었다.

또 하나의 변수는 국산 터보팬 엔진의 개발이다. 대한민국 연구진은 5,500파운드급 가스터빈 엔진을 개발하는 데 성공했다. 전문가들은 그 크기를 늘리는 것은 그리 어렵지 않은 일이라고 말한다. 게다가 든든한 기반이 되는 한화에어로스페이스는 전투기 엔진을 면허 생산하는 것으로 유명하다. 사실 대한민국 군함에 쓰이는 미국 GE사의 LM-2500 가스터빈 엔진도 한화에어로스페이스가 수십 년 동안 면허 생산하고 있다. 그러므로 터보팬 엔진 기술을 이용해서 선박용 고성능 가스터빈엔진을 만들 기반은 충분히 갖춰져 있는 상황이다. 하지만 일각에서는 당장 동북아시아 상황이 위태로운 시점에서 10여 년 후에 나올 가스터빈 엔진이 무슨 소용이냐는 반론을 제기하였다.

대한민국 연구진과 군 역시 그러한 상황을 알고 대비한 것이 바로 통합전기추진체계 IFEP를 적용한 차세대 구축함 KDDX이다. 통합전기추진체계는 군함의 메인엔진인 가스터빈까지 모터를 돌리는 발전용으로만 활용하고 오직 전기추진으로만 배를 움직이는 시스템이다. 이를 통해 고속에서도 저소음을 달성하고 전력생산량을 높이는 것이 가능해진다. 또 회전수 조절을 위한 기어박스가 필요 없으므로 정비 소요가 크게 줄어서 기관실에 필요한 인력이 크게 감축하였다.

결정적인 것은 통합전기추진체계는 지금 당장 대한민국이 만들 수 있다는 사실이다. 핵심인 LM-2500 가스터빈이 면허 생산이라 기술료가 다소 들기는 하지만, 국산 디젤발전기, 국산 전기모터 등 모든 체계의 국내 생산이 가능하다. 만약 더 높은 효율과 친환경성을 가진 수소-암모니아 디젤 발전기가 완성된다면 KDDX의 IFEP는 세계 군함의 표준이 될 수도 있다.

KDDX는 내년까지 모든 설계를 마무리 짓고 후년인 2024년부터 건조建造를 시작할 예정이다. 그 정도라면 사실상 완성도를 높이고 있을 뿐, 항상 얼마든지 만들 수 있다는 의미라고 해석된다. 그동안 대한민국은 고난과 역경을 딛고 선박 엔진과 미래 군함 추진체계를 독자적으로 개발해 왔다. 아무쪼록 곧 건조될 KDDX가 단 하나의 결함도 없이 완성되어서 대한민국의 영해領海를 굳건히 지켜주길 바랄 뿐이다.

49

수소 연료 장갑차

미국조차 실패했던 '전기 장갑차' 개발에 대한민국이 나섰다. 수소연료전지 기반의 '수소 장갑차'가 그것인데, 해당 분야 전문가가 아니라면 수소연료전지라면 왠지 약하다는 느낌이 들 수 있다. 하지만 현존하는 배터리보다 우수한 수소연료전지의 에너지 저장 밀도를 이용해서 완전 전기 추진으로 운용되는 대형 군용장비 양산이 가능하기 때문에 절대로 그렇지 않다. 이것은 과거 미국이 개발에 실패했던 미래전투체계 FCS[1]를 뛰어넘는 초대형 프로젝트이다. 만약 사업이 성공한다면 방산 시장뿐만 아니라 수소연료전지를 사용할 수 있는 모든 분야에서 대한민국이 세계의 선도국이 되는 대사업이라고도 할 수 있다. 그렇게 되면 첨단 기술을 바탕으로 대한민국이 세계 시장을 선도하게 된다. 심지어 미래 시장에서 대한민국이 유럽 최강인 독일을 제치고 세계 4위 제조 강국이 되는 것이 가능할 수도 있다.

하지만 일본이 대한민국의 앞길을 막으려 한다. 현재 일본 역시 수소연료전지

1 미래형 전투 체계Future Combat Systems. 미 육군이 기존의 여단 편제를 여단전투단BCT으로 대체하면서 새로운 네트워크 중심전 교리에 따라 시행한 전력 강화 사업으로, FCS 네트워크 구축, 신형 유무인장비 및 보병장비 도입이 추진되었으나 예산 삭감과 효율성 재고를 이유로 일부 요소를 제외한 대부분이 취소됨.

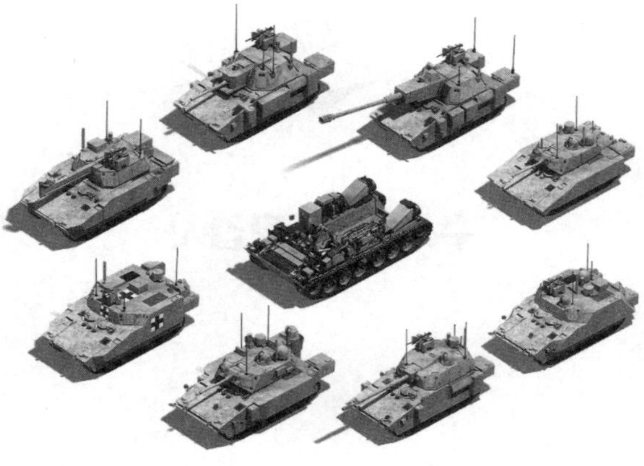

유인 지상 차량 제품군°

를 비롯한 수소에너지 개발에 막대한 투자를 하면서 '수소 사회'를 만들겠다며 가정용 수소보일러까지 개발하는 등 여러 인접 분야에서 눈에 띄는 성과를 내고 있다. 대한민국이 미래 수소 패권을 쥐기 위해서는 기술력으로 경쟁국인 일본을 앞서야 하는데, 그에 따라 대한민국에서도 '수소 경제'를 만들기 위한 여러 사업이 진행되었다.

특히 방산 분야에서는 수소 장갑차 같은 중장갑 차량의 다양한 연구가 진행 중이며, 올해부터는 K-806 차륜형 장갑차의 구동 체계를 수소연료전지 기반 전동화 추진체계로 교체하는 시험을 진행하고 있다. 2030년대까지 대한민국 군의 차세대 전차와 보병전투차를 수소 추진으로 개발한다는 상세한 로드맵까지 이미 대중에게 공개되었다. 그래서 이번에는 대한민국이 개발하고 있는 신개념 무기 수소 장갑차와 '수소 패권'을 두고 벌어지는 한일의 치열한 경쟁에 대해 상세히 알아보고자 한다.

지난 수십 년 동안 완전 전기추진 차량은 세계 각국의 군대가 바라는 꿈의 무

° 출처 ©U.S. Army

기였다. 그 이유는 전장의 0순위라 할 수 있을 정도로 지구상 어느 군대나 추구하는 궁극적인 목표가 바로 은밀성이기 때문이다. 작은 폭발을 끊임없이 일으키는 엔진과 달리 전기 추진 차량은 모터만 사용하기 때문에 소음과 진동이 거의 없고 발열량도 적다. 또 기존에 저장된 에너지를 사용하기 때문에 막대한 열의 발생으로 배기구를 통해 열을 배출하는 기존 차량에 비해 적외선 탐지 장비에 노출될 확률도 낮다. 전기추진 특유의 빠른 반응속도 덕분에 조종성이 우수하고 압도적인 전력 생산량으로 각종 첨단 전자장비를 효율적으로 운용할 수 있으며, 야간에 배터리와 모터만으로 저소음, 저진동, 저발열을 이용해 적의 코앞까지 접근한 이후 혼란에 빠진 적을 손쉽게 제압하는 것도 가능하다.

그렇게 대단한 전기추진 차량을 대한민국이 개발 중인 것이다. 정부가 발표한 국방기술기획서에 따르면 대한민국은 2026년까지 K-806 차륜형 장갑차를 수소연료전지 기반의 전기 장갑차로 개조할 예정이다. 이후 2030년 전까지 개발한 600kw 출력의 군용 연료전지를 기아가 개발 및 생산 중인 중형전술차량과 미래에 개발될 고기동 보병전술차량 HIFV에 적용할 계획이다.

이 사업으로 인해 그동안 개념 계획만 잡혀있던 K-3 차세대 전차 도입도 앞당겨졌다. 2025년까지 무게 25톤의 장갑차량에 쓸 전기기계식 변속기를 개발하고 2023년까지 초경량 고체 수소저장기술과 500WH/KG의 에너지 밀도를 가진 황화물계 전고체 전지 개발을 마무리할 예정이다. 이것은 수년 내에 대형 군용차량이 사용할 전기추진 체계가 완성된다는 의미이며, 그다음 단계도 이미 구상되었다.

현재 군은 궤도형 차량에 사용할 하이브리드 추진시스템을 2026년부터 2030년까지 개발하려는 구상을 끝마쳤다. 500kw를 구동계에 사용하고 200kw 외부 전력공급, 바꿔 말해 탑재장비에 쓸 수 있는 700kw 이상의 궤도형 추진체계를 만들 계획이다. 그 단계까지 개발이 순조롭게 이루어진다면 2030년대 초반부터 무려 1MW 추력을 낼 수 있는 초고성능 연료전지의 개발을 추진할 예정이다. 2022

년 현재 드론을 격추하는 첨단 레이저의 성능이 50~100kw 수준이라는 것을 감안하면 그것은 어마어마한 성능이다.

대한민국 군은 그 엄청난 연료전지를 50톤 이상의 유무인 복합전차, 즉 K-2 흑표의 뒤를 이을 차세대 전차 K-3에 적용할 계획이다. 1MW급 출력이면 국군이 개발한 차세대 전차포인 140mm 전열화학포와 레이저 APS를 동시에 운용할 수 있다. 그 정도 스펙이라면 최근 독일이 내놓은 KF-51판터 전차를 손쉽게 제압할 수 있는 전차계의 F-22 랩터가 되는 셈이다.

하지만 그렇게 엄청난 무기를 만드는 것이 그리 간단한 일이 아니다. 그 이유는 세계 최강이라는 미국조차 실패한 것이 전기로 추진하는 군용차량이었기 때문이다. 지난 2003년, 미국은 디젤 하이브리드 추진 전기 장갑차의 개발을 시도했다. 그것은 미래전투체계 FCS의 핵심 MGV 사업이었는데, MGV는 디젤 엔진으로 발전기를 돌리고 발전기가 생산한 전력으로 모터를 돌리는 직렬식 하이브리드 체계를 적용한 차량이었다. 디젤 추진보다 연비 효율이 20~40% 우수하고 변속기 등 여러 부가 설비 대신 배터리나 무장 등 추가 장비를 탑재할 수 있도록 개발되었다. 모듈형 설계를 적용해서 하나의 장갑차 차체로 IFV, 자주포, 전차를 대체하고 심지어 지휘, 정찰, 의무, 구난 등 파생형으로도 사용이 가능한 것이었다.

하지만 MGV 개발은 처참히 실패했다. 우선 엔진-발전기-모터라는 복잡한 구조 때문에 구동체계의 단가가 상승했고, 신뢰성과 정비성이 크게 떨어진 데다가 장갑이 너무 약했다. MGV 기반 전차나 장갑차는 항공 수송이 가능하도록 티타늄 합금 장갑을 사용해 무게를 줄였다. 하지만 무게를 줄이다 보니 티타늄을 사용했음에도 방어력이 심각하게 부족해져서 결국 MGV를 생산할 돈으로 M1 전차를 개량하는 것이 낫다는 결론과 함께 2009년 사업이 전면 중단되고 말았다.

대한민국이 몰두 중인 수소연료전지 기반 전기차량은 우수한 성능만큼이나 극복해야 할 단점이 많은데, 그것은 수소연료전지의 특성 때문이다. 수소연료전지는 리튬이온이나 니켈 전지 같은 2차전지를 뛰어넘는 3차 세대 전지인 연료전지이다. 연료전지는 연료가 되는 분자를 산소와 반응시켜 전기 에너지를 만드는 전지이다. 수소연료전지는 수소를 백금 등의 촉매와 접촉해 전자를 떼어내 발전기를 구동한 후 사용한 전자를 산소와 결합해 산소 이온을 만들고 산소 이온을 전자가 떼인 수소 이온과 결합해 물로 만드는 것이다. 그런 특성 때문에 탄소 배출 없이 전기를 생산하고, 충전 속도가 빨라서 리튬 이온 전지보다 에너지 밀도가 10배나 높으며 적은 부피로도 막대한 에너지를 저장할 수 있다.

반면에 구조적으로 너무 위험하다는 치명적인 문제가 있다. 태생적으로 수소는 폭발성이 매우 높아서, 에너지 밀도를 높이기 위해 액화하거나 압력을 가할수록 폭발력이 높아지며 금속에 침투해서 금속을 무르게 만드는 취화현상[2]을 일으킨다. 제대로 사용하기 위해 압축하면 자그마한 충격에도 폭발하는 수소 폭탄이 된다는 문제가 생긴다. 또 수소를 저장하는 데 성공하더라도 운반과 충전이 문제가 된다. 움직이는 폭탄인 수소를 안전하게 운반한 후에 압축된 수소를 옮겨 넣을 저장소가 없다면 수소의 효율이 아무리 높더라도 사용할 방법이 없다.

그러한 문제를 해결하기 위해 대한민국의 민民과 군軍이 함께 움직이고 있다. 전 세계적으로 수소를 차세대 에너지원으로 사용하려는 나라는 대한민국만이 아니기 때문에 관련 기술은 한 해가 다르게 발전하는 상황이다. 미국, 일본, EU와 같은 여러 국가나 국가연합에서 수소에너지 개발에 박차를 가하고 있다.

실례로 일본의 경우 아베 총리 시절부터 '수소 사회'를 만들겠다며 관련 분야에 막대한 투자를 한 결과 지난 5월, 일본의 한 보일러 회사에서 세계 최초로 가정용 수소 보일러를 개발하는 데 성공했다. 2019년부터 개발된 그 보일러는 올해 11월부터 호주에서 2~3년간 실증시험을 거친 뒤 본격적으로 양산될 예정이다.

유럽연합에서는 2050년까지 최대 620조 원이라는 막대한 비용을 투자해 수

---

2 Hydrogen Embrittlement. 금속이 수소원자를 포함하는 수용액 또는 가스분위기 중에 놓여 있을 때, 금속 내부에 수소가 확산 침입함으로써 연성이 저하하고 취약하게 되는 현상. 산세, 전해, 부식 등에 의해 생긴 수소가 침입하거나 고온의 수소분위기에 있을 때 발생함.

보병 분대 차량°

소 생산시설 확보를 추진 중이며, 미국은 FCS 사업이 처참히 실패했음에도 전기 추진 군용차량의 개발을 포기하지 않고 있다. 2005년에 GM과 함께 첫 수소전기차 실버라도를 개발했고, 2018년에는 25KW 전력 공급이 가능한 실버라도-2를 개발했다. 최근에는 3분 충전으로 640km 주행이 가능한 군용 수송트럭을 개발 중이며, 미 해병대에서는 MIT 링컨연구소와 함께 알루미늄을 활용해 수소를 만드는 'H-TaRP'를 연구 중이다. 이처럼 수소에너지 개발과 수소에너지를 이용한 군용 수소차의 개발은 명백한 시대적 흐름이라고 할 수 있다.

놀랍게도 대한민국은 그 분야의 최선두 그룹으로 미국, 일본과 함께 세계 최고 수준의 수소 기술을 보유 중이다. 현대차와 같은 국내 자동차 업계에서 차세대 자동차의 동력원으로 수소차에 막대한 투자를 퍼부은 덕에 다른 나라들을 압도하게 되는데, 미국을 추월하는 것까지 노릴 정도로 관련 기술력 확보에 열을 올리는 상황이다.

2019년 대한민국 정부가 작성한 수소 경제 활성화 로드맵에 따르면, 올해 중

° 출처 ©Michael J Malik

으로 전국에 310개 수소 충전소를 설치하고 수소 공급은 연간 47만 톤까지 확대할 예정이다. 메탄올 등 가격이 저렴한 연료개질[3]改質; reforming 방식을 적극 활용해서 수소 가격을 kg당 6,000원 수준까지 낮출 계획이다. 최종적으로 2040년대까지 연간 526만 톤의 수소를 생산하고 수소의 가격을 kg당 3,000원까지 낮춰서 완전한 수소 경제를 구현할 예정이다.

게다가 수소연료전지의 효율을 극대화하기 위해서 기존에 사용되던 2차전지를 업그레이드하며, 충격에 대한 안정성이 높으면서 기존 리튬이온전지의 성능을 수 배 상회하는 전고체 전지를 수년 내에 완성할 것이다. 전고체 전지가 완성되면 수소가 충전되어 있을 때는 효율이 높은 수소연료전지로 사용하다가 수소가 떨어지면 배터리로 이용하게 된다. 또 순간적으로 수소연료전지로 감당하기 어려울 정도의 높은 고전력이 필요할 때 배터리의 도움을 받을 수도 있다. 이를 통해 전열화학포나 레일건 같은 무기를 전차가 사용하는 것이 가능해진다. 현재 추진하고 있는 사업들이 계획대로 성공한다면, 대한민국은 세계 최초, 세계 최고, 세계 최강의 차세대 완전 전기추진 전차인 K-3를 현실로 보게 될 것이다.

---

3 열이나 촉매의 작용에 의하여 탄화수소의 구조를 변화시켜서 가솔린의 품질을 높이는 조작. 석유 정제 공정의 하나로, 옥탄값이 낮은 가솔린의 내폭성耐爆性을 높이는 것을 이름.

50

이온 엔진

"성능이 부족한 무기를 세일즈로 팔았다."

대한민국의 무기가 세계 시장에서 인기를 끌자 일본 극우세력이 부리는 억지다. 일본 무기에 비해 성능이 열등하고 신뢰성이 떨어지는 대한민국의 무기를 대통령이 체면도 잊은 채 구걸하듯 팔아치웠다는 것이다. 일본의 군사 전문가들은 그런 극우세력이 한심하다며 일본의 방위산업이 대한민국에 추월당했다고 한탄했다. FA-50의 수출 대박과 KF-21의 비행성만 봐도 대한민국의 방위 산업이 일본을 뛰어넘었으니, 특단의 조치를 하지 않는다면 대한민국의 국방력이 일본을 압도할 것이 분명하다는 의미이다.

그뿐만 아니라 그들은 갈라파고스화[1]Galápagos syndrome의 정점인 방산 무기를 혁신해야 한다고도 주장하는데, 일본의 '갈라파고스화'는 발전하는 세계와 달리 구시대에 묶인 채 고립된 일본의 처지를 비꼴 때 자주 사용하는 말이다. 실제로

---

1 일본 KADOKAWA의 사장이자 전 게이오기주쿠대학 대학원의 교수였던 나츠노 타케시夏野剛가 처음 사용한 용어로, 지역 시장에 특화된 기술과 서비스, 제품이 발전되어 국제 표준과 세계 시장에 맞지 않게 되고 결국 기술력과는 상관없이 세계 시장에서 고립되는 것을 의미함. 대표적으로 일본의 가전제품들을 들 수 있음. 이름의 유래는 육지로부터 고립되어 진화의 방향이 달라진 결과 고유한 생태계를 이루고 있는 갈라파고스 제도.

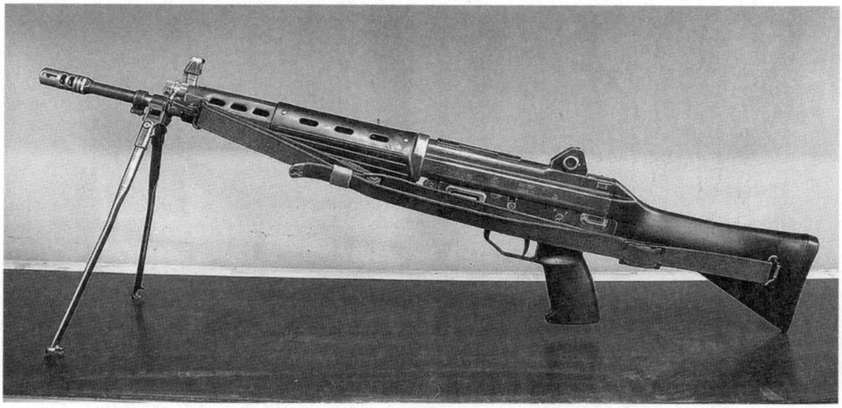

89식 소총°

일본의 극우세력의 주장과는 별개로, 세계가 집중할 만한 대한민국의 눈부신 발전과 성장세를 일본 정부는 극도로 경계하고 있다. 대한민국은 국방 분야에서 연일 새로운 무기를 개발하고 배치하면서 국방력을 강화하였다. 심지어 FA-50이나 K-9와 같은 명품 무기들이 해외로 수출되는 등의 성과까지 올리고 있다.

반면 일본의 방위산업은 처참히 무너지는 실정이다. 무조건 최강의 무기를 만들겠다는 과욕 때문에 ROC 기준을 높게 잡았다가 성능은 떨어지고 가격은 너무 높은 이른바 '방산 쓰레기'가 넘쳐나게 되었다. 그 결과 일본은 대한민국보다 수십 년 앞서 각종 첨단무기를 개발했음에도 불구하고 1945년 이후 지금까지 한 차례도 무기 수출에 성공하지 못하고 있다. 하지만 아무리 대한민국의 성장세가 가파르다고 해도 한때 세계 2위 경제 대국이었던 일본은 만만히 볼 상대가 아니다. 단적으로 그것을 증명하는 것이 한일 간의 우주 격차라고 할 수 있다.

대한민국은 현재 우주 분야에 엄청난 투자를 하고 있다. 다가올 미래전에서 지휘통제와 유도무기 운용에 꼭 필요한 우주 전력에 사활을 건 것이다. 그 결과 우

° 출처 ©上原直樹26普連

F-2[○]

주청 설립 논의가 국정과제로 오르고 KPS, 425 사업 등 우주군 전력 육성을 위한 여러 프로젝트가 진행 중이다. 그런 노력에도 불구하고 아직까지는 일본에 한참 뒤져있다는 평이 지배적이다.

대한민국은 최근에 겨우 우주청 설립 논의가 본격화된 데 비해, 일본은 지난 2003년에 이미 NASA를 본뜬 우주탐사 전문 국영기관인 JAXA를 설립했다. 게다가 소행성 탐사선인 하야부사はやぶさ의 왕복 비행을 성공시키는 등 실질적인 성과가 상당하며, 특히 하야부사에 세계 최초로 쓰인 이온 엔진은 그 활용도가 굉장히 높은 신개념 우주 엔진이다.

안타깝게도 이온 엔진은 아직 대한민국 기술로는 복제가 어려울 정도로 성능이 뛰어나다. 대한민국은 국방기술진을 중심으로 이온 엔진 분야에서 일본을 추격할 준비를 시작하면서 그 적용 대상까지 선정을 끝마친 상황이다. 그래서 이번에는 일본의 우주기술을 따라잡기 위해 대한민국이 개발 중인 우주기술에 대해 알아보고자 한다.

○ 출처 ©Jerry Gunner

일본의 방위산업을 이야기할 때 '갈라파고스화'라는 말이 자주 나오는 이유는, 일본의 산업 중에서도 방위산업만큼 폐쇄적이고 비효율적인 시스템이 많지 않기 때문이다. 최강의 전투기를 만들겠다며 세계 최초로 AESA 레이더를 채용하고 FBW를 적용했다가 이도 저도 아닌 전투기가 된 F-2, 최강의 정찰 헬기를 만들겠다며 온갖 무장과 첨단 센서를 집어넣었다. 이에 웬만한 공격헬기보다 비싼 가성비 최저의 무기가 된 OH-1 닌자 정찰 헬기, 우수한 기술력으로 만들었다지만 동시대 소련이 개발한 비슷한 성능의 총기보다 30배나 비쌌던 89식 소총 등이 그러한 사례라고 할 수 있다.

그에 반해 대한민국의 방위산업은 탄탄대로를 달리고 있다. 기술 수준에 맞춘 현실적인 ROC로 무기를 개발하되 미래 기술 발전에 맞춰 개량이 가능하도록 설계함으로써 효율적으로 무기를 개발했다. 그 덕분에 무기를 수출할 때도 무기를 한번 팔고 마는 것이 아니라 후속 지원 사업, 개량사업, 부품 판매 등 다양한 분야에서 수익을 극대화하는 데 성공하였다. 그렇게 기세를 올리고 있는 대한민국의 방위산업에서도 아직 버거워하는 분야가 바로 국방우주산업이다.

최근 우주산업의 시장성이 날이 갈수록 높아지고 있다. 우주에 인공위성을 쏘아 올리는 비용이 크게 낮아지면서 위성을 이용한 인터넷 서비스인 스타링크[2]처럼 우주에서 국가의 안보를 위협하는 방법이 늘어났다. 스페이스-X의 뒤를 이어 블루오리진, ULA, 버진 갤럭틱 등 여러 기업들이 우주 개발을 주도하였다.

국내에서도 이노스페이스라는 기업이 12월 중순에 대한민국 최초의 민간로켓 발사를 준비를 마쳤다. 이처럼 우주 개발의 영향력이 크게 늘어나자 우주에 있

2 궁극적으로는 지구-화성 간의 통신망을 구축할 목적으로, 기존 위성 통신망 및 수중 광케이블의 단점을 개선하고 유선 인터넷과 그에 기반한 무선 통신망의 한계를 극복하기 위해 구상된 신개념 위성 인터넷 사업 중 하나. 2020년대 말까지 대략 4만 2천 개가 넘는 위성을 발사함으로써 전 세계 어디서나 최대 1Gbps에 달하는 초고속 인터넷 서비스를 계획하고 있음. 지구 전역을 커버하는 통신망이므로 군사적 용도로 사용할 가능성도 예상할 수 있는데, 저강도 분쟁이나 테러리스트와의 전쟁 같은 경우 게임 체인저를 기대할 수 있을 정도임. 스타링크는 대규모 드론 운용, 네트워크 중심전과 같은 미래전을 가능하게 할 수 있는 요소로 자리매김할 수도 있는데, 그것은 일론 머스크가 원격 조종 및 AI를 기반으로 하는 6세대 전투기를 언급한 이유기도 함. 2022년 2월 27일 2022년 우크라이나-러시아 전쟁 시 미하일로 페도로프 우크라이나 부총리가 일론 머스크에게 스타링크 지원을 요청했는데, 일론 머스크가 스타링크 안테나를 지원한 후 우크라이나군이 러시아군의 탄약고를 발견하거나 그 위치를 알아내는 등 스타링크 활용으로 큰 도움을 받음.

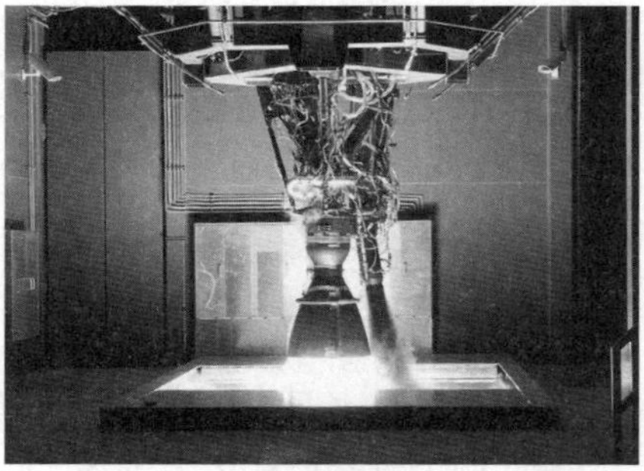
스페이스X 엔진 테스트°

는 시설을 안전하게 지키고 다른 국가보다 먼저 우주 이권을 확보하기 위한 우주군의 중요성이 부각되었다. 미국, 러시아, 중국 등 전통적인 우주산업 강국들은 앞다투어 우주전력을 통제할 조직을 편성했고, 독일, 일본, 영국, 프랑스 등도 우주전력 강화에 매진하고 있다.

그중에서 일본의 우주산업 역량은 탁월한데, 1960년대부터 미국에 달라붙어 우주기술을 전수받은 덕택에 상당한 로켓 기술력을 가지게 되었으며 각종 위성과 설비를 만드는 능력 역시 뛰어나다. 그 결정체가 2003년 소행성 탐사를 위해 일본이 독자 기술로 제작해서 발사된 하야부사 위성이다.

그런데 그 위성에는 '이온엔진Ion Propulsion Engine'이라는 굉장한 기능이 탑재되었다. 이온엔진의 가장 큰 장점은 무한가속과 엄청난 연비이다. 물리적인 연소와 폭발을 이용하는 일반 화학연료와 다른 방식으로 입자화된 양이온을 이용해서 수십kg의 연료로 수십 억km를 비행할 수 있다. 일본 하야부사 로켓은 72kg의 제논가스를 사용해 무려 60억km를 왕복 비행하는 데 성공했다. 지구에서 출발한 지 3년 만에 목표로 했던 소행성 이토카와에 착륙해서 시료를 채굴한 뒤 2010년 지구로 귀환한 것이다.

이온엔진은 플라즈마를 이용해 원자에서 전자를 떼어내고 그 과정에서 발생한 양이온으로 추진하며, 주로 제논가스를 연료로 사용한다. 원자는 원자핵과 전자로 구성되는데, 이때 전자는 음전하, 원자핵은 양전하이다. 원자는 +와 -가 균형을 이루기 때문에 일반적으로 전기적 중성을 띠는데, 원자에 고열이나 전기적 충격을 주어서 전자를 떨어뜨릴 수 있다. 그렇게 전자가 빠진 원자핵이 전기적으로

° 출처 ©SpaceX

하야부사-2°

+, 즉 양이온이 된 입자들은 서로 밀어내는 특성을 가지게 된다. 그런데 이온 엔진의 엔진룸은 한쪽만 열린 폐쇄적 공간이어서 열린 공간으로 양이온이 튕겨 나간다. 이때 튕겨 나간 양이온들의 진행 방향을 전자로 제어해주면 일정한 방향으로 나아가는 엔진이 완성되는데, 이것이 이온 엔진의 원리이다.

현재 대한민국에서도 이온 엔진을 개발하기 위한 연구가 진행되었다. 국방기술진흥연구소가 발표한 2022~2036 국방기술기획서를 통해 그 진척 상황이 일부 공개됐는데, 핵심 국방과제로 이온 추진 기술의 연구가 진행 중이며 이미 기술 실증도 어느 정도 진척된 것으로 알려졌다. 그렇다면 왜 지구에서는 이온 엔진을 썼다는 이야기를 들어본 적이 없고, 그렇게 좋은 이온 엔진을 군사용으로 쓰지 않고 있는 것일까.

사실 이온 엔진에는 출력과 가속 관련 치명적인 약점이 있다. 이온엔진은 연비가 굉장히 우수하며 무한가속이 가능해서 초속 10km가 넘는 엄청난 속도까지 가능하다. 게다가 연소나 폭발이 없어서 내구성이 우수하므로 수만 시간을 연속으

○ 출처 ©DLR German Aerospace Center

로 작동시켜도 아무런 문제가 없다. 하지만 문제는 이온 엔진의 출력이 공기저항을 버티며 속도를 낼 수 없을 정도로 낮고 그 때문에 가속력도 절망적인 수준이라는 점이다. 즉 공기가 없는 우주에서는 느린 가속이라도 연비가 좋고 엔진이 튼튼해서 무한가속이 가능하지만, 공기 중에서는 전혀 속도를 낼 수가 없다.

이온 엔진을 이용한 일본의 정찰위성 때문에 대한민국은 심각한 안보 위협에 노출되었다. 현재 일본은 2014년 하야부사-2를 발사하고 각종 정찰위성에 이온 엔진을 탑재하는 등 이온 엔진 고도화를 진행하였다. 정찰위성에 이온 엔진을 탑재하는 것은 군사적으로 대한민국에 굉장한 위협이 되었다. 원래 정찰위성은 그 자세 제어를 위해 지속적으로 연료를 사용하기 때문에 그 수명이 그리 길지 않다. 정밀한 촬영을 위해 지상 250~500km 정도의 저궤도에 머물면서 자주 방향을 전환하다 보니, 방향 전환과 자세 제어를 위한 연료 소모가 커서 금세 사용불능이 되기 때문이다. 하지만 이온 엔진을 사용한 정찰위성은 기존 위성에 비해 연비가 압도적으로 우수해서 적은 위성으로도 적국을 상세히 감시할 수 있다. 결국 이 말은 일본이 대한민국군의 움직임을 상세히 볼 수 있다는 뜻이다.

그렇다면 일본의 그러한 행위를 막을 방법이 없는 것일까. 그것은 대한민국도 일본과 마찬가지로 이온 엔진을 이용한 전자전 위성으로 상대 위성을 마비시키는 것이다. 그러기 위해서는 이온 엔진이 반드시 있어야 하는데, 놀랍게도 대한민국의 이온 엔진은 이미 완성 단계에 있다. 2024년까지 5기의 중대형 군사위성을 올리겠다는 425사업의 보조용으로 사용할 100kg급 초소형 위성이 이온 엔진을 사용할 계획인데, 그 수가 무려 30기가 넘는다.

길어도 2~3년 이후에는 이온 엔진을 단 대한민국의 인공위성이 우주를 도배한다는 뜻이다. 이를 통해 북한과 중국을 정밀 감시하고 한발 더 나아가 상대 위성을 제압할 수 있는 위성기술이 확보된다. 뿐만 아니라 이온 엔진을 이용한 우주탐사 기술 역시 비약적으로 향상된다. 그 사례가 달에 국제우주정거장과 지상기지를 건설하는 국제 우주 프로젝트인 아르테미스 계획[3] Artemis Program에서 우주 정거장용 엔진으로 차세대 이온 엔진 AEPS를 채택했다는 것이다.

하지만 대한민국에는 독자 우주기관인 우주청 설립이라는 아직 넘어야 할 벽이 있다. 진보와 보수를 막론하고 수십 년 동안 독립적인 우주기관인 우주청을 설립하자는 이야기가 나왔지만, 안타깝게도 최근까지 큰 진전은 없었다. 다행히 누리호 성공 이후부터 본격적인 우주청 설립이 진행되고 있는 수준이지만, 이는 일본에 비해 20년이나 늦은 것이다. 만약 서둘러 우주청을 설립하지 않는다면 누리호 발사 성공, 다누리 위성, 이온 엔진 개발 등 대한민국 기술진이 만든 각종 첨단 기술이 제대로 계승되거나 발전되지 않을 수도 있는 상황이다. 대한민국의 우주청 설립이 하루속히 진행돼서, K-9 자주포로 일본의 99식 자주포를 제압했듯 대한민국의 군용위성이 일본의 군사위성을 압도하는 모습을 볼 수 있기를 바란다.

---

3 21세기 미국의 달 탐사 계획으로, 달에 유인 탐사와 우주정거장 건설 등을 목표로 함. 유사한 계획이었던 컨스텔레이션 계획이 취소된 후 트럼프 행정부에서 재탄생한 달 탐사 계획임. 2025년까지 달에 다시 유인 착륙을 하는 것을 목표로 하고 있으며, NASA뿐 아니라 세계 각국의 우주기구와 우주 관련 민간 기업들까지 연계된 거대 국제 프로젝트임. '아르테미스'는 그리스 신화에서 아폴로의 쌍둥이 누이이자 달의 여신. 아르테미스 약정Artemis Accords은 미국이 주도하는 아르테미스 계획을 진전시키기 위한 정부 간 국제 조약으로, 2020년 10월 13일 미국을 포함한 8개국이 약정에 조인하며 발효되었음. 2021년 5월 24일 대한민국이 아르테미스 약정에 서명함으로써 아르테미스 계획의 10번째 참여국이 되었고, 현재는 미국을 포함한 전 세계 21개국이 아르테미스 약정에 서명한 상태임.

51

러시아군의 만행과 한국전쟁

우크라이나 곳곳에서 역사상 최악의 참사들이 재현되고 있다. 러시아군 점령지에서 우크라이나 민간인을 대상으로 한 잔학 행위의 흔적들이 발견되는데, 특히 우크라이나군이 하르키우, 루한스크, 헤르손 등지를 해방하면서 종전 기류가 흐르자 그 정도가 더욱 심해졌다. 심지어 최근에는 러시아군이 인두겁을 뒤집어쓴 짐승이나 벌일 끔찍한 짓을 저질렀다는 의혹을 받고 있다.

최근 해방된 하르키우의 피스키-라디키우스키 인근 마을에서 발견된 플라스틱 통에 든 물체가 전 세계를 충격에 빠트린 이유는, 그것이 바로 수북이 쌓인 금니였기 때문이다. 즉 그것은 러시아군이 민간인을 학살하고 그들에게서 적출한 금니일 것이라는 추측인데, 그 행위는 제2차 세계대전에서 나치가 유대인을 학살하며 벌였던 전쟁 범죄와 다를 바가 없다. 심지어 금니가 발견된 마을 인근에서 러시아군이 민간인과 전쟁 포로를 고문하는 데 사용했을 것으로 추정되는 고문실이 발견되면서 국제사회의 규탄의 목소리가 높아졌다. 국가 내부의 나치를 소탕한다는 핑계로 우크라이나를 침공했으면서 정작 러시아군이 한 짓은 나치와 다름없는 만행이었다.

하지만 다행히 플라스틱 통에 담긴 금니의 실체는 아직 의혹에 머무르고 있다.

폭격당한 우크라이나 하르키우주[○]

그 금니가 발견된 마을의 치과의사가 해당 금니를 본인이 30여 년간 근무하면서 모아온 물건이라고 증언했기 때문이다. 즉 러시아군이 민간인의 자산을 약탈한 것은 맞지만, 실제로 우크라이나인의 금니를 적출했는지에 대해서는 아직 논란의 여지가 있다.

하지만 유감스럽게도 현실은 그런 상황과 정반대이다. 러시아군의 고문실과 관련된 증언은 점점 명확한 사실로 밝혀지고 있다. 특히 종전 기류가 흐르면서 최근 활발히 이루어지는 포로 교환을 통해 그 실체가 적나라하게 밝혀졌다. 아조우스탈 제철소에서 끝까지 항전하던 한 우크라이나 병사는 러시아에 포로로 잡혀있던 4개월 만에 이전의 모습을 찾아보기 어려울 정도로 신체가 망가졌다. 그것은 러시아군이 전쟁 포로를 대상으로 얼마나 끔찍한 고문을 가하고 있는지를 짐작해 볼 수 있는 증거이다. 눈을 뜨고 보기 어려울 정도로 참혹한 현실이지만, 러시아군의 악행은 거기서 끝난 것이 아니다.

현재 해방지 곳곳에서 러시아군이 민간인 거주지를 급습하고 자행한 만행들

○ 출처 ©Dsns.gov.ua

이 하나둘씩 밝혀지고 있다. 일례로 우크라이나 군복을 입고 있는 형제의 사진을 집에 걸어놓았거나 우크라이나 국기를 소지한 것만으로도 무고한 시민들을 억류했다는 증언이 나왔다. 그들에게 폭행, 전기 고문 등의 잔혹 행위를 저질렀다는 사실도 고발되고 있다. 현재 러시아군이 우크라이나에서 벌이는 만행은 엄연한 전쟁 범죄이다.

실제로 국제형사재판소는 집단 살해, 고문, 강제노동 등 인도에 반한 죄와 확인 사살, 소년병이나 병원, 의료인에 대한 공격을 전쟁 범죄로 규정하고 엄격하게 처벌하고 있다. 즉 전쟁의 당사자인 양국뿐 아니라 전 세계가 전쟁 범죄에 대해 준엄한 법의 심판을 내린다는 의미인데, 범죄 행위에 있어서는 전쟁이라는 핑계가 허용되지 않는다는 것이다. 하지만 그런 명확한 기준이 있음에도 불구하고, 인간에게 최악의 선택을 강요하는 전쟁터에서 전쟁 범죄의 기준을 지키는 것이 힘들다는 것은 부정할 수 없는 현실이다. 내 옆의 전우가 적군의 총에 맞아 전사했다면 적군 포로를 용서할 수 있는 병사는 드물 테니까 말이다.

적군에 대한 특정 행동이 전후 범죄 행위로 심판받을 수 있다는 개념이 등장한 지는 100년이 채 안 되었다. 전시 의료인과 환자에 대한 공격 금지 협약인 제네바협약이 등장한 것이 1864년이고, 적군 포로와 민간인에 대한 인도적 보호에 대한 협약이 등장한 것이 1929년과 1949년이다. 그렇다 보니 협약이 제정되고 나서도 무수한 전쟁 범죄가 저질러졌다. 심지어 우리가 아주 잘 알고 있는 나라 또한 그 전쟁 범죄의 희생양이 되었다. 그 나라는 오늘날 전 세계에서도 손에 꼽을 만큼 놀라운 경제적, 군사적 성장을 이룩했지만, 아직도 그 전쟁은 완전히 끝나지 않아서 과거의 전쟁 범죄에 대한 어떠한 보상도 받을 수가 없다. 그 나라는 바로 대한민국이다.

한국전쟁은 분명히 민간인 보호에 대한 협약이 체결된 후에 일어난 전쟁이지만, 3년의 전쟁 기간에는 눈 뜨고 볼 수 없는 많은 전쟁 범죄가 일어났다. 특히 서울의대부속병원에서 자행되었던 북한군의 전쟁 범죄는 그 잔인함으로 악명이 높았다.

1950년 6월 28일, 개전 후 사흘 만에 북한군이 서울까지 밀고 내려오는 바람에 대한민국의 수도는 그야말로 아비규환 그 자체였다. 그러한 상황은 서울대병원도 마찬가지여서, 서울이 급하게 함락된 탓에 피난이 어려운 환자와 그 가족들이 고스란히 병원에 남겨졌다. 게다가 개전 초기 서부전선에서 벌어진 교전의 부상병들까지 서울대병원에 그대로 남겨져 있어서, 민간인과 국군 부상병이 한데 뒤섞여 북새통을 이루었다.

당시 국군과 시민들의 마음속에는 아무리 전시라 하더라도 병원을 공격하지는 않을 것이라는 생각이 남아 있었다. 의료 시설과 환자, 의료진에 대한 공격은 제네바 협약에 위배되는 일이었다. 하지만 6월 28일 아침 북한군 육군 소속 제9탱크여단은 경비를 위해 남겨있던 한국군 1개 보병 소대와 경상을 입었던 전상병 80여 명을 몰살하고 서울대병원을 점령했다. 병원에는 움직이지 못할 정도로 심한 상처를 입은 부상병들과 의료진을 포함한 민간인뿐이었지만, 북한군은 병동을 돌아다니며 부상병과 민간인을 가리지 않고 모두에게 총격을 가했다. 총격을 가한 후에는 총검으로 확인 사살까지 했다. 확인 사살은 전쟁터에서도 금지된 전쟁범죄였다. 심지어 종국에는 그 방법이 비효율적이라고 느꼈는지, 병원 내 모든 사람을 병실 구석에 몰아넣고 한꺼번에 총격을 가했다. 그들의 전쟁 범죄는 무려 세 시간이 넘게 이어졌다. 그 과정에는 병사와 민간인을 가리지 않고 석탄 더미에 생매장하는 등의 온갖 극악무도한 방법이 총동원되었다.

하지만 북한군의 범죄 행각은 거기서 끝나지 않았다. 병원 앞마당에 그대로 20일간 주검을 방치했다가 창경궁 앞길에 주검을 쌓고 기름을 부어 태우는 만행을 저질렀다. 그렇게 희생된 이들만 무려 1,000여 명이 넘었는데, 그러한 참상은 3개월 후 서울 수복 작전이 성공하고 나서야 세간에 알려졌다. 그나마 서울대병원 학살 사건은 기록이라도 남아 있지만, 그 사건 이외에 서울 곳곳의 병원과 교회 등지에서 벌어진 동일한 유형의 범죄에 대해서는 기록마저 남아있지 않다.

전후 대한민국 정부는 북한군의 전쟁 범죄에 희생된 민간인만 무려 120,000명 이상으로 추정하는데, 당시 대한민국 인구가 1,600만 명 정도였으니 전체 인구의 거의 1%에 가까운 사람들이 무자비한 전쟁 범죄에 희생당한 것이다. 그 정도면 북한군의 전쟁 범죄에 대한 처벌도 엄정하게 이루어졌어야 하지만, 대한민국은 엄연히 전쟁을 끝마치지 못한 휴전 국가이므로 전쟁범죄에 대한 재판을 할 수가 없었다. 당연히 피해자와 유가족에게는 어떠한 보상도 돌아가지 못했다. 북한이 범죄자를 인도하고 그 증거를 제공하지 않는 이상 전쟁 범죄를 심판하는 것은 불가능한 일이다.

서울대병원 대학살 추모비°

만에 하나 전쟁이 재개되면 그 모든 것은 다시 반복될 확률이 높다. 현대전의 가장 큰 특징은 승자가 없다는 것이다. 미국의 전쟁학자 토머스 하메스는 현대전을 4세대 전쟁이라고 부르며 "전쟁의 전략적 목표는 결코 달성될 수 없으며 그것이 달성된다고 해도 지불 대가가 너무나 크다는 사실을 상대 국가의 정치적 결정권자들이 인식하도록 약소국이 저항하는 것"이라고 규정했다.

쉽게 말하자면 현대전은 수십 년이 걸리는 장기전의 형태를 띠게 된다는 뜻이다. 이 말을 대한민국의 상황에 적용한다면 만약의 전쟁 시에 북한의 붕괴는 기정사실이지만 대한민국 또한 막심한 사회적, 경제적 피해를 볼 수밖에 없다는 의미

° 출처 ©parkyongjoo

이다. 북한이 실제로 전면전을 개시하지 않는 이상 소모적인 국지전이 수십 년 동안 이어질 수밖에 없으며, 그런 상황에서 전쟁 범죄를 심판하는 일은 불가능에 가깝다.

그러한 상황에도 불구하고 대한민국이 군사력을 키우는 것은 그 피해를 최소화하기 위함이다. 실제로 최악의 상황이 벌어지기 전까지는 강력한 국방력만이 전쟁 범죄를 예방할 수 있는 최선의 선택이라는 것을 알고 있기 때문이다. 우리는 이번 우크라이나 전쟁을 통해 정의롭지 못한 군대가 얼마나 잔혹해질 수 있는지를 알게 되었고, 전쟁이 얼마나 인류를 고통스럽게 하는지도 깨닫게 되었다. 한반도의 진정한 평화를 위해 대한민국이 하루빨리 모든 준비를 끝마칠 수 있기를 바란다.

맺음말

결코 쉽지 않은 작업이었습니다. 「세상에 밝혀지지 않은 현대 무기 비화」 속에 등장하는 대부분의 내용은 『꺼리튜브 : 두 번째 미션』에서 한 번씩 소개된 이야기들입니다. 이를 갈무리하여 다듬고 고쳐서 책으로 엮은 것이죠. 하지만 결코 쉬운 작업은 아니었습니다. 『꺼리튜브 : 두 번째 미션』은 이름 그대로 '꺼리튜브'의 또 다른 도전이었습니다. 때론 무거운 이야기들을 보다 쉽고 재미있게 전달하면서 여러분께 다가서고자 했습니다.

하지만 새로운 시도가 대부분 그렇듯 많은 시행착오를 겪어야 했습니다. 확실한 정보만을 전달해 드리기 위해 몇 시간이고 자료를 찾았고 색다른 전달 방식을 시도하기도 했습니다. 앞서 말했듯이 결코 쉬운 일은 아니었죠. 때로는 실수도 있었고 들이는 시간에 비해 성과도 높지 못했습니다. 그러나 결국은 여러분께 하나의 책으로 엮어 선보일 수 있게 되었습니다. 이것만으로도 『꺼리튜브 : 두 번째 미션』은 어느 정도 목적을 달성했다고 볼 수 있을 것입니다.

그래도 역시 아쉬움은 남습니다. 격동하는 시대의 흐름 속에서 대한민국은 자의든 타의든 중심에 서 있습니다. 그리고 이 땅 위에 사는 우리들 또한 여기에서 절대 자유로울 수 없습니다. 그렇기에 무기 체계 역사와 시대의 양상은 알수록 힘이 되는 정보들입니다. 이를 휘둘러 사용하지는 않더라도 단순한 취미로, 혹은 교양의 영역에서라도 쌓이면 쌓일수록 사유가 풍부해지는 정보들입니다. 그렇기에 아쉬움이 남습니다. 보다 질이 좋고 핵심적인 정보들을 전달해 드릴 수 있지는 않았을까, 더 재밌고 흥미롭게 이야기를 꾸밀 수 있지 않았을까 하는 아쉬움이 드는 것입니다. 하지만 이제 '책'이라는 매체로 제 손을 떠난 이상 할 수 있는 일은 없습니다. 아직 부끄럽지만 여러분께 선보이고 평가를 받을 수밖에 없죠. 그렇게 벌써 두 번째 책을 내게 되었습니다.

이 속에 담긴 이야기들은 시간의 흐름에 따라 바뀔 수도 있는 이야기입니다. 역사라는 건 고정된 사실이 아니라 가변하는 기록일 뿐이니까요. 시대의 흐름과 승패에 따라 숨겨진 이야기가 밝혀지고 평가가 뒤바뀔 수도 있을 것입니다. 혹은 모두가 큰 재앙이 될 것이라던 일들이 별것 아닌 채 지나갈 수도 있을 것입니다. 하지만 변하지 않는 건 분명히 이런 시나리오도 존재했다는 것입니다. 그것만으로도 이 책의 존재 소임은 충족하지 않았나 생각합니다.

「세상에 밝혀지지 않은 현대 무기 비화」를 읽어주셔 감사합니다.

발행일 2023년 3월 30일
발행인 조순자
저 자 꺼리튜브
편집·표지디자인 백진주
발행처 지식오름
팩 스 031-942-1152

정 가 25,000원 **ISBN** 979-11-92903-37-8